行政[illegible]
技能修炼

工作事务 | 办公自动化 | 文书写作

笔杆子训练营◎编著

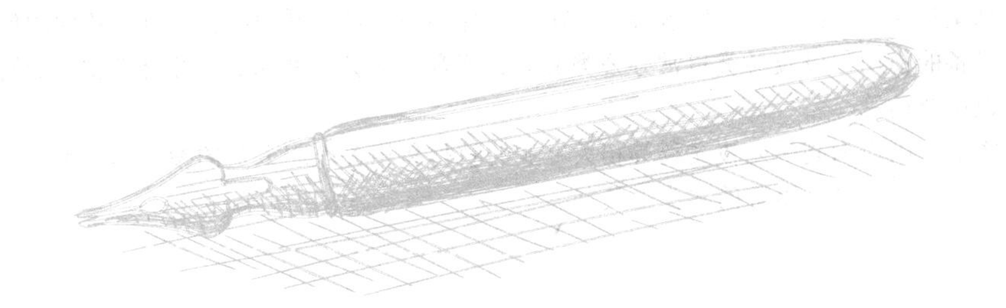

人 民 邮 电 出 版 社

北 京

图书在版编目（CIP）数据

行政办公技能修炼：工作事务 办公自动化 文书写作 / 笔杆子训练营编著. -- 北京 : 人民邮电出版社, 2021.1
ISBN 978-7-115-53039-4

Ⅰ. ①行… Ⅱ. ①笔… Ⅲ. ①办公室工作②办公自动化—应用软件③行政—公文—写作 Ⅳ. ①C931.4 ②TP317.1

中国版本图书馆CIP数据核字(2019)第300272号

内容提要

本书内容分为办公室工作事务、办公自动化以及文书写作三大板块，共13章，具体内容包括职场办公室工作必知，办公室常见事务的处理，沟通与协调，会务工作，接待与差旅，档案与保密，办公室其他事务，Office 软件办公技巧，其他办公工具与软件的使用，办公设备的使用，以及各类日常办公类文书、规章事务类文书和商务社交类文书的写作格式及范例介绍等。

本书可以作为高等院校文秘等相关专业的教材和相关教职人员的参考书，也可作为各行各业人士熟悉办公事务的案头工具书。

◆ 编　著　笔杆子训练营
责任编辑　刘　尉
责任印制　王　郁　焦志炜
◆ 人民邮电出版社出版发行　北京市丰台区成寿寺路11号
邮编　100164　电子邮件　315@ptpress.com.cn
网址　https://www.ptpress.com.cn
涿州市般润文化传播有限公司印刷
◆ 开本：700×1000　1/16
印张：17　2021年1月第1版
字数：358千字　2025年2月河北第14次印刷

定价：59.80元

读者服务热线：(010)81055256　印装质量热线：(010)81055316
反盗版热线：(010)81055315

前言

办公室人员想要处理好各类办公室事务，不仅需要专业的理论知识作为支撑，还需要多了解和熟悉办公室工作。不管是日常工作事务处理、办公自动化，还是文书写作，都需要步入职场的人提前熟悉和领悟，这也是本书重点介绍的内容。

本书从实际情况出发，充分考虑了从业人员的需求，对常规的工作事务处理、办公软件操作和多种公文写作都进行了介绍，并在文中配以插图、表格、情景模拟和范例等予以辅证，以期帮助读者快速理解书中介绍的内容，掌握相关知识。不管读者朋友们是任职于党政机关、企事业单位，还是社会团体，相信本书所涉及的内容对你们的工作都是大有帮助的。尤其是行政、文员、文秘岗位的工作人员，通过对本书这些知识的掌握，能更好地适应职场工作，提高工作效率。

相信在读完本书之后，读者一定会掌握不少工作中的系统化流程，使自己的办公能力得到提高，从而能妥善、规范地解决工作中面临的很多问题。

【本书特色】

- **理论结合范例。**本书从实际情况出发，对每章知识点都进行了详细的讲解。理论与范例相结合，让读者可以一步步地深入了解、掌握知识并融会贯通。
- **内容丰富，结构合理。**本书包含了办公室日常工作、会务工作、接待与差旅工作、软件操作，以及公文写作等多个方面的内容，并辅以生动的范例和情景模拟，涉及内容宽泛。本书将众多内容分成了3个部分进行讲解，结构清晰，知识全面，操作性强，便于理解。
- **栏目多样，知识面广。**本书在讲解过程中使用了“小提示”“疑难解答”“提高与练习”等栏目，在丰富书本内容的同时，可以使读者获取和巩固更多与办公室工作相关的有实用价值的知识。
- **扫码看更多内容。**本书在相应位置提供了二维码，读者通过扫描二维码，可拓展了解相关知识。

- **海量模板与范例下载。**本书每章都提供了很多模板和范例，读者可从人邮教育社区（www.ryjiaoyu.com）中下载使用。

【特别感谢】

在编写过程中，本书参考了大量的公文写作书籍。在此，编者对这些书籍的作者和为本书的出版给予帮助与支持的朋友们表示衷心的感谢。由于编者水平有限，书中难免存在疏漏和不成熟之处，敬请专家、读者批评指正。

编　者

2020年11月

目 录

第3章 沟通与协调：让职场人士不被孤立

第4章 会务工作：办公室工作的重点

第5章 接待与差旅：掌握安排技能

第10章 使用办公设备：办公室工作的“硬”技能

第 3 篇 文书写作篇

第11章 日常办公类文书：文书写作轻松起步

第12章 规章事务类文书写作：做好制度管理，事务轻松处理

第13章 商务社交类文书写作：主客俱欢，尽显周到细心

第 1 篇

工作事务篇

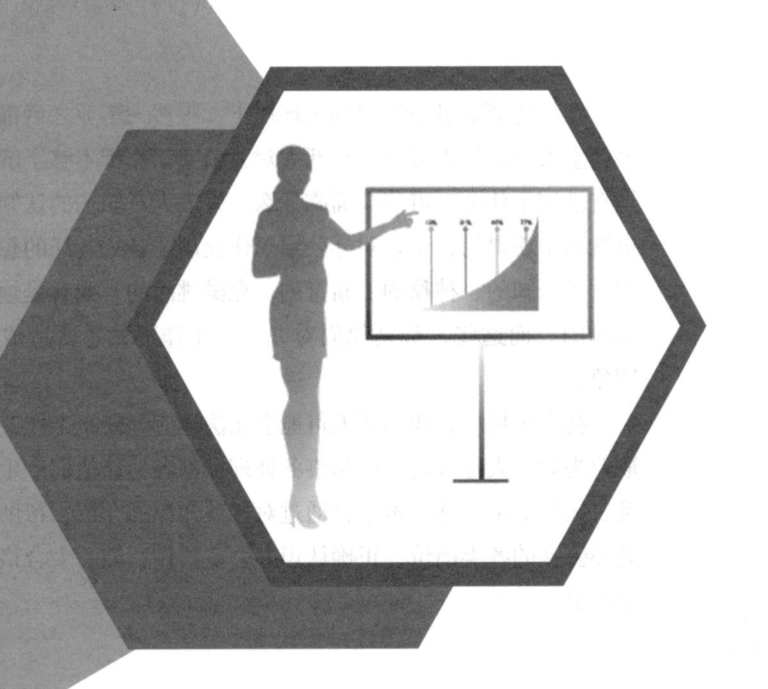

第 1 章

从零开始：办公室工作必知

在现代商业迅速发展的大环境下，很多人毕业之后都会成为办公室人员，但大多数职场新人对办公室工作都不够了解，不知道自己该干什么、可能会面临什么。许多人对职场的认知都是从电视剧中获得的，于是对办公室工作充满了各式各样的想象，觉得它是未知的、神秘的、新奇的、充满挑战的，或者是烦琐的、无聊的。而这些，都是他们对办公室工作不熟悉所造成的片面印象。

初入职场后，职场新人可能会无法适应办公室工作，不管是职业规划、人际沟通，还是事务处理，都容易让他们产生手忙脚乱、无从下手之感。本章将通过对各项知识的介绍，帮助读者熟悉办公室的各类岗位，正确认识办公室工作，做一个合格的办公室人员。

1.1 办公室人员的职场生涯规划

办公室人员，顾名思义，指主要协助领导工作的办公室人员。我们要想深入理解其概念，可以从办公室与办公室人员两个方面着手。

1.1.1 办公室人员的岗位划分

我们对办公室可以有两种理解。第一种含义指工作人员为处理特定事务而进行工作的场所，这里的工作场所既包括党政机关，也包括企事业单位。这个场所主要由办公室人员、办公设备以及其他辅助设备组成。另一种含义指由党政机关、企事业单位或社会团体内部设立的一个办公机构，是单位的一个对外窗口，它主要协助领导办理各项事务，承担着上下沟通、左右协调的重要职责，是促进工作顺利展开的“枢纽”，是一个综合型服务机构。

办公室人员中的“办公室”主要指第一种含义，即办公场所。一般来说，办公室人员的办公地点可能在专门的办公室人员的部门，又因为具体职能的不同，也可能在领导办公室的外间或是在前台，办公室人员的大致工作地点如图1–1所示。

图 1-1　办公室人员的工作地点

不同的机关、企事业单位的具体岗位划分是不同的，通常是按层级划分的。一般企业的办公室岗位划分如图1–2所示。因为职称的不同，党政机关则是按办事员、科员、科级副职、科级正职、处级副职、处级正职等岗位职级依次往上划分的。而党政机关的办公室机构主要将其职责分派给不同的部门管理，这与企事业单位各部门岗位的划分是相同的。例如，机关办公室内会设主任岗位、副主任岗位、内勤岗位、干部管理岗位、纪检监察岗位、信息宣传岗位、会计岗位、

图 1-2　办公室岗位划分

出纳岗位、后勤管理岗位、服务接待岗位等诸多岗位。

1.1.2 办公室人员的就业形势

在现代社会，职业分工越来越细，职业种类越来越多，知识、信息、科学技术含量高的现代职业正不断涌现。与此同时，现代职业对从业人员的任职要求也越来越高。从就业情况分析，过去仅凭单一技能就能胜任的岗位，现在则需要更多的专业知识与复合技能。这是因为现在科学技术的飞速发展，催生了许多需要高知识、高技术的职业。这些职业对人才的要求高于传统职业，而且更加青睐跨专业的复合型人才。加上与高新技术产业相关的职业往往需要从业人员运用自身的主观能动性来推动产业发展，从业人员的智力、创新能力、技术水平的高低决定了产业发展空间的大小。因此，职业的专业化与技术化程度不断加深，要求从业人员具备良好的综合职业能力，从业者需要不断提升自我来适应现代职业的需求。

现在的职业类型五花八门，岗位也很多，要想找到与自身专业条件吻合且有很好的发展前景的职位，就需要就业人员多花精力。因此，在面对严峻的就业市场竞争时，我们可以运用“PLACE”方法来选择更适合自己的岗位。

- **P——职位（Position）：**我们在确定了自己的职业方向之后，还需要对具体方向所包含的所有职位进行一个评估。有些职位虽然属于同一个职业方向，但是所需要的专业技能和职业能力却不大相同，例如“新闻媒体从业人员”这一职业方向背后包含的职位就有总编、主编、编导、记者、摄像和后期制作等。
- **L——工作地点（Location）：**职业的工作地点指根据自己的生活经验和日常了解，对职业的工作环境、工作地理位置及其变化性等因素有一个大概的认识。例如，采购人员就经常需要出差，需要到全国各地确认供应商的情况，工作地点变化较大；若职业是人民教师的话，则一般都是在学校里工作，办公地点为教室和办公室，工作地点的变化较小。
- **A——升迁状况（Advancement）：**升迁状况包括该职位的升迁渠道与速度等。例如会计从业人员的典型晋升渠道为：会计→总账会计→主管会计→财务部负责人→财务经理→财务总监→首席财务官（CFO）。会计从业人员的升迁速度适中，而升迁速度最快的一般为生产和销售从业人员。
- **C——雇佣状况（Condition of employment）：**雇佣状况指被雇佣的时候我们可以获得的薪资福利、学习机会，以及工作时间和社会保障等。雇佣状况受当地经济发展水平的影响，同一职位在不同地区的雇佣状况不大相同。如设计师在东部发达地区的月薪可以上万元，而在中西部地区的月薪大多在6000元左右。
- **E——雇佣条件（Entry requirements）：**雇佣条件指要获得该职位所需具备的诸如受教育程度、职业能力、工作经验、价值观等条件。如我们想要从事教师这一职业，首先得是师范专业的本科毕业生，其次还需要考取教师资格证与普通话等级证书。

“PLACE”方法可以帮助我们很好地认识一个职位。我们可以结合自身条件和自己的兴趣爱好、价值观等，列出自己的就业首选或备选职位。若得出的结论我们不能接受，则可以再运用“PLACE”方法去认识其他职位，直到找到自己能接受的职位为止。

1.1.3 办公室人员的个人素质

要想做好办公室工作，办公室人员应满足其在综合素养、职业能力、职业素养和个人能力等方面的要求。

1．提升综合素养

综合素养多指办公室人员在习惯和心理方面的特质。一方面，我们要养成良好的生活习惯，改变晚睡晚起等坏习惯，以免在工作时精神不济，影响工作状态和效率；同时也要规律饮食，保证合理的营养补充。长此以往，精神状态和生活状态的提升能帮助我们有效开展工作。另一方面，我们要尽量避免自大、盲目、缺乏勇气、安于现状的心态，对自己和环境形成有效认识，有良好的工作、生活和学习规划，这样在职场工作的过程中，才能不断进步，工作也才更有积极性。

2．提升职业能力

职业能力可以分为一般职业能力、专业职业能力和特殊职业能力3种。

- **一般职业能力：**指与各种岗位、各种职业有关的共同能力，适用于广泛的职业活动，能满足多种职业的需求。它多与人的思维、感知和意识联系在一起，具有抽象性，如观察能力、想象能力、记忆能力、思维能力等都属于一般职业能力。简单来说，一般职业能力等同于人的智力。
- **专业职业能力：**指职业能力中的核心能力，是个人从事某个具体的职位时必须具备的能力。现代社会职业分工越来越细，一般职业能力越来越难以满足工作的精细化需要，这就要求我们具备更高水平的专业技能，这样我们才能更好地完成自己的工作。
- **特殊职业能力：**指个人在具备专业职业能力的基础上，能够通过一些方法提高职业活动效率和质量的能力。国外学者通常把这种在一般职业能力与专业职业能力领域以外，但又能对职业活动产生积极影响甚至举足轻重的作用的能力，称为关键能力。关键能力又可分为方法能力和社会能力。其中，方法能力指个体在职业活动过程中，能够运用各种方式方法辅助职业活动顺利开展的能力，包含分析判断能力、创新能力、逻辑推理能力和决策能力等。而社会能力指个体灵活有效地综合运用环境及自身内部资源，实现积极发展结果的能力，包括组织协调能力、适应能力、语言表达能力和合作交往能力等。

总的来说，一般职业能力、专业职业能力和特殊职业能力三者相互联系、密不可分，没有哪一个工作只需要其中一种职业能力。例如对于一名办公室人员，除了有专业知识的要求外，还需要具备写作能力、人际交往能力、逻辑能力、公关能力以及组织能力等。这就要求我们在灵活运用自己专业基础知识的同时，勤于学习，不断进步，注重对自己关键能力的培养。只有这样，我们才能拉大与他人的差距，增强自身的就业竞争优势。

3．提升职业素养

职业素养是指职业内在的规范和要求，是个体在从业过程中表现出来的综合品质，包含职业道德、职业技能、职业行为、职业作风和职业意识等方面。我们要想提高职业素养，可以从以下几个方面做起。

- **培养创新能力：** 现在很多工作都是长期、重复、按部就班的内容，因此创新能力对企业和个人都很重要。个人只有不停地去思考、探索和解决问题，才会产生创造性的想法。这也是现在高速发展的时代背景所要求的。
- **提高忠诚度：** 频繁跳槽的员工会让企业没有安全感，也会被认为缺乏认同感和责任心。员工对企业、对岗位足够忠诚是职业素养的一种表现，员工与企业双方相辅相成，才能有好的发展。
- **加强团队精神：** 职场生活并不永远都是一个人的单打独斗，企业的每一次成功都离不开各个部门的通力合作。因此，培养团队精神和协作能力对职业素养的提升十分重要。

4．提升个人能力

个人能力主要指学习能力、人际交往能力、逻辑思维能力和工作能力4个方面，如表1–1所示。

表1–1　个人能力的说明

个人能力的分类	具体说明
学习能力	学习能使人进步，俗话说“活到老，学到老”，如果从业人员能加强对自身的评估与监督，主动学习，对提升竞争力大有帮助
人际交往能力	人际交往能力关系到沟通、公关等诸多工作，因此从业人员平时应多与人交流，学会友好相处，或学习相关知识理论，这能有效提升其交往水平
逻辑思维能力	这要求从业人员能独立、纵深思考，有自己的思考角度和想法，也敢于质疑，这能让其在工作中更全面、更客观地处理问题
工作能力	工作能力包括对专业知识的运用能力、决策能力、团队合作能力、组织协调能力等

1.2 办公室人员开展工作的总体原则

办公室人员在工作中，经常会觉得时间不足、事务太多，有时候领导问到某件事，却发现自己还没做，而无关紧要的小事倒是完成了。这主要是因为办公室人员不会管理时间、做事没有条理，才会显得工作混乱，工作效率自然也不高。本节将介绍办公室人员在管理时间、开展工作和处理工作等方面的方法和技巧，帮助办公室人员合理安排领导和自己的时间，有序高效地完成工作。

1.2.1 做好工作的时间管理

无论对于组织还是个人来说，时间都是非常宝贵的。办公室人员作为领导的重要助手，在面对众多纷杂的事务时，要学会进行合理的安排，做好时间管理，通过对时间的安排和合理规划，提高时间的利用率。

1. 时间管理的原则

办公室人员的时间管理既包括对领导时间的安排管理，也包括对自我时间的安排管理。总的来说，时间管理需遵循以下原则。

◆**有序性原则：**也就是对待办事项的先后顺序进行划分，知道要先做什么，后做什么，这样做事才有条理。

◆**轻重缓急原则：**指办公室人员按任务的轻重来安排时间，区分常规工作和紧急工作，科学安排，在固定的时间做日常性工作，并按任务的重要性、紧急性确认做事的优先级，以此来协调安排领导的时间，做好自己的工作计划。

◆**目标原则：**办公室人员可以确立目标，以控制自己的工作进度和时间。这可以激发办公室人员树立强烈的时间管理观念，达到最佳的时间管理效果。

◆**减少时间浪费原则：**办公室人员要消除自己工作中浪费时间的因素，例如无意义的思考、拖延症、做事半途而废、长时间安排一件事等，这些因素不加以消除都会加速工作的不自觉膨胀，使办公室人员失去对时间的控制。

2. 时间管理的方法

要想安排好自己的工作，最好的方法就是做好时间管理。下面介绍几种合理管理时间的方法。

（1）目标管理法

目标管理法也就是确定好自己要完成的目标，并能做好相应的安排，这样办公室人员在工作时就能有一个明确的方向。这种方法主要是确定目标，并要求自己在限定时间内完成目标，利用人在有限时间内的压迫感和紧迫感来约束自己，从而达到节约时间、提高工作效率的目的。

（2）ABCD时间管理法

ABCD时间管理法也叫四象限时间管理法，这是以事情的紧急程度和重要性为指标安排工作事项，从而提高时间利用率的方法。其以重要与否和紧急与否设立了一个坐标系，将所有的待办事项划分至A、B、C、D 4个象限。

A象限代表重要且紧急的事项；B象限代表重要但不紧急的事项；C象限代表紧急但不重要的事项；D象限代表既不紧急又不重要的事项。每个象限内大致的划分标准如图1–3所示，办公室人员可以按照图中的内容来合理安排自己的工作。

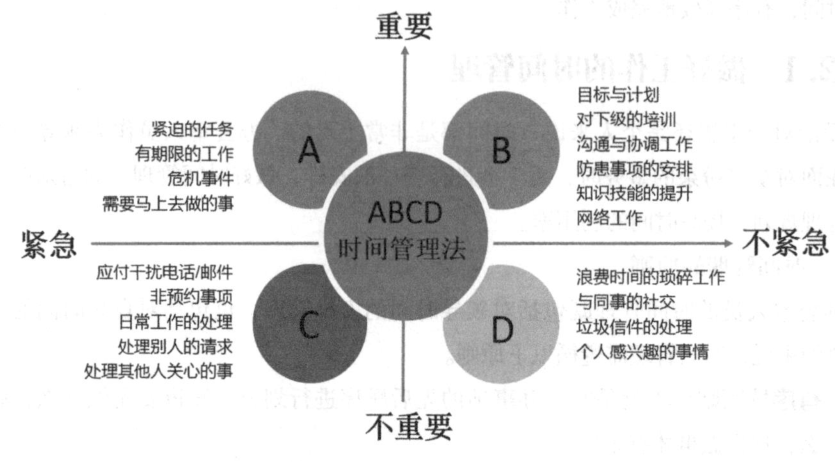

图 1-3　ABCD 时间管理法

（3）计划管理法

做好周密的计划是节省时间的好方法。办公室人员如果提前制订好工作计划，就能节省在每项工作结束后至下一项工作开始前关于如何开展下一项工作的思考时间，做事会更加连贯。常见的工作计划包括年度计划、季度计划、月计划、周计划和日计划等。人们使用较为频繁的是月计划、周计划和日计划，它们的内容比较详细具体。此外，办公室人员可相应地列出自己的待办事项清单（日程安排等）和已办备注，做好记录，以便后期进行工作总结。

表1–2和表1–3分别为某公司关于客户开发的周工作计划以及关于领导安排的日工作计划，办公室人员可以以此为参考制订其他各类计划。

表1–2　周工作计划表

项目	拜访人员	拜访目的	新增人员名单
周一			
周二			
周三			
周四			
周五			
周六			
周日			

表1-3　总经理日工作计划表

日期	时间		工作任务	地点
（9月3日）	上午（AM）	9:00	公司例会	会议室
		10:40	某项目研究会	总经理办公室
（9月3日）	下午（PM）	14:00	接待总公司经理	总经理办公室
		16:40	拜访合作伙伴	××大酒店
		18:30	商业酒会	××大酒店

办公室人员在制订自己的工作计划时，可以预留出一小部分时间，以应对突发情况或突然的工作任务。若工作实在太多，办公室人员在接到紧要的工作任务时，就按事情的紧急程度将工作顺延。

（4）工作分类法

工作分类法也是一种时间管理的有效方法，它通过对工作的分类排序来有效分配时间。按照工作的轻重缓急，将其分为紧急且重要的工作、次要的工作和常规的工作3类。办公室人员可以先排出事情的优先顺序，再预估这些工作可能耗费的时间和占用的百分比。接下来在工作中记录实际耗用的时间，将其与预估时间对比分析，发现浪费时间的因素，提出减少时间浪费的措施，从而重新调整自己的时间安排，更有效地开展工作。办公室人员可以采用表1-4所示的方法对工作进行分类、记录与分析。

表1-4　工作分类表

工作等级分类	工作事项	预估花费的时间	预估时间占比	实际消耗的时间	实际时间占比	原因
紧急且重要的工作						
次要的工作						
常规的工作						

在做安排记录时，办公室人员要真实记录，持之以恒，这样才能更好地优化时间安排。

3．时间管理的小技巧

要想更好地利用时间，办公室人员还可以采用下面的一些小技巧完善对时间的管理与规划，提升工作质量。

（1）遵循二八定律

二八定律就是花费80%的时间来完成20%最重要的事情。办公室人员经常面对很多工作安排，因此要找出其中最紧要的事情，将重要的工作放在第一位，才能有效提高工作效率。

（2）即办即行

遇到突发性、临时性事件或突然接到领导的指示和任务时，办公室人员要立即办理、立即执行，将重要工作任务逐一登记并细化，设定工作完成期限，将工作有序落实到位。

（3）集中时间办要事

这与第一条类似，第一条是强调时间要多，这条则强调时间要集中。在工作中，办公室人员需要掌握和配合好领导的时间节奏，因此最好让领导能够在精力最旺盛的时间段处理最重要以及最困难的工作。对于其自身来说，也是同样的道理，一定要将主要时间和精力集中在完成重要和紧急的任务上，不要让琐碎的事宜占据你太多的时间。

（4）利用碎片时间

办公室人员在工作中肯定也有不少的碎片时间，可以利用这些时间来处理较琐碎的事务，如沟通会议安排或活动安排、回复邮件和传真、整理文件等。

（5）设置工作日志

办公室人员要利用工作日志做好每天的工作记录和第二天的工作安排，这有利于感知工作的收获与体会，获取经验。长此以往地积累之后，办公室人员就能更有效地管理时间，提高自己的工作水平和时间利用效率。

1.2.2 开展工作的步骤

办公室人员在做任何一项工作时，都可以先做计划，再付诸实践，然后检查自己的完成效果，最后对结果进行处理。这里可以提供一个由美国管理专家提出的理论：美国管理专家休哈特博士曾经提出了一个“PDCA循环”理论，后来该理论被质量管理专家戴明采纳、宣传，得到普及之后，这个理论也被称为“戴明环”。

PDCA循环是一个程序。它将工作管理分为4个阶段，分别是计划（Plan）、执行（Do）、检查（Check）、处理（Act）。这4个词的具体含义如下。

◆**计划（Plan）：**确定方针和目标，制订好工作的计划。

◆**执行（Do）：**根据已知的信息进行具体的设计，然后进行实际操作，执行计划中的内容。

◆**检查（Check）：**总结执行计划的结果，明确完成的效果，找出问题所在。

◆**处理（Act）**：对最后总结得出的结果进行处理，成功了便加以肯定，失败了便总结经验教训，并将其放入下一个循环。

可以看出，这个理论要求把各项工作按照制订计划、计划实施、检查实施效果的程序执行，然后将成功的经验纳入标准，不成功的事项便放到下一循环去解决。下面介绍在进行这4个步骤时，办公室人员应着重注意的内容。

1．计划的步骤

◆了解即将开始的工作内容，例如其与整体工作的关系、领导的要求、该工作的紧急程度和重要程度等。

◆领导分配多项任务时，要排好优先顺序，并思考如何在期限内更好地安排工作，使工作效率更高。

◆进行具体安排——“5W2H”，即具体的行动内容（What）、采取行动的原因（Why）、如何实施行动（How）、完成的时间（When）、具体的负责人和行动人（Who）、执行计划的部门在何处可得到配合（Where）、可能花费的资金（How much）。

实际上，这是有效进行任何一项工作都可运用的工作程序，同时这个质量管理方法也是不少企业管理工作的方法。办公室人员在工作中，可以按照上述逻辑开展自己的工作。

2．执行的步骤

首先按原定的计划顺序执行，若计划进行过程中有变化，办公室人员要及时报予领导，然后要注意在领导规定的期限内将计划执行完毕。

3．检查的步骤

◆办公室人员在检查时要对照自己的工作任务来分析计划和实际情况的差异，然后找出原因，并记录在自己的备忘录上，以便日后改进。

◆办公室人员将自己的工作成果与自己之前的成果或同事同性质工作的成果进行比较分析，找出自己的不足并尽力弥补。

4．处理的步骤

对成功的经验和成绩加以肯定，将其标准化、流程化，以巩固成绩；针对遗留问题，则根据总结的结果采取相应的步骤，转入下一个PDCA循环。

1.2.3 处理工作的优先顺序

ABCD时间管理法同时也是著名的处理工作的方法，它将工作排出了一个优先顺序。办公室人员在面对众多工作时，可以先进行思考，然后将自己的工作进行分类。办公室人员首先需要想明白什么是应该做的事，什么是做不做都可以的事，什么是可以不做的事。最后将其分为重要且紧急的事、重要但不紧急的事、紧急但不重要的事和既不紧急又不重要的事，然后对其赋予相应的时间与精力。

重要且紧急的事可以花大量的时间和精力去完成；重要但不紧急的事需要提前有个计划，然后花较多时间完成；紧急但不重要的事可以马上去办，花尽可能短的时间完成；既不紧急又不重要的事可以慢慢做，利用琐碎的时间处理，放到最后去完成。这样，一个办事的优先顺序就确定了。

1.3 办公室人员工作的常见方法

办公室人员经常要处理许多事情，也需要与很多人打交道，因此掌握各种处理工作的办法对办公室人员来说很重要。下面对请示与报告方法、计划与总结方法、授意与传达方法、变通方法、说服与拒绝方法，以及倾听方法等进行介绍。通过对这些知识的学习，办公室人员能够更好地完成自己的工作。

1.3.1 请示与报告方法

在工作中，常要求办公室人员事前请示，事后报告。请示与报告都是办公室人员工作中惯做的事，办公室人员应掌握请示与报告的方法。

1. 请示的方法

办公室人员是领导的工作助手，需按领导的意图办事。办公室人员不能擅作主张，也无自主决策权，因此，在工作中办公室人员必须多请示领导。多请示，既是对办公室人员工作纪律的要求，又是防止办公室人员工作出现差错和失误的重要保证。因此，办公室人员在请示时，要按照以下几点方法。

- **事前请示：**一般情况下，办公室人员请示必须在事前进行，待领导指示或批准后方可行动。只有在特殊情况下，才能采取边做边请示或先做再请示的方法。
- **对口请示：**办公室人员请示要遵守按领导分工、对口请示的原则，避免多头请示和越级请示。若是涉及多方面的综合性工作，办公室人员应向主持全面工作的领导请示，并将有关情况通报其他分管领导。
- **一文一事：**首先，办公室人员请示的内容必须是不在自己职责范围内、自己难以处理或无权处理的事情。另外，请示要尽量做到内容单一，尤其是以书面形式请示时，应一文一事，不得同时请示多项事务。
- **灵活请示：**办公室人员可根据事项的轻重选择口头请示或书面请示。重大的、涉及政策方面、需要授权批准的事应书面请示，以示慎重，同时方便日后查证；对于一般事项和紧急事项，办公室人员可口头请示，领导口头答复。但处理后办公室人员要补写书面请示，以留档备查。
- **请示态度要恭敬：**无论是口头请示还是书面请示，办公室人员都必须摆正自己的位置，请示的态度要谦恭、尊敬，言语要得体。

2．报告的方法

办公室人员向领导报告是为了及时让领导了解情况，掌握事情发展的进程。这是办公室人员对领导负责的重要象征，也是领导指导办公室人员工作的途径之一。办公室人员报告时，应按照以下几点方法。

◆**内容真实：**办公室人员报告时要做到要事详报、急事急报、小事不报或简报，且内容客观、真实、不弄虚作假，这样才能让领导及时了解事情并做出指导，或是供领导在改进工作时进行参考。

◆**形式多样：**报告包括口头报告和书面报告。第一种形式交流起来更方便。后一种形式更正式，便于领导过目思考，也便于保存备查。此外还有会议报告、单独报告、电话报告、临时报告等各种报告形式，办公室人员可视情况灵活运用。

◆**内容精简：**不管是哪种形式的报告，其语言都要言简意赅、条理清楚，以节省领导的阅读时间。

◆**对象明确：**办公室人员应适应不同领导对于报告的不同要求，同时处理好主要领导与分管领导的关系，知道什么事务向谁报告。一般来说，重大事情向正副职领导双方报告，日常事务报告给分管领导。

若主管领导外出不在，办公室人员需将企业内分管领导关于一些重大问题的处理意见，适时报告给在外的主管领导，并转达主管领导的意见，使双方信息互通。

◆**时机恰当：**报告要适时，尤其是群众对领导工作情况的反映、建议和要求等，办公室人员应选择恰当的时机进行报告，以使报告取得良好的效果。

1.3.2 计划与总结方法

办公室人员在工作时，总是要对工作做一番计划或对工作内容进行总结，这也有一定的方法或技巧。下面稍做介绍，具体的写作方法将在后文专门介绍如何进行公文写作的章节中进行讲解。

1．计划的方法

做计划应遵循以下两个重要的原则。

◆要有科学的、明确的工作计划。

◆按事情的轻重缓急决定出工作的次序，然后有条不紊地按计划进行。

2．总结的方法

办公室人员每隔一段时间就要对自己的工作做回顾，根据工作的情况进行总结，以肯定成绩，得出经验，看到不足，汲取教训。总结一般分为以下3个步骤。

◆从与领导、同事、客户的相处，以及自己协调处理工作的具体流程等多方面回顾自己在行政、人事等方面的工作。

◆总结经验教训，肯定自己的成绩，对不足之处提出改进方法。

◆确定下一阶段的工作计划，树立工作目标与学习目标，明确自己的发展方向。

计划与总结总是相互依附存在的，做了计划就要有总结，写好总结也要拟定下一阶段的计划，只有这样，办公室人员才能更清楚自己的工作完成情况，也才能有明确的发展规划。做好工作的计划和总结对工作效率的提升也是大有帮助的。

1.3.3 授意与传达方法

领导意图就是领导对某一问题的意见、倾向和企图，即领导工作的基本思想。正确领会和传达领导意图是对办公室人员的基本要求，是办公室人员发挥参谋助手作用的前提和基础，是提高办公室人员工作效率和质量的重要保证。

1．如何接受领导的授意

在接受领导的授意时，办公室人员应注意以下几点要求。

◆备好记录本，记录下指示要点。

◆注意倾听，用心判断领导的真正意图。要防止自作聪明，自以为自己弄懂了领导的意图，明白了领导的“暗示”。

◆办公室人员需要领会领导的意图，并据此办事，因此在未完全领会领导意图时可以向领导提问，直至弄懂领导的意图为止，但应选择合适的时机进行提问。

◆办公室人员有不同意见，可以公开向领导提出，但要有理有据，并且办公室人员应当注意自己的说话方式和态度。

◆办公室人员接受领导授意后，要立马将授意贯彻实施，尽快落实。

2．如何传达领导的意图

办公室人员领会领导的意图之后，要确保准确迅速地将领导的意图传达出来。在传达领导的意图时要讲究方法，其内容如下。

◆确保不改变领导的原意，不混夹自己的意见。

◆必要时可形成文字材料，严格按照材料办事。

◆如果有些意图不便直说，办公室人员应注意保密，不可在普通电话、普通函件里传达保密的内容。

◆对于重要的意图，在传达时，办公室人员可以多复述一遍，以免对方漏听或漏记。

1.3.4 变通方法

通常情况下，办公室人员必须照章办事。但如果遇到特殊情况，办公室人员可以随机应变。例如遇到紧急重要的事时，办公室人员可以先处理再报告或越级请示。

范例1

画家的画

有一位青年画家，想要提升自己的画技，于是他想到了一个办法，就是将自己的作品放到画市上请人修改，这样一定能画出人人喜爱的作品。

于是他将自己最满意的一幅作品放到画市上，并在旁边放上一支笔，请行家们把不足之处指出来。画市上人来人往，画家的态度又十分诚恳，许多人就真诚地在画上标注了自己的意见。晚上回家之后，画家发现画上几乎所有的地方都被标上了记号，也就是说这幅画不好的地方太多了，简直一无是处。这个结果对画家的打击太大了，他开始怀疑自己到底有没有绘画的才能。

他的老师见他前不久还雄心万丈，此时却如此消沉，便找他询问发生了何事，待问清原委后老师便哈哈大笑，并叫他明天换一个地方再放一天试试。第二天画家把同一幅画放到了另一个地方，同样也在旁边放上了一支笔，但与上次不同的是，他希望大家将画中精彩的地方指出来。晚上回家后，这幅画上同样是密密麻麻的记号。画家大彻大悟，最后在画坛上有了不错的成就。

点评：从画家的这个范例中我们可以看出，画家最开始想法单一、不知变通，差点自暴自弃，如果不是他老师的点拨，他很可能就这样浪费了自己的才华，这就是变通思维。办公室人员也要学会灵活变通，这样才能妥善地处理好各种事情。

办公室人员要想灵活变通，就要有知识基础，积极学习，增加自己的知识与修养，更要会说话、说好话，懂说话的艺术，了解领导的所思所想。这样办公室人员才能做到真正的灵活变通，巧妙地处理事情，达到理想的工作效果。

范例2

外出旅游

公司为财务部提供了5个出国旅游的名额，但财务部有7位员工，王秘书得知这个安排之后，便找总经理商量说，大家都想去，可不可以多加两个名额，让所有员工都去。总经理不太高兴地表示，王秘书真不知道为公司着想，出国旅游的花费本来就高，有5个名额已经不错了。王秘书只能悻悻而归。

另一位徐秘书知道这件事之后，过了两天，才找上总经理，说大家知道要旅游，都十分高兴，非常感动。总经理便十分开心，和徐秘书说起了出国旅游的初衷，原来是公司最近发展较好，总经理便犒赏大家，希望大家放松放松，接下来再接再厉。但是也不是全部员工工作起来都积极认真，有的人工作并不积极，所以这算是提醒他们，不合格的就不安排旅游了。

徐秘书一方面表示了对总经理安排的认同，另一方面又表示虽然有些人可能确实不够积极认真，但这主要是她作为办公室人员的责任，她对大家的生活缺乏关心和了解，并旁敲侧击地表示不能去的人可能会受到较大的打击。这种负面影响在公司一传播，公司旅游的目的就大打折扣了。所以她向总经理保证在这次旅游中会与这些员工多沟通，帮助其提高工作积极性。一番交谈下来，最后总经理又增加了两个出国旅游的名额。

点评： 作为办公室人员，一定要能变通，懂得变换角度思考。徐秘书就是站在总经理的角度考虑，灵活应对，不仅采用迂回战术，还会说话，才成功解决了这次的名额事件。

1.3.5 说服与拒绝方法

办公室人员的工作包括上情下达、下情上达、辅助决策、多方沟通、组织协调、监督检查等，免不了会遇到需要说服别人的情况。办公室人员时常也会遇到难办或超出其职权范围的事，如果有人提出了比较过分的、在当时不恰当的或是不符合规定的要求，办公室人员要学会拒绝。当然，说服与拒绝都需要一定的技巧，下面将对这部分内容进行介绍。

1．说服的方法

说服的方法包括以情动人、以理说人、间接说服和其他技巧性说服等。

◆**以情动人：** 就是“攻心”之术，重点在打破对方的心理防线。首先，这就要求办公室人员了解对方，知道对方的心理弱点。其次，办公室人员要增强自己的可信度和吸引力，这可以通过表明自己纯正的动机、站在对方立场说话和提升自己的外在形象完成，从而拉近双方的距离。最后，因人制宜地选择对方能接受的劝服方式，并在合适的时机突破对方的心理缺口。以情动人的说服方法包括换位思考法、情感激发法和类比法。

◆**以理说人：** 就是用真实的例证予以说明，包括真人现身说法、权威说服法、证据例证法等。摆事实讲道理，让对方认识到你说话的真实性。

◆**间接说服：** 就是不直接劝服，而是通过诱导、暗示、激将等方法旁敲侧击，给予对方适当的引导。这样办公室人员不用直白地说出口，对方都能照预期进行工作。

◆**其他技巧性说服：** 包括引用名人故事、打比方、使用诙谐幽默的语言、以退为进、赞扬夸奖、跟着对方的节奏引导对方的思路等多种方法进行诱导，从而达到说服对方的目的。

实际上，很多方法与实际情况都无法做到绝对的吻合，重点是办公室人员要知道有这么多的方法，并能根据实际场景选择最适合的方法。

2．拒绝的方法

拒绝是不管在生活还是在工作中都难以避免的事情。办公室人员免不了会因为各种各样的原因拒绝别人。如何让别人被拒绝而不羞恼、愤怒，对于办公室人员来说也是一门必修课。

情景模拟

小徐是总经理的秘书。这天，有个人上门想要与总经理洽谈某方面的业务。总经理明确告诉小徐公司不会与人有这方面的合作，让小徐拒绝他。这时小徐面临以下几项选择。

（1）冷冰冰地告诉对方，总经理不见他，请他离开。

（2）婉言拒绝，说总经理没空，请对方离开。

（3）说总经理还在考虑之中，留下对方的联系方式，先劝其离开再说。

（4）客气地解释公司没有往这方面发展的打算，但留下对方的联系方式，并友善地表示自己有其他公司的熟人，可以为对方介绍。

点评：徐秘书选择的是第4种做法，果然对方高兴地离开了。同样是拒绝，第1种方法不太客气，第2、3种不太恰当，算是撒谎。总经理既然已明确拒绝，在这种情况下就没必要撒谎，相比之下，据实以告并为对方提供帮助的方法无疑是最好的选择。之后，该客人确实与徐秘书介绍的公司有了业务往来，这也算是皆大欢喜了。

拒绝的方法有很多，重点是要不伤害对方的自尊心，尽量不影响双方的情谊。下面对拒绝的方法进行介绍。

- ◆**赞赏拒绝法：**就是在商务洽谈中，先赞赏再拒绝，先表示对对方的认同和尊重，再就自己并不认同的地方做出解释。运用赞赏拒绝法要着重考虑对方的自尊心并给出充分合理的拒绝理由，从而达到理想的效果，例如“是的，我能理解你的看法，站在你的角度来看也没错，但是……”
- ◆**暗示拒绝法：**例如运用答非所问、转移话题、说笑等方法，不正面拒绝对方的意见，以避免不必要的争论，维护双方的关系。一般对方也会明白你真正的意思。
- ◆**强调客观法：**也就是向对方陈述你拒绝他的客观原因。如果是自身状况不允许或受条件限制的，且这些客观条件都是对方认同的，对方就会放弃说服你。
- ◆**留余地拒绝法：**这就是情景模拟案例中讲到的方法，就是这件事我帮不了你，但我可以帮你其他的。这对被拒绝的人来说，也是一种补偿和安慰，对方也不会有太大的情绪。

另外，拒绝的方法还包括拖延法、诱导对方自我否定法等，办公室人员可根据实际情况选择合适的方法。此外，办公室人员在拒绝他人时语言要含蓄委婉，理由要充分，直接拒绝他人态度要诚恳，尽量不要伤害双方的情面。

1.3.6 倾听方法

倾听在办公室人员安排事务、沟通与协调的过程中发挥着重要作用。不管是与领导交流、与同事沟通，还是与客户打交道，都要讲究倾听的方法，可以说倾听的方法是办公室人员沟通处理各项事宜时都会用到的重要技巧。关于办公室人员该如何倾听的方法将在第

3章中进行讲解，这里不多做介绍。

1.4 办公室人员的基本礼仪要求

办公室人员会经常待人接物或是出席各种商务活动，因此掌握一定的基本礼仪非常重要，这也是办公室人员对自我的管理。基本礼仪一般涉及服饰、仪态、语言3个方面。

1.4.1 服饰要求

办公室人员的服饰要求包括其穿衣的原则、着装的要求等。下面介绍办公室人员如何进行服饰搭配。

1. 办公室人员穿衣的原则

办公室人员穿衣应遵循以下原则。

- **着装要与场合相适应：**不同的场合，对办公室人员的着装有不同的要求。隆重场合的着装应庄重考究；休闲场合的着装简便舒适即可；正式场合的着装要整洁大方；晚宴舞会的着装要优雅华丽。办公室人员要了解不同场合对服装的要求。
- **着装要有时间性：**例如白天工作要穿套装，晚上参加活动可以搭配丝巾或其他饰物；夏季着装以透气吸汗为主，冬季着装在保暖御寒的同时也要时尚而不显臃肿。
- **着装要适合自身条件：**办公室人员要根据自己的身形、肤色、年龄、气质来选择服装的式样、颜色、质地，在追求时尚的同时要选择适合自己的、适合办公室人员角色的服装。

2. 办公室人员着装的要求

下面分别介绍男士和女士在着装上的不同选择。

（1）衬衫的选择

首先，办公室人员的衬衫要与西装相配。能与西装颜色相配的衬衫有很多，最常见的是白色和其他浅色衬衫。衬衫衣领应是有座硬领，衣领的宽度应根据自己的脖子长短来选择，例如，脖子较短的人不宜穿宽领衬衫，脖子较长的人不宜穿窄领衬衫。

其次，衬衫的领口大小要合适，以扣上领口扣子后，自己的食指能上下自由穿插为标准。袖子的长度以长出西装袖口两厘米左右为标准。办公室人员在穿着衬衫时，长袖或短袖硬领衬衫应扎进西裤里面，短袖无座软领衬衫可不扎。长袖衬衫不搭配西装穿，可以敞开衬衫前襟最上方的一粒扣子，并将袖口挽起，挽法是按袖口宽度往上挽两次，不超过肘部。但衬衫配领带时，必须将衬衫前襟的扣子和袖口都系好。一般来讲，正式场合都不能外穿衬衫。

（2）正装的选择

男女在正装的选择上要求不一样，下面分别进行介绍。

A. 男性正装的选择

男性办公室人员的正装一般为西装，在穿西装时，必须把握“三个三”的要求，即三色原则、三一定律和三大禁忌，如表1-5所示。

表1-5 “三个三”的要求

三色原则	三一定律	三大禁忌
身上服装的颜色不能超过三种，包括外套、衬衫、领带、皮鞋和袜子的颜色	腰带、皮鞋、袜子要保持一色，通常以黑色为佳。如带有公文包，其颜色也应与腰带、皮鞋、袜子保持一致	主要有这三点：一是职场男士的西装袖口的商标不能不拆；二是尼龙丝袜不能穿，因为尼龙丝袜容易产生异味；三是不要穿白色袜子

此外，男士在需要穿着西装的场合里，还需注意以下内容。

◆西装大小要合身，穿着时一定要合身得体，可选择黑、蓝、灰三色的纯色西装。

◆领带选择真丝或羊毛材质，条纹方格领带的颜色不要超过3种。

◆西装必须与皮鞋配套穿，不要用球鞋或运动鞋搭配西装。

◆穿西装时要特别注意衬衫的搭配。衬衫的颜色应与西装的颜色成对比，衬衫里面不能穿深色的衣服。衬衫的下摆要塞进裤腰里，衬衫的衣袖要略长于西装的衣袖。

◆不能卷西装的袖口和裤边。

男士正装的西装扣子也有讲究：若是单排扣西装，单排单粒，可扣可不扣；单排双粒，扣最上方的扣子；单排三粒，扣中间或上面两颗扣子。若是双排扣西装，最好把扣子全部扣上。

B. 女士正装的选择

女士的正装是西装套裙和西装长裤，多是穿西装套裙。女士正装的选择需满足以下要求。

◆女士正装一定要成套搭配，下装要与上装配套，多以一步裙为宜。

◆穿套裙一定要配以连裤袜或长筒丝袜，丝袜的长度不能低于套裙的长度，且套裙最好与皮鞋搭配，中跟或高跟均可。

◆不要选会露出脚趾的鞋子。

◆对衬衫、袜子、鞋子、饰物甚至皮包的选择，一定要注意搭配协调。另外女性办公室人员可以预备袜子，以便在袜子破损时能够替换。

鞋袜、皮包等要注意颜色搭配一致。黑色套装可以搭配黑色皮鞋和肉色丝袜，或者是黑色丝袜。裙子越短，袜子要越长，但不要露出袜口，也不要穿跳丝的袜子。

（3）晚礼服的选择

晚礼服是在晚会上穿的正式服装，办公室人员对晚礼服的选择比较重要。一般男性办公室人员在这种场合也多是穿西装，而女性办公室人员则有更多的选择。这里主要介绍女性办公室人员的晚礼服着装要求。

晚会上，女性办公室人员可以穿得更加精致华丽，因此，她们可以选择穿旗袍或是露肩、露背、低胸、无袖等款式的西式礼服。但服装的选择要根据自己的体型、肤色、年龄等因素来定。例如身材娇小者为修饰身材比例，可以选择中高腰、纱面、腰部打褶的礼服，避免下半身过于蓬松；身体微胖者要选择修饰身形的直线剪裁的礼服；身材修长者可选择包身呈鱼尾状的礼服。当然，对于身材好的人来说，任何礼服基本都能穿。

办公室人员的晚礼服既要显得高贵、华丽、稳重，还要表现对活动的重视和对主人的尊重，一定要大方得体。女士可搭配适当的饰物，如耳环、项链、手提包、纱巾、帽子、细薄网眼的手套等。不管男女办公室人员，选择的晚礼服最好与自己的领导相搭配，配合领导的着装。

1.4.2 仪态要求

办公室人员的仪态可以从发型、妆容、身体姿态和表情4个方面来要求。好的仪态能让交流对象感到十分舒适。

1．发型

办公室人员在发型上的要求如表1-6所示。

表1-6 办公室人员在发型上的要求

男士发型的要求	女士发型的要求
不留长发，前发不过眉，侧发不过耳，后发不触后衣领，不烫发染发	女士可留长卷发以及短发，以美观大方为宜。工作场合一般不能披头散发，可盘发、扎马尾或梳其他简单典雅的发型，不烫发染发

女性办公室人员可佩戴素净淡雅的发饰。另外，办公室人员的头发要保持干净，注意不要在公共场合抓挠头发。

2．妆容

这是对办公室人员面容方面的要求。男性办公室人员要注意保持自己的脸、颈及耳朵干净，每日剃刮胡须。女性办公室人员需要化一点淡妆，进行适度的修饰，妆容应自然、精致、得体，能与场合、身份和穿着协调。女性办公室人员要注意不让自己妆容有损，但也不要在公共场合补妆。办公室人员可以喷一点淡香水，身体要无异味；不要在工作场所吸烟喝酒，避免沾染烟气、酒气；上班前或期间不吃刺激性食物，确保口气清新；女性办公室人员不要涂有颜色的指甲油。

3．身体姿态

办公室人员的身体姿态可以很好地体现办公室人员的形象和专业素养，包括蹲姿、坐姿、站姿、走姿等，其具体要求如表1-7所示。

表1-7 办公室人员身体姿态的要求

身体姿态类目		具体内容
蹲姿	基本蹲姿	在交际场合，总免不了捡拾物品或下蹲拍照等多种需要下蹲的情况，因此，蹲得漂亮也是办公室人员形体礼仪的一门必修课。蹲姿最忌讳弯腰撅臀，无论哪种蹲姿，女士都要注意两腿靠拢。下面介绍基本蹲姿蹲法：下蹲应自然、得体、不遮遮掩掩。下蹲时，两腿合力支撑身体，避免滑倒，并使头、胸、膝关节在一条直线上，使蹲姿优美。女性下蹲时要注意将两腿靠紧，臀部向下，在穿着短裙时，可略侧着蹲下
	交叉下蹲	以右脚在前为例，右脚要放在左脚的左前侧，顺势蹲下，保持左腿在右腿的后面，并且向右腿的右侧伸出，使双腿呈交叉状。蹲下之后，要使右脚全脚掌着地，右小腿与地面垂直，左脚脚跟抬起。两腿要前后贴紧，臀部下沉，身体要稍微地前倾
	高低式下蹲	以右脚在前为例，蹲下时右脚在前着地，左脚前脚掌着地且脚后跟提起，左膝要低于右膝，臀部下沉，将身体重心置于右脚
坐姿		办公室人员要保持优美的坐姿，这样能给人留下较好的印象。 ①入座要慢，要懂得轻而缓，不要让椅子发出噪声 ②不要坐在椅子边沿上，一般应当坐满椅面的2/3 ③与人交谈时，身子应适当前倾，头部保持端正，双眼平视对方 ④注意两腿摆放姿势，两腿侧放、叠放或双膝并拢较为合适 ⑤要控制住自己的身体，避免身子下滑、轻歪或斜躺在椅子上 ⑥头不要仰靠在椅背上，要注意坐姿端正
站姿	基本站姿	两脚跟相靠，两脚尖展开呈45°～60°，将身体重心主要放在脚掌、脚弓上；两腿并拢直立，腿部肌肉收紧，大腿内侧夹紧，髋部上提；腹肌、臀大肌稍微收缩上提，臀、腹部前后相夹，髋部两侧略向中间用力；后背挺直，胸略向前上方提起；两肩放松，气沉于胸腹之间，自然呼吸；两手臂放松，自然下垂于体侧；脖颈挺直，头向上顶；下颌微收，双目平视前方
	前搭手站姿	两脚尖展开，左脚脚跟靠近右脚中部，重心平均置于两脚上，也可以置于一只脚上，通过转移重心可减轻疲劳，双手置于腹前，如图1-4所示
	后搭手站姿	两脚分开与肩同宽，脚尖展开，挺胸立腰，下颌微收，双目平视，两手在身后相搭贴在臀部。这种站姿一般是男士站姿，如图1-5所示
	持物站姿	女士应身体立直，挺胸抬头，下颌微收，提胸立腰，吸腹收臀，手持物品，如图1-6所示；男士应身体立直，挺胸抬头，下颌微收，双目平视，两脚分开，一手持物，一手置于体侧
走姿	基本走姿	目光平视，头正颈直，挺胸收腹，两臂自然下垂，前后自然摆动，前摆稍向里折，身体要平稳，两肩不要左右晃动，不要一只手摆动一只手不动。姿态优雅、自然而简洁。女士穿裙子或旗袍要走成一条直线；穿裤装时，宜走成两直线
	错误走姿	①多人并排行走并勾肩搭背 ②上下楼梯时手撑大腿或三步并作两步行走
手势		常见的手势包括招手、挥别、致意、竖起大拇指、手比OK等手势。挥手时双方距离近需五指并拢，抬小臂轻挥，距离较远则应加大挥舞幅度。但不同手势在不同国家有不一样的含义，以竖起大拇指为例，在中国表示夸赞，但在欧洲，伸出手臂，竖起大拇指则视为叫出租车，办公室人员要多注意这方面的问题

下蹲时千万不要用双腿分开弯腰、臀部撅起的姿态。若是右手拾物，可以先走到物的左边，右脚向后退半步后再蹲下来，脊背挺直，臀部下沉；若衣服领口较大，要注意遮挡，下蹲时动作一定要迅速、大方、美观。

图 1-4　前搭手站姿

图 1-5　后搭手站姿

图 1-6　持物站姿

4．表情

人的表情经常是其心理活动的表现，人的很多情绪都可以通过表情表现出来，并辅助、强调人的语言感情。不少微表情经常会泄露一个人内心的真正想法，所以办公室人员在任何场合都要做好表情管理。

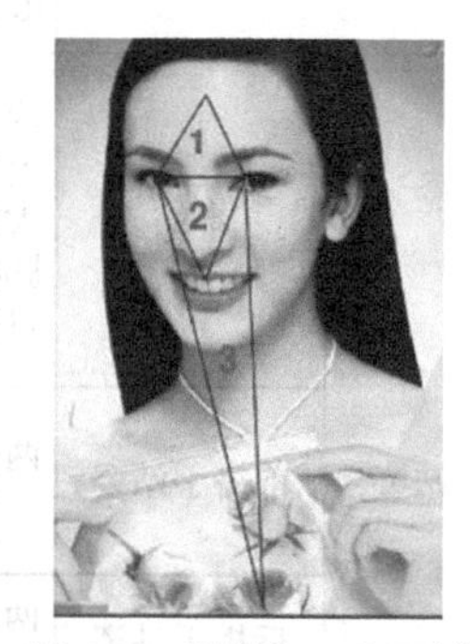

图 1-7　目光的 3 个区域

表情很多时候体现在目光和微笑上，尤其是办公室人员在与人交谈时，需要注视交谈对象，必要时还需要进行眼神交流。因交谈场所和交谈对象的不同，注视对方的目光被划分成了3个区域，如图1–7所示，其具体内容如表1–8所示。

表1–8　目光的3个区域与说明

区域划分	具体说明
区域 1	指双眼以上的额头部分，俗称公务注视，注视区域 1 的情况常发生在谈判、洽谈等严肃郑重的场合，主要代表公事公办、不含任何感情色彩
区域 2	指双眼以下、下颚以上的部位，俗称社交注视，注视区域 2 的情况常发生在上下级、同事之间的交往及各个联谊场所、座谈会时，能够营造一种融洽和谐的氛围，让双方都较为舒适
区域 3	指对方的上半身、双眼为上限，延长至胸部，俗称亲密注视，注视区域 3 的情况常发生在较亲近的人之间，表示对对方的关切和亲密的态度

此外，办公室人员在与人交流时要保持微笑，这是待人接物的基本礼仪。除了职业性的微笑之外，办公室人员还可以根据实际场景调整自己的微笑表情，加强自己的交谈效

果。办公室人员尤其要控制自己的眉毛、嘴角、眼睛，不要挤眉弄眼、口型歪斜、紧抿嘴唇或大张嘴巴，注意表情一定不要夸张，保持自然最好。

1.4.3 语言要求

办公室人员在说话时，应注意话语简明动听，语言要求主要来说包括使用语言的技巧和使用语言的注意事项两个方面。

1．使用语言的技巧

办公室人员在使用语言时应注意以下技巧。

◆态度亲切友善，交谈的语气柔和，让人有想交谈的欲望。

◆谈话过程中尽量面带微笑。

◆多使用普通话进行口语交流，发音要准确清晰、吐字清楚，不让人产生歧义。

◆多用谦称敬辞，说话要懂礼貌。

◆音量语速要控制在一个让人舒适的范围内。

说话的内容应该满足这些条件。

◆选择对方感兴趣的内容，回避双方的禁忌话题或容易产生纷争的话题。

◆最好用两三句话就能讲明一个道理或说明一件事情，用尽可能少的话传达更丰富的含义。长话短说，又要能说明重点。

◆要讲究委婉的艺术，不要直言快语，要学会婉言相告，给双方留下余地。

2．使用语言的注意事项

办公室人员在使用语言时，要避免以下误区。

◆不要用教训人的口吻或摆出盛气凌人的架势。

◆少用“这样”“那样”“然后”等词语，少带“啊”等语气词后缀。

◆注意增加语言的亲和力。

◆注意语句结构的丰富，包括主谓宾、倒装句等。

第3章的内容与本节的内容有所联系，读者可将这两部分结合起来看，综合起来学习交谈时的语言艺术。

提高与练习

1. 办公室人员应如何提升自己的个人素质？
2. 办公室人员如何做好时间管理？
3. 简述办公室人员请示与传达的方法。
4. 拒绝有哪些技巧？

第2章

常见事务处理：办公室工作很简单

办公室人员由于服务对象和所在部门性质的不同，在工作内容上可能会存在一定的差异。但由于办公室工作的环境大致相同，大家在工作上也会有很多共性。一般来说，办公室工作会涉及办公室日常行政事务处理、信息收集与报送、文档整理与保密工作、来访接待工作等。其中最常见的还是与办公室行政事务息息相关的事务，例如接打电话、邮件收发、文件收发、日程安排和印信管理。本章将对这些办公室人员最常接触的办公事务进行介绍。

2.1 接打电话

办公室日常事务之一就是接打电话。电话沟通是办公室人员与他人接触十分重要的形式之一，正确使用电话，能有效提高办事效率，树立良好的个人和集体形象。

2.1.1 接打电话的流程

在接打电话时，办公室人员一定要清楚接打电话的礼仪。首先，办公室人员要明白其流程。接打电话的流程大致相同，在办公室接电话的流程如图2–1所示。其中提到了电话记录，一般来说，办公室人员在接电话时需要将来电对象和来电内容等事项进行记录，便于后期工作的开展，可按照表2–1所示的格式设置一个表格进行记录。

图 2-1　接电话的流程

表2–1　电话记录表

来电号码		接电人	
来电单位		来电人	
来电内容			
处理意见			

而在打电话时，拨打电话的办公室人员首先需要组织好通话内容，然后自我介绍并确认对方身份，可以具体到职位和名称，看自己是否拨对号码，对方是否是自己要找的人。在确认无误后办公室人员可询问对方这个时间是否方便接听电话，然后再进行后续商谈，最后适时结束通话，如图2–2所示。

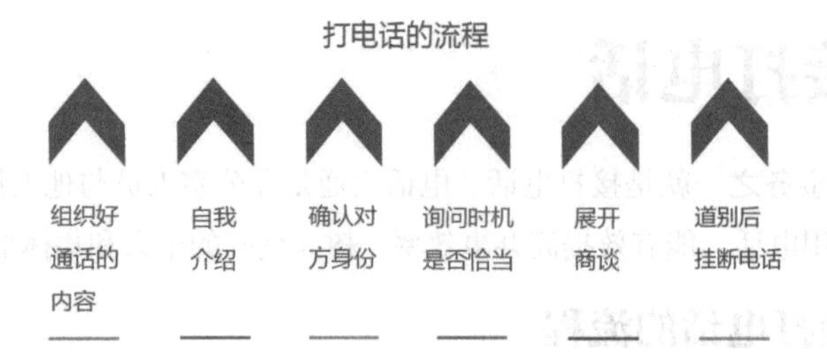

图 2-2 打电话的流程

如果需要商谈的内容较多或者很重要，拨打电话的办公室人员可以提前列好通话提纲并将文件传给对方。

2.1.2 接打电话的原则

电话沟通需满足以下5个原则。

◆**表达规范：**电话沟通与普通的口语交谈不同，要求办公室人员普通话标准清晰，此外办公室人员在接打电话的整个过程中都要使用符合职业规范的用语和语调，确保语言表达能体现办公室人员良好的职业素养。

◆**态度礼貌：**办公室人员接打电话的态度要礼貌热情，语气要和婉，不可生硬，不要显得冰冷冷的不近人情，不然会很容易影响对方的心情，让对方产生不好的印象。

◆**语言精练：**接打电话时办公室人员要做到语言简洁精要，在紧扣主题的基础上准确全面地介绍想传达的内容。要长话短说，尽可能用简短的话将事情说清楚。要有时间观念，不要占用双方太多的时间，要讲究工作效率。

◆**办事妥当：**办公室人员在电话沟通中要尽量得到或传递给对方准确的信息，尤其是打电话跟对方商谈到的某些事项，一定要办完、办好。

◆**内容不涉机密：**不要在电话里谈机密的事，不将与电话内容有关的事说给无关的人听。若对方询问的内容涉及某些有关机密事项，办公室人员应婉言拒绝或请示领导。

2.1.3 接打电话的要求

接打电话中有很多注意事项，稍有不慎，就可能会给对方留下不好的印象或让对方感觉你的综合素质不高。因此，接打电话的办公室人员在接打电话时要多注意相关的要求。

范例

王秘书接电话

王秘书刚做秘书的时候，知道秘书要接听电话，她认为接听电话的工作很简单，便不以为意，没什么工作积极性。于是她在接第一个电话时，等铃声响了4声才接起来，问：

“喂，你找谁呀？”对方是公司的一个客户，知道她是徐总的秘书，想让她请徐总接听一下电话，因为这个设计方案是徐总在负责。刚好徐总不太方便接电话，对方便让小王转达他们对公司前几天交过去的设计方案的一些小意见，说需要立马改完，他们急着用。

小王接完电话之后，却发现意见中的几个小细节，自己有点记不得了。秘书部的杨主任刚好路过，知道了小王的烦恼，便将小王批评了一顿，让小王打电话过去问清楚，并一定要做好电话记录。

因为工作出现纰漏被领导批评了，小王心情很不好。恰好电话又响了，铃声响了两声后，她拿起话筒问：“喂，你找谁？”当得知对方打错电话时，她很不耐烦地说了声：“您打错了。”就将电话给挂了。杨主任恰巧没走远，又将这一幕看在了眼里，教育她说这种行为是很不礼貌的。如果王秘书刚好知道对方所找公司的电话号码，可以告诉对方，说不定打电话的这个人也是他们公司的顾客，即便不是，热情友好地帮助对方也能维护公司的形象。过了几天，杨主任便安排王秘书进行相关业务的培训。

点评：接听电话的工作并不简单，王秘书在接听电话时确实犯了不少的错误，如接听电话的时机、接电话的语气和用语、通话过程中内容的记录、对待错拨电话的态度等都不正确。大家应该引以为戒，掌握正确的接打电话的方法。

1．接电话的要求

办公室人员在接听电话时应满足以下要求。

◆准备好纸和笔。

◆接电话要及时，最好在铃声响后2～3声拿起电话，时间不能太早，也不能太晚。

◆在接听电话时语言要谦恭、得体，最好使用清晰愉悦的语调，这样可以表现出说话者的礼貌态度和职业素养。

◆接电话时先要问候，再对外报单位，对内报部门。例如，“您好，这里是××科技有限公司”“您好，这里是财务部办公室”。

◆若对方打错了电话，要礼貌告知对方。

◆确认对方身份时要礼貌地核实对方的姓名。

◆若对方要找的人（你的领导）已外出或不方便接听电话，可让对方留下联系方式，到时再与对方联系；或是知道领导什么时候方便，请对方换个时间来电；或是转移通话，询问对方可否与其他人通话，若通话需要转接到其他部门，需要告知对方并取得对方的同意。

◆通话过程中不要与其他人交谈，不要让房间里的背景音干扰谈话。

◆若通话过程中想咳嗽或打喷嚏，应偏头并掩话筒或是让自己远离话筒，减少干扰，并向对方道歉。

◆若打电话的对象是熟人、老客户，你听出了对方的声音或知道对方的号码，在接电话时可直接叫出对方的职称，如“您好，徐经理”。这样对方会感受到你对他的重视，也会觉得亲切，可拉近双方距离。

◆一定要做好通话记录，不然容易听过就忘，或记忆模糊，这都不利于后续工作的开展。

2．打电话的要求

办公室人员在打电话时也需要注意电话礼仪。在拨打电话时，办公室人员需满足以下这些要求，或者是了解这些内容，以便更好地进行电话沟通，并给对方留下一个好印象。

◆拨号之前要注意时间，要尽量避开对方吃饭、休息的时间以及临近下班的时间。

◆拨错了号码要道歉。

◆若要联系职务较高的人，不要直接拨给对方，要拨给对方的助理或秘书。

◆若对方不方便接听电话或没有充足的通话时间，应另约合适的时间，或者让对方说一个方便接听电话的时间。

◆若不得不在对方不方便的时间通话，需致歉并说明原因。

◆通话时一般要在开头说明通话目的，且通话过程中需给对方预留足够的反应时间。同时还可预估对方的反应或可能提的问题，想好回应或做出恰当的应对。

◆若是需要保密的内容，应确认对方通话时没有外人在场，提醒对方事情的保密性，让对方选择一个较安全私密的场所。

◆按照提纲讲话时应注意将说过的内容及时勾划掉，避免遗漏和重复。

◆内容讲完之后要及时结束，不要占据对方过多时间。

◆若还需要对方的反馈回电，需留下自己的通信方式。

◆放话筒的动作要轻，没放稳话筒之前不要对刚才的通话进行评论，最好也不要提任何与通话目的不相干的事情。

电话沟通是通过声音来塑造形象的，因此，在打电话的过程中语气一定要温和、亲切，表述一定要清楚、准确。

2.1.4 处理意外电话的方法

不少人认为接打电话的工作烦琐而简单，甚至毫无技术含量可言。实际上，办公室人员在工作中常会遇到一些意外的、不被“期待”的电话，对这些电话的处理十分考验办公室人员的专业素质和服务能力。下面对一些可能遇到的情况和相应的处理方法进行介绍。

1．灾害电话

若办公室人员接到灾害电话，首先要如实记录通话内容和灾害情况，如灾害发生的时间、地点、经过、后果、原因和措施等，然后即刻向领导报告，请领导批示，最后迅速传达领导指示，请求对方及时处理并给出反馈。

2．紧急电话

同灾害电话一样，接听紧急电话的办公室人员首先要对具体情况进行记录。如果情况非常紧急，接听电话的办公室人员可先进行恰当的处理、安排，然后再向领导报告，传达领导的意见。

3．纠缠电话

对于纠缠电话要明确拒绝，接听电话的办公室人员可请对方留言，或佯称领导不在单位。总之在礼貌的基础上一定要明确拒绝对方。

4．推销电话

对于推销电话，接听电话的办公室人员可以直接拒绝或以公司相关规定及领导指示为由婉言谢绝，但接听电话的办公室人员也要保持应有的礼貌与客气。对于某些推销电话，还可在问明对方来意之后向对方表示需要向领导请示之后再予回复。

5．性骚扰电话

面对性骚扰电话，接听电话的办公室人员可以选择立马挂断，拒绝通话，也可严厉斥责并警告对方。另外，接听电话的办公室人员可以使用法律手段保护自己，例如保留通话内容并报警。

6．恐吓电话

对于恐吓电话亦是如此，接听电话的办公室人员可以利用法律保护自己。首先，接听电话的办公室人员要保持高度警惕，与对方周旋，并录好音；然后，及时向领导报告，并报警，请警方侦查。这种电话是不容姑息的，接听电话的办公室人员一定要重视。

7．匿名电话

在不知道对方是善意还是恶意之前，接听电话的办公室人员要以礼相待，礼貌地询问其来意与身份，若对方坚持不说来意与身份则尽量不去打扰领导。若对方实在不愿意说，也不要强求，记录与对方通话的内容，及时向领导转达，同时要设法了解、打听对方的身份和姓名，但不要大张旗鼓地行动。

8．代接电话

对方打电话给办公室人员要求让领导转接时，接电话的办公室人员需要对电话过滤，根据对方来电的意图和事情的重要程度判断转接电话是否会打扰领导的正常工作。若领导不在，接电话的办公室人员要语言得体，礼貌地询问是否可以代为转告。若领导开会时有电话打进来，一般是按领导不在处理，但若是有突发情况或紧急来电，可用便条通知领导让领导场外接听。若遇到领导不能马上接电话的情况，接听电话的办公室人员可以礼貌地询问对方是否可以稍等一两分钟，如“对不起，请稍等一下”，然后每隔30秒左右给对方打个招呼。最后快可以接听的时候，接听电话的办公室人员要对对方的久等表示歉意，如“对不起，让您久等了，领导马上就到”。

接打电话的情景模拟案例

情景模拟

王秘书的公司明确规定，在开董事会的时候，参会人员不能接电话。这天在开董事会期间，公司的大客户徐总来电话，对王秘书说他有急事要找罗总商谈。面对这种情况，王秘书应当如何处理？她有以下几种选择。

（1）徐总，实在对不起，罗总不在公司，您看和杨总谈谈可以吗？

（2）徐总，实在不凑巧，我们罗总正在参加董事会，估计会议要到12点钟才结束。结束后我们再给打电话，您看这样可以吗？

（3）徐总，请您稍等一下，罗总刚刚散会，我马上帮您去找找，行吗？

（4）徐总，实在对不起，我们罗总在开会，现在不方便接听电话。

点评：本题的最佳选择是第3项。第2项不行，因为客户最大，而且对方是急事，可能正急得不行，所以听到这样的话肯定不高兴。第4项拒绝得太不留情面了。第1项是个不太恰当的谎言，没必要撒谎，因为是急事，且对方指明要找罗总，于情于理，王秘书都可以去问问罗总。若罗总认为不重要，则王秘书可以谎称没找到罗总；若罗总愿意接听，则刚好。所以，综合说来，第3项选择最佳。

2.2 邮件收发

邮件的收发处理是办公室人员在接收和发出邮件、信函等过程中要做的一系列工作，这也是办公室人员日常工作的一部分。要想做好邮件收发工作，就需要了解邮件收发的流程与具体步骤、邮件寄发的事项说明和领导不在时邮件的处理方法等。

2.2.1 邮件接收的流程和具体步骤

邮件包括信件、电报、报纸、包裹、明信片、传真、E-mail等，种类较多，处理起来也比较烦琐。办公室人员要处理好各类邮件，可以根据以下的流程进行，如图2-3所示。

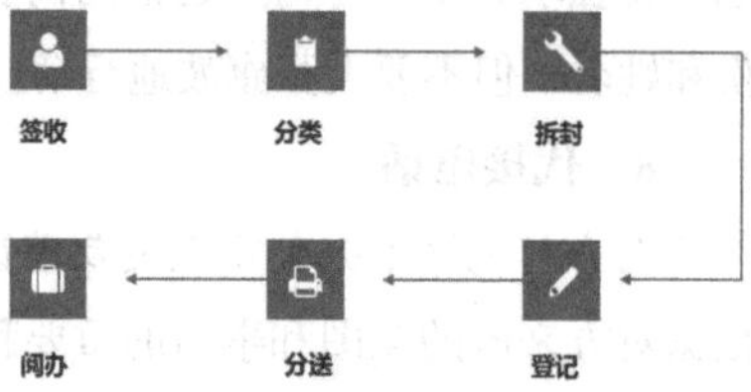

签收 → 分类 → 拆封 → 登记 → 分送 → 阅办

图 2-3 邮件收发的流程

1. 签收

签收指办公室人员履行规定，从发文机关、邮局、机要通信部门，或借助通信设备收取邮件并进行签收手续。有些包裹可以开封核对，确认无误再签收。所以，签收之后，若邮件不见了或是出现其他问题，会向签收人追责。签收是接收邮件时不可缺少的一个手续。

2. 分类

邮件签收之后，办公室人员要对邮件进行分类，分清楚邮件是公务邮件还是私人邮件、是内部邮件还是外部邮件、是重要的邮件还是一般的邮件，将其区分开来。然后，办公室人员将需要优先考虑或重要的文件放在一起，以便后面重点进行处理。

3．拆封

拆封邮件也有不少讲究，具体内容如下。

◆含亲启、机密等字样的邮件，办公室人员不要随便拆封，除非得到领导的授权。对于领导的私人信件也是如此，办公室人员不能擅自拆开。

◆办公室人员不能手撕信函、邮件，最好拿专业的刀具拆开，保持原封完好，且不损害里面的文件。

◆拆封前，办公室人员确保文件都在邮件袋的下部，以免划伤里面的文件。

◆办公室人员要确保自己取出里面的所有文件。

◆办公室人员要检查邮件的附件等是否完备，如有缺漏要做好备注。

◆拆封后要将里面的文件装订好，例如利用回形针将文件固定在一起。

◆误拆邮件之后，办公室人员应将其封好，恢复原状，并留下“误拆”字样。

4．登记

邮件拆封之后，办公室人员需要按登记簿中的内容逐项进行登记，登记簿的模板如表2-2所示。

表2-2　邮件登记簿

序号	名称	收件时间	收件人	发件人信息	来件类型	备注

5．分送

根据邮件的分类，办公室人员按收件人的不同和邮件类型的不同将邮件分送给不同的对象，一般包括归部门办理的文件信函，领导亲收信函，供传阅复印的文件、报纸等。分送给领导的邮件较多时，办公室人员要分类整理好再交给领导，分送给领导的邮件可以按紧要程度分为紧急件、急件和一般件。另外办公室人员可以用不同颜色的文件夹来存放不同的文件，一般是优先文件用红色的文件夹，机要文件用蓝色的文件夹，私人文件用绿色的文件夹，例行文件用黄色的文件夹。有些文件有参考资料，办公室人员要整理好一起呈给领导。

一般应设立一个私人信箱存放私人信件，大家自行收取，以节省依次送达所耽误的时间。若是寄给领导本人的信件，有时很难分清其内容是公是私，所以办公室人员最好亲送给领导。

6．阅办

部分文件需要领导们共同阅办，就需创立一个表2-3所示的表格，保证文件的阅览记录公开透明。

表2-3　邮件传真传阅顺序表

邮件名	序号	传阅人	收文日期	批办意见	还文日期

某些需要领导阅办处理的文书，还需要领导提出批办意见。尤其是对在党政机关和企事业单位工作的领导来说，不少公文都需要他们亲自阅办。这就涉及公文的收文处理工作，本章第3节会做相应介绍。

2.2.2　邮件寄发的事项说明

收到邮件之后，某些办公室人员需要替领导回邮件，有时还要将函件寄发回去，这时他们就需要处理寄快递等工作，交寄的物品有公文、期刊、资料、业务书面材料、“内部”书籍等。实际上，这些工作有相同之处，办公室人员寄出邮件的时候需注意以下内容。

1．确认内容

不管是给对方发E-mail，还是寄信函或快递，办公室人员都要检查内容是否完备，有附件的要将附件一起邮寄或发送出去。若附件较大，则将附件钉在正文下面，使用大信封；若附件较小，则将附件钉在其左上角。邮寄邮件的同时办公室人员还要了解邮政部门的相关规定，确认所发邮件的合法性。

2．检查寄件信息

办公室人员需要检查好发件人和收件人的地址和姓名是否准确无误。若是需要标记的邮件，办公室人员要标明信件性质是私人还是机密。若邮寄的是大件物品，办公室人员还要确认包装是否严密完好，包装材料和包装方式是否妥当，例如贵重物品要装在坚硬耐压的箱匣中，内部要用柔软物品填充；箱内有多件物品时，办公室人员要将它们分别包装填充好，避免摩擦碰撞。信封装订时，办公室人员要确保里面的空间没有被撑满，文件与信封周边的距离要大于1cm。重要邮寄要做登记。

3．确认邮寄方式

确认邮寄方式指确认该邮件是挂号信还是特件，另外，办公室人员可以通过一般性邮政服务机构邮寄。紧急信函、金融票据、文件资料、商品等文件或物品可以使用特快专递。若公司内部有其他的邮寄方式，办公室人员也可考虑选择。一般是根据邮件的重要程度和时效性选择既满足时间要求、又能节省开支的邮寄方式。

2.2.3 领导不在时处理邮件的方法

邮件寄到后，可能会遇到领导不在的情况。这时候办公室人员一定不要将邮件置之不管，等领导回来再处理，但也不能自作主张，擅自处理。面对这种情况，办公室人员有以下几种处理方法。

◆领导交代给办公室人员的工作文件，或领导授权办公室人员处理的邮件，办公室人员可在有充分把握的情况下自己处理，在处理回信上注明自己的姓名与职称，复印一份再发出，复印件留给领导过目。

◆如果遇到紧急的邮件，或领导在临走时留下通信地址和电话，办公室人员应及时向领导请示。

◆领导“亲启”或需要领导亲自处理的邮件，办公室人员要先保存下来，并通知发信人已收到，告诉对方何时可能得到答复。

◆若领导外出之前指明了授权处理的部门或人员，办公室人员应制作签收单，要求收到人员签名并注明签收时间。

◆如果邮件很多，办公室人员可以制作邮件摘要表进行记录。若领导要求出差期间照样向其汇报工作，办公室人员可根据摘要表做一个梳理，再报予领导。

◆办公室人员可以把积压的邮件分别放入相应的纸袋中，在纸袋上做好标记，让领导方便处理，例如“需签字的信件”“需要阅办的信件”“急处理件”等。

2.3 文件收发

文件的收发处理和邮件的收发工作有些相同之处，也需要办公室人员慎重对待。文件多指公文等关于公司事务处理的重要文书，一般文件的收发会由专门的行政人员处理。文件收发工作主要包括收文、发文、立卷三大流程，下面以公文为例讲解收文处理、发文处理及文件立卷。

2.3.1 收文处理

收文指收进外部送达本机关或单位的公务文书和材料，包括文件、电报、信函等各种书面材料。收文处理主要涉及以下几个环节。

（1）签收与登记

办公室人员对收到的公文应当逐件清点，核对无误后签字或者盖章，并注明签收时间。签收的公文一般由秘书处（室）负责拆封，并按规定编号、登记。除领导亲启、绝密件和有特别交代的以外，秘书处（室）按其内容和性质，做分送处理。

（2）初审

办公室人员应当对收到的公文进行初审。初审的内容是：审核公文内容是否应当由本机关办理；公文是否符合行文规则，文种、格式是否符合要求；涉及其他地区或者部门职权范围内的事项是否已经协商、会签；公文是否符合公文起草的其他要求。经初审不符合要求的公文，应当及时退回来文单位并说明理由。

（3）承办

阅知性公文应当根据公文内容、要求和工作需要确定范围后分送。批办性公文应当提出拟办意见并报本机关负责人批示或者转有关部门办理；需要两个以上部门办理的，应当明确主办部门。紧急公文应当明确办理时限。承办部门对交办的公文应当及时办理，有明确办理时限要求的应当在规定时限内办理完毕。

（4）传阅

办公室人员应当根据领导批示和工作需要将文件及时送传阅对象阅知或者批示。办公室人员办理公文传阅应当随时掌握公文去向，不得漏传、误传、延误。办公室人员可拟订表2–4所示的文件传阅单，在记录文件传阅情况的同时方便领导批示办理意见。

表2–4 文件传阅单

<table>
<tr><td colspan="12">第 号</td></tr>
<tr><td colspan="2">发文机关</td><td colspan="4"></td><td colspan="2">文号</td><td colspan="4"></td></tr>
<tr><td colspan="2">标题</td><td colspan="10"></td></tr>
<tr><td colspan="2">收文时间</td><td colspan="4"></td><td colspan="2">密级</td><td colspan="4"></td></tr>
<tr><td>传阅人</td><td></td><td></td><td></td><td></td><td></td><td></td><td></td><td></td><td></td><td></td><td></td></tr>
<tr><td>时间</td><td></td><td></td><td></td><td></td><td></td><td></td><td></td><td></td><td></td><td></td><td></td></tr>
<tr><td colspan="2">拟办意见</td><td colspan="10"></td></tr>
<tr><td colspan="2">领导批示</td><td colspan="4"></td><td colspan="2">承办结果</td><td colspan="4"></td></tr>
</table>

（5）催办

办公室人员应当及时了解并掌握公文办理的进展情况，督促承办部门按期办结。紧急公文或者重要公文应当由专人负责催办。催办的方式包括电话催办、书面催办、登门催办和向承办部门汇报等。

（6）办结

公文承办人员对已处理的文件，要定期进行清理检查，根据有关规定和情况，确定是否办毕结案。办理结果应当及时告知来文单位，并根据需要告知其他相关单位。

（7）立卷、归档

立卷、归档指公文办结后，办公室人员按《中华人民共和国档案法》及有关规定，将有保存价值的公文定稿、公文正本和有关材料整理立卷并归档，电报随同文件一并立卷、归档。

（8）销毁

公文销毁是机关保密工作的需要，一般机关中没有保存价值的公文和办理过程中的草稿需要进行销毁。要么是在指定的地方用火烧或用碎纸机粉碎应当销毁的公文，要么是在机要人员的监督下将公文进行打浆处理。打浆一般是对积压的大量废弃文书所采取的销毁方式。

2.3.2 发文处理

发文处理指机关内部为制发公文所进行的一系列活动。发文处理的程序如下。

（1）拟稿

拟稿又称草拟，指办公室人员接受领导的发文指示之后，按领导意图草拟公文的过程。这是发文的第一个环节，也可以说是收文中“承办”环节的继续。办公室人员在草拟文稿时一定要揣摩好领导意图，有的放矢，花时间去搜集了解相关情况后再开始撰写文稿。

（2）审稿

审稿一般指由机关秘书部门或拟稿的负责人对文稿进行的审核，要求审核人有较高的文字水平，保证文稿的质量。审核内容如下。

◆公文是否有发文必要，是否能体现新的精神而非形式主义或过去内容的重复。

◆公文内容是否符合国家的方针、政策、路线和法律法规要求。

◆公文中提出的措施、要求是否切实可行。

◆公文的文字表述、文种使用、格式等是否正确。

◆公文内容是否超出主办部门的职能，公文若涉及其他部门，需进行协商与会签。

（3）签发

签发指有权签发的领导审核文稿，并签署意见、姓名和日期等的过程。

（4）复核

办公室人员在公文正式印刷前需检查审核签发手续是否完备、附件材料是否齐全，对文种、格式等进行复核；需做实质性修改的，应当报原签批人复审。

（5）缮印

缮印指根据定稿印刷正式文件。

（6）校对并用印

办公室人员要对缮印好的文件进行核对校正。这个工作一定要做得很细致，文号、主送机关、页码等都要核对无误。最后办公室人员在文件落款处加盖印章表示生效。

（7）登记

办公室人员根据文书处理要求对发文字号、分送范围、保密等级、签发人、发送对象、承办单位、印制份数、发文日期等进行详细登记，作为以后管理、考查的凭证。

（8）分发

分发指制好的文书从封装到派发的过程。办公室人员对发文也要做好记录，核查好正文、附件等是否加盖印章，文件的收文机关名称与封套上的是否一致，并检查所有的封套标记是否完好。

涉密公文应当通过机要交通、邮政机要通信、城市机要文件交换站或者收发件机关机要收发人员进行传递，也可以通过密码电报或者符合国家保密规定的计算机信息系统进行传输。

2.3.3 文件立卷

文件立卷指的是各机关、企事业单位和社会组织对活动中形成的办理完毕、应作为文件档案保存的各种纸质文件材料，由办公室人员按材料的一定的联系和不同的价值，将其规律地组合成为便于保管和再利用的案卷，以作为凭证和日后的查证参考的过程。

应当立卷的文件包括已办理完毕但仍具有一定查考保存价值的本机关收发文件；与其他机关签订的合同和协议文书、电报、机关内部文件、各种记录表册；同级机关和合作机关颁发的与本机关有关的文件和双方往来的文件；下级机关呈递的总结、计划、报告、请示等文件；反映本机关工作的照片、录音、录像、影片等文件。

文件的整理归档需要注意以下几点。

- ◆掌握公文立卷的方法，例如立卷材料的内容检查、文件排列的方法、文件编号方法、卷内目录和查考说明的制作、案卷封皮的填写与编号等。
- ◆需要归档的公文及有关材料，应当根据与档案有关的法律法规以及机关档案管理规定，收集齐全并整理归档。
- ◆机关负责人在兼任其他机关职务过程中形成的公文，由兼职机关归档。
- ◆两个以上机关联合办理的公文，主办机关归档原件，相关机关保存复印件。

2.4 日程安排

日程安排就是办公室人员把领导每天、每周或某一段时间内要做的事项安排好，做好各种必要的准备并提醒领导。

2.4.1 日程安排的内容

因为不同领导的具体工作情况的不同，日程安排的事项也有所差异。通常来说，领导的日程安排包括以下内容。

- ◆**会见接待活动：**包括会见或接待本单位员工，其他单位的客人、来宾和国外来宾等。
- ◆**商务旅行活动：**很多单位的领导经常到各地、各国出差，商谈合作事宜或者进行市场调研、考察，又或者参观学习等，同时也会亲自做市场分析、产品分析等，故办公室人员一定要将领导外出的差旅行程安排好。

◆**参加会议：**各类组织团体常举行不同类型的会议，领导要么作为普通的与会嘉宾，要么需要在会上参与部署、组织各类表彰活动等，会上的具体安排也要办公室人员提前熟悉，做好安排。

◆**私人活动的安排：**有些日程安排还涉及领导非工作时间的安排，这在国外比较常见，如领导接待亲朋好友、休假等。另外日程安排还包括对领导工作间隙的安排，例如让办公室人员在午餐时间提醒自己有个额外的约会，这在办公室人员的工作中也是较为常见的。因此领导私人方面的内容也都可以在日程表上标注出来，这样能方便办公室人员对领导时间的安排，适时提醒领导工作安排，以免其延误之后的行程。

2.4.2 日程安排的要求

日程安排是对领导时间的有效规划，对保证领导的工作质量很有帮助。总的来说，制作日程安排需遵循以下要求。

◆**综合考虑：**办公室人员要了解领导的日常工作和近期的工作重点，要熟悉其作息规律和生活习惯，然后统筹兼顾，从组织的全局出发去安排领导的日常活动，才能优化好各项行程安排。

◆**规范实用：**根据领导的分工，办公室人员要明确规定哪类组织活动由哪些领导参加，避免工作安排出现随意性，要注重实效，克服形式主义。

◆**体现效率：**日程表的安排要依据事情的轻重缓急来定，合理安排，体现效率。

◆**突出重点：**利用ABCD时间管理法，保证领导能集中精力办大事，防止领导过于疲惫，帮助领导合理分配精力，完成工作任务。

◆**事先同意：**无论是一般的工作还是重要的工作，在初步安排好领导的日程表之后，要先得到领导的同意，才能最后确定下来。

◆**注重保密：**领导的日程安排属于机密，办公室人员不要随意泄露。办公室人员一般要将其制成一览表的形式，给领导一份，给秘书科长和其他领导一份，给有关科室和司机内容更简略的一份，以防泄密。

2.4.3 不同日程安排表的制作

办公室人员可以制作年度预排表、季度预排表、月预排表、周预排表、日程表和一段时间的日程安排表等。一般来说，后4种比较常见。因为不少事情都是突然出现的，若提前太长时间制作好日程安排表，难免会出现很多变化，会在修改上浪费大量的时间。因此提前安排的时间应等于或小于1个月的时间。

具体来讲，根据领导工作内容的不同，日程安排表的制作也有所区别。例如，在学校工作的领导，办公室人员可能会需要帮忙安排课程表，安排学校领导的各种会务、教研活动，因此周预排表较为常见。而领导某天事务较多或要外出处理公务时，应制作日程表。当领导出差几天或一周的时候，办公室人员可以根据具体的出差天数制作固定时间内的日程安排表，如表2-5所示。

表2-5 某领导出差日程安排表

日期	时间	地点	内容	备注
4月20日	17:20	首都国际机场	北京—深圳	
	21:45	深圳××酒店	夜宵	自行安排
4月21日	9:00—11:00	深圳××公司	与对方客户部经理商谈业务	
	11:30	××餐厅	参加“××”主题餐会	可与客户部经理共同前往
……	……	……	……	……
4月24日	14:45	宝安国际机场	回北京公司	总结出差结果

总之，日程安排表的制作并没有硬性的规定，办公室人员要根据具体的情况，进行最恰当的安排。

2.4.4 日程安排的注意事项

日程安排是一项比较细碎的工作，对办公室人员的细心程度和安排管理能力是很大的考验。在安排领导的日程时，办公室人员需注意以下几点，以保证自己的工作更加到位。

- ◆日程安排最好以记叙、说明为主要表达方式。
- ◆时间安排不要过于紧密，要预留一定时间让领导处理日常事务或突发事件，尤其是活动与活动之间要有一定的时间间隙。例如两个会议之间，为防止会议临时延长、引起时间冲突，或为领导预留时间整理思路，于情于理都应空出一定的时间。
- ◆所有日程安排都应按领导的意思去办。
- ◆周一和出差前后的一个工作日不要安排过多的事务。
- ◆要认真核查日程表，以提高工作效率。已完成的工作，应做出标记，表示办结。
- ◆可以根据领导的习惯留出适当的固定时间阅读报刊资料或了解其他信息。
- ◆要掌握好近期要回避的人物，这对领导的日程安排是很重要的。
- ◆需要对领导日程上的各项安排熟记于心，及时提醒领导接下来的安排，防止冲突。同时每日安排相对固定的时间与领导核对日程，保证提醒的内容与领导的日程表内容一致。
- ◆不要替领导做决定。若要变更日程，应在领导的同意下对各种预约酌情处理，然后通知相关人员变更的情况及变更的缘由。

情景模拟

小王是××科技公司业务部罗经理的秘书。她是新员工，每天的工作较多。下面是她平时的工作内容，请从这几个工作内容中选出你认为不合适的，并说明理由。

（1）由于不了解领导的一些工作习惯，所以经常向领导的上一任秘书请教。

（2）领导外出办事回到公司的时候，即使领导自己不说，也给他沏茶或泡咖啡。

（3）每天上班之后，计算好领导到办公室的时间，提前为他整理好办公室。

（4）领导什么都不说准备外出的时候，问领导去什么地方。

（5）因为领导容易忘事，所以经常根据日程表口头提醒领导。

（6）因为小王知道领导下午就可以出差回来，便代为同意了徐总的邀约安排。

点评：秘书作为制作日程表的人，了解领导去什么地方是有必要的，这样便于日程管理。但是有时领导并不希望秘书知道自己去什么地方了，这时候，作为一个贴心的、专业素质高的助手，秘书只能自己去观察和分析，直接问领导去什么地方是不合适的。另外，领导刚出差回来是不宜安排工作的，秘书也不能擅自为领导同意别人的邀约。

办公室人员安排工作还可以利用工作日志来完成。工作日志就是根据周预排表等，对领导每一天的工作进行具体详细的安排，也就是常说的日程表。日程安排表可以以时间为基准，也可以以事务为基准，安排方法和注意事项同其他日程安排的制作一样，只是更加详细、更好操作。利用工作日志，办公室人员能对每天的安排做出总结，获取经验，从而提升自己安排事务的能力和工作效率。

2.5 印信管理

印信管理就是对印章和介绍信的管理。介绍信可以说是印章的延伸物，加盖印章之后介绍信同样具有法律效力，两者可以说是各级各类组织对外联系的标志和行使职权的凭证。印信管理主要指印章的刻制、启用、保管、使用、废置以及介绍信的使用等一系列工作，印信管理对公司的发展、财务安全等具有重要作用。印信专人专管，掌管印信的人应熟悉印信管理的各项事宜。

2.5.1 了解印信

印信一般都交由专人或专业部门保管使用。印章是“印”和“章”的合称，在古代，官员使用的章称为“印”，私人使用的章称为“私印”。在现代，各国家机关、企事业单位、社会团体用的章都称为“印”，领导人专用章则称为“章”。印章是组织的物化代表，各项文件加盖印章才能够取信于人，才具有法律效力和凭信作用。

印章的构成包括印章的形状、图案、尺寸、材料，印章可分为公章、套印章、专用印章、钢印、法定代表人私章、戳印、缩印等。不同的印章有不同的含义和作用，如表2-6所示。

表2-6 不同印章的含义和作用

名称	含义	作用
公章	也叫正式印章，是企业的标志和象征，具有法定的权威	用于正式文件、证明信、介绍信等
套印章	指照正式印章原样制作的印章，具有与正式印章同样的效力	在需要制发大批量文件时，用以代替手工制刷
专用印章	指为某一专门业务而使用的印章，其印文中不仅有组织的法定名称，还刊有专门用途，如“财务专用章”	这类章不代表整个组织或企业，只代表某一专门部门
钢印	利用压力压制的凹凸成形的章，无印色	一般用于证明信或证件
法定代表人私章	也称手章或领导人签名章，是根据领导的亲笔签名制成的章。主要有两种，一是按领导人亲笔书写的姓名字样刻制，无外框；二是按楷书、隶书等刻制的，有外框。电子签名章也属私章，但其并非书面签名的数字图像化，而以一种电子代码的形式存在，与数字证书捆绑使用	用来替代手写签名，如可在银行支票、签订合同或协议时配合公章和专用印章使用
戳印	为标识特定信息而使用的印章	如急件章、注销章
缩印	按正常比例缩小并用于印刷的专用印章	常用在税务发票等小型票证上，不能当作正式印章用于开具证明信等

一般情况下，由单位印章管理人员负责开具介绍信。介绍信与印章息息相关，只有加盖印章的介绍信才能起到凭信作用，因此，介绍信的管理与印章的管理同样重要。印章管理人员在管理印信时务必熟悉印信的使用规则。

2.5.2 印信的使用

印信的使用包括印章的使用和介绍信的使用，本节对这两部分内容分别进行介绍。

1. 印章的使用

印章的使用可以分为印章的刻制、启用、使用、停用4个阶段。

（1）刻制

印章的刻制需按国家相关规定严格执行。机关单位的正式印章不得私自刻制，只能经公安部门批准后到指定单位刻制，或由上级主管机关负责制发；单位内部的专用章、负责人印章等可由单位出具证明，到指定的刻制部门刻制。刻制完毕后，刻制部门不得留存样章，也不能擅自使用样章。

刻制完成后，上级主管机关可派专人送印至单位，或由专人持本单位领导签名的介绍信前往领取。双方需当面验章，严格履行登记、交接手续。领取回来后还要刻制部门对印章做密封和加盖密封标志的处理。回来后由领导验证，再交印章管理人员验收管理。

（2）启用

印章正式生效使用之前，要提前向有关单位发出正式启用印章的通知，注明选好的正式启用的日期，并附上印模。印模应用蓝色印油，表示第一次使用。在生效日之前，印章不得使用，即使使用也作无效处理。

（3）使用

印章的管理人员在用印时，需满足以下要求。

◆印章的使用要满足印章的审批程序，确保用印内容在印章的使用范围之内，内容经审批之后方可使用印章。

◆申请用印时，申请人需填写用印申请单，如表2-7所示，由单位主要负责人审核签名批准。当然，对于一些一般性事务的用印，单位领导也可授权部门负责人或印章管理人员审签。此外，管印人必须认真审核印申请单，了解用印的内容和目的，确认其符合用印的手续后，利用印章使用登记表或用印登记表记录在册后方可用印，如表2-8所示。

表2-7　用印申请单

文件标题			
发往机关		份数	
用印申请人（签名）		用印日期	
批准人（签名）		备注	

表2-8　用印登记表

编号	用印时间	用印部门	用印内容	份数	批准人	经办人	备注

◆用印一律在办公室内，印章管理人员不得将印章借出，也不能携带外出使用。若因工作需要需将印章带出使用，要填写印章外带申请表，由分管领导及上级领导（总经理、董事长）审批后方可带出，且只能用于申请事项。

◆开具各种证明或签订协议需要使用印章时，要经由领导审批后方可盖章。尤其是证明信、介绍信等，要严格审批并登记之后才可盖章，且落款单位必须与印章一致，盖章位置恰当，“骑年盖月”。

◆不得在空白纸张上加盖印章，盖章材料必须要明确、清晰。

◆用印时印章管理人员不得离开，需在场监督。

（4）停用

公司名称变动（如机关合并）或印章遗失、损坏、被窃时，须停用并发表声明作废印章。由总经理批准后将停用印章送行政管理中心封存或送交原制发机关处理，同时机关应做好印章停用后的善后工作：发文通知有关单位，说明停用的原因和停用时间，并附上印模，宣布原印章失效。作废印章要及时送交原制发机关处理，不得留存在原单位，逾期不交的会由原制发机关收缴，对方登记造册之后送备案或批准刻制的公安机关。公安机关将交回或收缴的印章预存两年后，无特殊情况便予以销毁。所有销毁的印章都要留下印模保存，以备查考。

2．介绍信的使用

介绍信是机关团体、企事业单位的人员在外办理公务时使用的一种专门的书面凭证，用以证明自己身份。介绍信有两种，一种是用公文用纸或带单位名称的信笺书写的介绍信；另一种则是单位批量印刷的正式介绍信，使用时填写相关项目即可，正式介绍信由持出联和存根组成。

介绍信样式

因介绍信都需要盖印章，所以介绍信也由印章管理人员一并负责，印章管理人员要注意介绍信的使用。

◆除非经有关领导批准，印章管理人员不得擅自开具或发放介绍信给他人或让对方冒领。

◆介绍信应由印章管理人员将内容填写完毕再加盖印章，不得让领用人自己填写或委托他人填写，否则印章管理人员要承担责任。另外，介绍信的内容书写要工整，不得涂改。若必须修正，应在修改处加盖公章。

◆介绍信的持出联要与存根一致，且有骑缝章（盖在右下方日期和存根线上）才有效。

◆发放介绍信时领用人要办好签字登记手续。书信式介绍信要在专用登记表上签字，印刷式介绍信可在存根上签字。

◆因故没有使用的介绍信，应说明原因并立即退回，将其粘贴在原存根处。

范例

王秘书开的介绍信

小王是××公司的总经理秘书。一天，他的老乡甄某找到他，说自己有一笔好买卖，可惜他是个人身份，不如公司签合同方便，于是便让王秘书给他出具一份××公司的业务介绍信，方便他签合同。王秘书有些犹豫，但甄某说："你介绍信开起来多方便啊，咱们是老乡，我还能骗你不成？等合同签完之后，我就把介绍信还给你，到时候也少不了你的好处。"王秘书便答应了甄某的请求。没想到甄某拿到介绍信后，就利用业务介绍信，以

××公司的名义和公司业务经理的身份与一家公司签订了一份设备购销合同，骗取了对方公司价值300万元的设备。最后甄某将设备卖掉携款潜逃。这次的事件给××公司在信誉和财产上都造成了巨大的损失，而这次的事故，王秘书难辞其咎。

点评：王秘书因一己贪欲造成了严重的后果，可能还会因此承担刑事责任。通过这件事我们可以知道，印章管理人一定要履行好保管印章的职责。同印章一样，加盖了印章的介绍信拥有同样重要的法律效力与凭信作用，印章管理人作为印章的管理者，一定要严守纪律，不为利诱，不为情动，不监守自盗，更不能利用它为己谋私。这次的事故就是前车之鉴。俗话说，前事不忘，后事之师，王秘书一定要引以为戒，严格遵守公司规章制度。

2.5.3 印信的保管规则

由办公室专人保管的章主要有3种：一是正式印章和钢印；二是本组织领导人的签名章；三是办公室本身的章，也就是仅代表本办公室职权的章。不管是哪种印章，都需遵循严格的保管要求，内容如下。

◆**专人负责：**印章的管理者就是用印者，印章管理人必须经受严格的审查和挑选，一般是由秘书担任，其应工作负责、坚持原则。未经允许，其他人不得代管，同时印章管理人也不能委托他人代管。

◆**严格保管：**按照保密要求，印章应放在专门的保险柜内，随用、随取、随锁，印章管理人不得将钥匙交给他人。另外，印章管理人不得委托他人代取、代用印章。若别的部门因工作需要，要借用单位公章，则要严格履行相关手续，要求对方填写用印申请单。

◆**妥善保养：**保管印章时，印章管理人应在盖印下面垫上有一定弹性的硬橡胶或厚纸等，防止印章在坚硬的物体上使用时被损坏。另外，印章管理人还要注意及时清洗印章，以保证图案和印文的清晰。

2.5.4 印信管理中的注意事项

在管理印信时，印信管理人还应注意以下事项，加强印信保管工作。

◆介绍信一般和公章由同一人（印章管理人）保管并使用，须与公章同等重视。印章管理人要妥善保管介绍信，不得随意放置，防止其缺页、丢失、被盗。

◆印信管理人在保管和使用印信时要认真负责，不徇私情，严格按照规定办事，以防感情用事，酿成大祸。

◆印信若遗失，单位应立即通过媒体公告作废，同时采取紧急补救措施，避免造成损失。

◆企业可以健全和规范印信管理制度，加强对印章管理人的思想教育和要求。

提高与练习

答案解析

1．简述接听电话的流程，并谈谈接电话时应做好哪些准备。

2．掌握接听不同意外电话时的处理方法，并说说对骚扰电话应如何处理。

3．接收邮件具体分为几个步骤？

4．领导不在时，应如何处理邮件？

5．说说收文和发文会经过哪几道程序。

6．简述安排领导日程时应遵循的要求。

7．根据你掌握的印信管理的相关知识，判断小王的做法是否正确，错在哪里。

（1）小王负责管理公司的公章。因为需要小王盖章的文件很多，他有些手忙脚乱。这天陈经理拿了一份文件来盖章，文件上没有总经理的签名，陈经理解释说这份文件不用签名，小王虽然有些犹豫，但还是盖了章。

（2）小王白天用完章后，想着明天还有很多文件要处理，公章也从没有失窃过，便将章锁在了抽屉里。

（3）小徐过来找小王盖章时，小王有事在忙，便随手将章从抽屉里拿出来让小徐自己盖。盖完后小徐问小王章放在哪里，小王头也不回地说先放桌上吧。

（4）小张因公出差，找小王开介绍信，并要求小王多开几份空白介绍信再盖上章，以备出差中的急用。小王本来很犹豫，但在小张的恳求和保证之下，还是同意了小张的请求。

第3章

沟通与协调：让职场人士不被孤立

要想成为一名合格的、专业的办公室人员，以及领导工作中的好助手，除了具备专业知识和技能外，还要有卓越的口才和杰出的沟通协调能力。沟通不仅是人际交往的基础，也是大家相互认识和了解的桥梁。优秀的沟通能力不仅能让办公室人员与领导、下属、同事和合作者之间保持良好的交际关系，促进各方关系的融洽，而且能确保办公室人员工作的顺利展开。

3.1 沟通的作用与分类

从办公室人员的角度来看，沟通是其在自身的职责范围内或领导的授权之下，就某事项或共同的任务，与不同部门或岗位的人员进行信息交流、传递的过程。沟通包括上情下达、内外的沟通协调等。借助多方位沟通，办公室人员可以采纳不同的意见，化解问题，与同事和领导达成共识，更好地开展工作。

3.1.1 沟通的作用

优秀的沟通能力是办公室人员的必备能力，它能帮助办公室人员协调好内外部之间的关系，提高工作效率。在办公室人员的工作过程中，沟通主要有以下作用。

1．沟通能增强感情认识

无论从事什么职业，每个人都会希望得到别人的认同、理解和支持，但是却很容易忽略或难以理解别人的感受，从而造成不必要的矛盾与误会。若人们在交际过程中能进行有效的沟通，提升自己的理解能力以及让别人理解自己的能力，无疑将有利于双方的互相理解和支持，从而消除误会，使双方的合作更加顺利。

2．沟通是信息交流的必然渠道

人与人之间的联系就是沟通。通过语言、文字、图像、手势等共同的符号系统的交流，人们可以传递彼此的想法或观点。对于办公室人员来说，其处于整个办公系统的中枢位置，在企业的运营过程中发挥着重要的作用。对上要向领导汇报工作，对下要传达领导的任务、目标和指令，对内要与各部门协作交流，对外要与公司外部客户接洽沟通、保持良好的关系。办公室人员只有具备相当好的沟通能力，才能做好信息传递的工作，以使各方都能各司其职，同时又能保持良好的信息传递关系，将公司上下及内外部紧密地联系起来。

3．沟通是协调的前提和基础

沟通与协调往往相伴存在。办公室人员的工作中通常包含着大量需要协调才能完成的事项。通过适当的沟通，办公室人员可以采取相应的协调办法，及时调整大家的工作方向，使团队成员的观点或理念基本达到一致，促进团队的和谐稳定。

4．沟通是人际关系的润滑剂

在办公室人员的工作之中，人际交往是不可避免的。从一定程度上来讲，办公室人员处理人际关系的能力甚至是检验其职业性的标准之一。要想处理好各方面的工作，办公室人员必须与不同的人打交道，这是办公室人员工作中不可缺少的内容。而人际关系的管理，可以通过沟通来实现。

如果办公室人员的沟通能力一般，沟通过程与结果使同事不满意，那么会很容易与同事相处不好，关系别扭。这样再进行沟通的时候将会更加困难，这使人际关系与沟通形成一个恶性循环，势必会对工作氛围和任务的完成度产生影响。但如果办公室人员沟通能力出众，能与各部门同事都相处融洽，那么沟通起来就能事半功倍，可以大大提升工作效率，愉快的合作关系也能提升双方对彼此工作能力的满意度，形成一个良性循环，这对公司的发展有利无弊。

总而言之，杰出的沟通能力是办公室人员工作的必要技能。对内，可以使上下级、同事之间融洽地相处，促进公司的和谐、稳定发展；对外，良好有效的沟通能让合作者、客户、媒体朋友等对企业有一个好的认识，帮助企业树立良好的外部形象。办公室人员需要不断与人打交道，有效沟通形成的良好人际关系可以让办公室人员在处理各项工作时更加游刃有余。

3.1.2 沟通的不同类型

依照不同的划分标准，可以将沟通分为以下不同的类型。

◆按沟通对象进行划分，可以将沟通分为与领导的沟通、与下级的沟通、与不相隶属的同事的沟通、与群众的沟通和与客户的沟通。

◆按沟通方式进行划分，可以将沟通分为语言沟通和非语言沟通。其中，非语言沟通包括目光交流、表情神态和姿势举止，语言沟通又可分为口头沟通和书面沟通。

◆按信息传递的方向进行划分，可将沟通分为单向沟通、双向沟通和多向沟通。

◆按结构关系的不同进行划分，可将沟通分为横向沟通和纵向沟通。

3.2 沟通的方法

沟通需要因地制宜。在面对不同的沟通对象时，办公室人员应采取不同的方法进行交流，以确保沟通的有效性。下面针对办公室人员在工作过程中经常接触的对象，介绍面对不同的沟通对象时，办公室人员应采取的具体方法。

3.2.1 与领导的沟通

办公室人员在工作当中与领导接触的时间较长，要想做领导的好参谋、好助手，办公室人员必须掌握与领导进行正确沟通的方法。

1. 谈话前做好充分准备

办公室人员在与自己的领导进行沟通前，需要预先进行周密的准备，例如事先确认好自己要讲的问题，确保思路清晰，说话有条理。另外，最好提前确认问题的相关信息，为领导提前考虑问题的可行性，帮助领导节省时间。

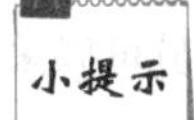

在与领导进行交流时，一般要求说话内容简明扼要。涉及用专业术语进行叙述时，也不要用过于生僻的词语。注意语速要适中，若是事态紧急，当然也可适当加快语速，但不应失去应有的镇定。

2．倾听领导的指示

在领导下指示的时候，办公室人员应当仔细倾听，必要的时候需做好记录，“好记性不如烂笔头”。若是对某些交办的事项不够确定时，办公室人员不应妄自揣测、自己做主，而应及时向领导确认，确保事项的准确性。尤其是对事情存在疑问时，如已预见开展某项工作的困难时，办公室人员更应及时探讨，以获得领导的支持。

范例

听领导的指示

孙经理讲话的速度总是很快，又捎带一些地方口音，王秘书总是反应不过来。今天，孙经理要召开一个会议，在开会之前，他匆匆对王秘书说，会议结束后他有点事要外出一下，让王秘书请黄副总下午1点到办公室来一趟，并让黄副总拿上公司最近两个月的财务报表。本来这句话是十分好记的，但刚好公司新来了一位姓王的副总，且最近因为公司搞一个项目，这几天晚上都在加班。因为“1”和“7”的发音比较相近，再加上孙经理说话快的原因，这短短的一句话倒是把王秘书给难住了。王秘书既不知请的是王副总还是黄副总，也不知时间约定的是下午1点还是晚上7点。

王秘书边记录边琢磨，等孙经理交代完，趁着孙经理还没出门去开会，立马抓紧时间，向孙经理请教自己的疑惑，把不确定的事项都核实确定，最终完美地完成了孙经理交办的任务。

点评：王秘书的做法在这种情境下是十分合适的。她边记录边思考，遇到问题没有自己瞎琢磨、揣度着去办，也没有因为不懂，便将其搁置着等孙经理开完会外出回来再核实，耽误孙经理的工作计划，而是趁机会，将问题迅速核实。这样做既进行了问题的反馈，也有利于提高工作效率，促进工作顺利展开。

3．及时向领导请示和汇报

办公室人员在工作中，应及时向领导请示和汇报。一方面，领导并非完人，若领导因为情绪原因做出了不当的决策或难以决策时，办公室人员及时请示可能会促使领导在慎重思考之后做出最终的、理智的决策，最大限度地确保决策的正确性。另一方面，领导在对办公室人员下达命令时，需要办公室人员及时予以情况反馈。若办公室人员没有及时汇报，可能会让领导觉得你责任心不强，没有及时完成应办事项。若领导交代给办公室人员的事项只是当前的阶段性工作，办公室人员汇报得不及时还可能会影响领导后续工作的安排和规划。另外，办公室人员及时地请示与汇报还有利于其得到新的指导和建议，保证自身工作方向的正确性。

因此办公室人员在工作中，不要坐等领导找自己询问工作的进展。办公室人员可以采取随时汇报与阶段性汇报结合的方法，既能让自己的工作完成得更好，又能让领导及时掌握其工作安排的完成情况，从而对组织工作有全局性的把控。

在向领导请示和汇报时，办公室人员要保持尊重但不吹捧、恭敬但不谄媚、主动但不越权、请示但不依赖的作风，要有不卑不亢、积极主动的态度，汇报的内容要准确客观，不突出个人成果。

情景模拟

有一天，公司黄经理气冲冲地把小王叫来了办公室，怒吼道："没想到陈代理居然提出了这么过分的要求，我们要立刻终止与他们的合作！"原来，黄经理突然收到了一封与公司合作已久的代理商发来的非常无礼的信，黄经理非常生气地对小王说："你照我的意思回信过去，然后将此事进行公告。"回信的内容大致是这样："我没有想到会收到你这样的来信，尽管我们之间已有那么长时间的往来，但事到如今，我不得不中止我们之间的一切交易，并要按照惯例，将这件事公之于众。"小王得到吩咐之后，心里十分犹豫，一方面觉得自己应该按照领导的要求行事，另一方面又想着陈代理与公司合作已久，指不定领导是在气头上才做出了冲动的决定，事后后悔怎么办？这件事一时间让小王犯了难。

在这种情况下，如果你是小王，会采取以下哪种措施？并说明原因。

（1）"好的，黄经理！"说完，立刻走出办公室，去写复信并投邮。

（2）认为这是黄经理盛怒之下做出的决定，对公司并没有好处，打算把这件事"压下来"，不去回信，也不邮寄。

（3）向黄经理提出了这样的建议："黄经理，何必为了一时之气，得罪往来已久的代理商呢？请您三思啊！"

（4）等晚些时候或黄经理息怒后，将打好的回信拿到办公室，送给他过目，并询问："您觉得这样可以寄出去吗？"

点评：这种情景下，不管是遵照领导的指令行事还是压下来不做，都不太妥当。办公室人员应当"忠诚"，要贯彻执行领导的决策。但光有忠诚还不够，办公室人员也应该明白哪些事情应当做，哪些不应当做，但也不能顶撞领导或干预领导的决策。领导也是人，也会有情绪，当情绪消退之后，他一定会反思自己的行为。若小王在下班之后将回信给他过目，就给了黄经理一个重新决策的机会，如果黄经理还执意如此，说明这次的事情只是黄经理终止合作的导火索而已，也是他在权衡利弊之后才做出的理智的、成熟的决策。那么这个时候，小王就不应该也没有立场提出异议。因此，此题最佳的选择是最后一项。

4. 要认清自己的位置

办公室人员是领导工作中的辅助者、参谋助手，但并不是事情的决策者，因此在与领导沟通的过程中，不要凌驾于自己的工作职责之上，不停地对领导交办的事项提出建议，不要自以为是地隐瞒一些事情，更不要以建议的名义向领导强加自己的意见，或对领导的决策质疑，也不要自己觉得有问题就不去执行领导的安排，将领导交办的事项放在一边。这些都不是一名办公室人员应有的行为。

情景模拟

小王是××科技公司的总经理秘书，上午9点半左右去办公室送邮件的时候，听见总经理正在与朋友打电话："前一阵太忙了，好久没打高尔夫球了。你明天有空吗？好，那就这么说定了，明天下午一起去打高尔夫球放松放松。"下午2点左右，总经理办公室的电话响了，因为总经理中午外出还没有回来，王秘书便接了电话。原来是高尔夫球俱乐部的客服人员给作为俱乐部会员的总经理来的电话，客服询问总经理明天去不去打高尔夫球，如果去就给他预留位置。在这种情景下，王秘书应当如何回复？现在王秘书有以下几种选择。

（1）也许可以去，你们先留个位置吧！

（2）我需要请示一下再答复你。

（3）我不太清楚。

（4）明天肯定去。

（5）我们总经理事务太忙，这个事儿还真说不准。

点评：不管是大事小事，总经理没有亲自对王秘书下指令，王秘书就不应该自作主张拿主意，所以正确的做法是第2个选项。

5. 注意沟通的氛围

在沟通交谈的过程中，办公室人员应注意以下内容，以确保良好的沟通环境。

- ◆办公室人员与领导的交谈地点最好选在办公室，因为办公室人员涉及的工作可能关乎公司的机密，因此应选择较为安全、清静的环境。
- ◆应积极主动地与领导沟通，即便与领导之间有矛盾，也要尽力消除隔阂，营造融洽的交谈氛围。
- ◆交谈时要坦诚恳切，要维护领导的形象，让领导感觉到你重视他的地位和权威，不要与领导开玩笑。
- ◆沟通氛围受交谈时机影响较深，办公室人员要注意不要在领导情绪不佳或者不便的时间进行交谈。
- ◆在交谈过程中，要注意避开私密或保密性的话题，也要避免冷场情况的发生。
- ◆有时在沟通过程中，办公室人员难免会提出自己的建议或想法。若建议未被领导采纳，办公室人员也不能在脸上流露出失意或委屈的神色，不能产生怨怼心理，这会影响沟通气氛，而是应以平常心对待，在今后的工作中继续为领导出谋划策。这是作为一个办公室人员的基本素养。

范例

不要冷场

王秘书是一个沉默寡言的人，看起来也很木讷，在公司没有什么存在感。因此尽管他平时做事勤勤恳恳，也一直没什么升职或表现的机会。

这次公司出差，罗总带上了王秘书一起去。两人的位置刚巧是挨在一起的，寒暄了几句之后，两人便都沉默了下来。王秘书觉得气氛有些尴尬，不知道说什么好，但想着一定要打破沉默的僵局，左思右想之下，突然瞥见罗总戴的手表十分好看，便问道："罗总，您这款手表真好看，很有品位，在哪里买的？"

没想到罗总一听，十分高兴地说："之前出国旅游，在瑞士买的，世界名牌呢！"然后罗总开心地和王秘书讲了上次出国的经历以及他在服装搭配上的心得，顺便善意地指出了王秘书平时在工作中着装的不足，两人言谈甚欢。

这次出差结束后，王秘书发现罗总对他亲近了不少，也开始让他接触公司的一些重要工作了。

点评：我们在人际交流中要注意交谈的氛围。这次王秘书利用赞美，既拉近了双方的距离，又避免了冷场，歪打正着地改善了双方的关系，他既了解了罗总的喜好，还给罗总留下了不错的印象。这样的沟通效果是比较好的。

6. 劝谏时要注意技巧

一般情况下，对于领导的安排，办公室人员应该无条件服从，严格执行，因为领导的决策基本上都是经过深思熟虑才做出的。但领导难免会有出错的时候，这时办公室人员应及时行使劝谏权力。办公室人员在劝谏过程中应注意以下事项。

◆选择恰当的时机。

◆维护领导的自尊。

◆劝谏要讲究方式，不同的情景下要采用不同的方法。

◆要有有说服力的依据。

◆语言要委婉。

范例

劝谏的艺术

1939年10月11日，罗斯福总统的私人顾问、美国经济学家萨克斯受爱因斯坦等科学家的委托，在美国白宫面见罗斯福总统。他这次的任务是说服总统重视原子能的研究，抢在德国之前制造原子弹。

萨克斯对用了两个多月才等到的这一次面见总统的机会十分珍惜，他一见面就呈上了爱因斯坦的长信，极力劝说罗斯福总统接受他的建议。尽管萨克斯说得口干舌燥，但还是遭到了总统的拒绝。第二天，萨克斯又得到一个和罗斯福总统共进早餐的机会，可是罗斯福总统拒绝谈论这件事。这一次，聪明的萨克斯没有跟总统谈原子弹，而是谈起了英法战争中拿破仑的失败。在欧洲大陆上不可一世而在海上却屡战屡败的拿破仑，就是因为固执己见，没有接受年轻的美国发明家富尔顿的建议给法国战舰装上蒸汽机，结果失去了最后反败为胜的机会。

拿破仑的故事终于使罗斯福总统认识到了新技术在战争中的巨大作用，最后罗斯福总统高兴地采纳了他的建议。

点评：从这个故事中可以看出，萨克斯劝谏成功的关键在于他掌握了劝谏的方法，巧妙地采用了间接暗示的方式。他采用借古喻今、由此及彼的方法对研究原子能的重要性进行暗示。这种手段如果暗示到位，领导会觉得自己之前错了也能坦然接受，办公室人员就算坚持自己的意见也能"顾左右而言他"，这样既不损失领导的尊严，又可以避免冲突。事实证明，在办公室人员向领导陈述意见时，这个方法比办公室人员直抒己见的效果来得更好。

7．不开脱责任

若是有让领导不满意的地方，办公室人员要从自己身上找原因，不要狡辩，而是应自我检讨，自己反思。因为领导在对你有意见之后，并不愿见到你推脱责任，若你认错态度良好，说不定还会对你留下勇于承担错误的印象。

若该责任不在于办公室人员自身，但该事件在办公室人员职责范围之内，办公室人员也应及时认错。而不要在领导问责之时进行辩白，这并不是领导愿意看到的。若办公室人员承担了莫须有的罪责，也不应采取极端的方式应对，而是应及时采取措施扭转他人对自己的看法。

情景模拟

这天上午，公司罗总对助理小王说，下午3点有两个重要的客户要来公司商谈事情，要将他们请到招待室并准备好茶水。小王当时正在起草一份紧急文件，于是她让部门的另一位办公室人员小张去通知行政部做好接待客人的准备。小张马上就起身到行政部去了。下午3点多钟，小王有事到接待室找罗总，发现小张根本没给客人准备茶水，于是回来问小张为什么没人给客户准备茶水。小张说她去行政部时那里没有人，她就留了一张纸条。小王问她为什么自己不能去给客人准备茶水，小张说自己是办公室人员而不是泡茶的。小王正生气的时候。客户已经离开了。罗总十分生气地打电话将小王叫到了办公室，责问她怎么这点小事都做不好，小王感到十分委屈。面对这种情况，小王应该如何处理？她有以下几种选择。

（1）马上就泪如泉涌，号啕大哭。

（2）向罗总解释："我当时正在赶写文件就交代给小张了，是她没办好这件事。"

（3）委屈地辩解："罗总，你怎么不分青红皂白乱批评人？"

（4）向罗总认错："罗总，实在对不起，是我的失误。"

（5）虽然认为责任不在自己，但不必计较领导的态度，所以，当罗总发完火之后，只是微微一笑："我知道了。"表示自己大度和不介意。

点评：这件事乍一看是小张没有做好，但领导生气的时候，事后的哭诉、推卸责任和辩解并没有作用。假装大度也不对，因为这件事实际上是领导交代给小王的，严格来说，小王也有责任。这时候领导正生气，小王还是赶紧认错，之后再想办法为自己解释才是最好的选择，所以选第4项更恰当。

3.2.2 与下级的沟通

办公室人员在传达领导的指示时，与下级人员打交道是必不可少的。保持与下级人员之间的良好关系是办公室人员必须掌握的技能。下面介绍办公室人员与下级沟通的方法和技巧。

1. 对下级友善

办公室人员要主动关心、帮助下级，不搬弄是非，也不在背后议论他人。办公室人员在与下级聊天时，也要注意揣摩下级的心情与爱好，就下级感兴趣的话题进行友好的交谈，不要谈论与下级相关的隐私话题。

办公室人员在安排工作时，也不要狐假虎威，觉得自己高人一等，从而对下级指手画脚，颐指气使。办公室人员也不要偏好某一个下级，而是要公平对待，与他们友好相处。

2. 妥善传达指令

办公室人员在传达领导的指示时，最好做到以下几方面的要求。

◆语气要和缓，要注意传达指示时的语气和可接受度。

◆将指示具体化，使每个下级能清楚自己应做的事项。

◆要确保大家理解指示，并解答他们提出的疑问。

◆要授予下级相应的行事权利。

3. 予以对等的尊重

有时下级难免会站在自己的角度提出意见，这时办公室人员应主动倾听下级的意见，要用开放与相互尊重的心态理解下级的立场。办公室人员不要咄咄逼人，不要给下级太大的压力，态度也不要过于强硬，这对沟通是没有好处的。

4. 学会赞扬下级

办公室人员要善于发现下级的优点，给予适度的赞扬，这在工作中是十分必要的。办公室人员在赞扬下级时，要注意以下内容。

◆要根据具体的内容进行赞扬。

◆选择的赞扬场合要恰当。

◆赞扬的态度要诚恳。

◆直接赞扬或间接赞扬都能取得较好的效果。

除了赞扬之外，批评在工作中也是较为常见的，办公室人员在批评下级时，也要选择恰当的场合和适度的语言，同时批评也要有根据，不能因为领导的责问而无故或没有根据地对下级进行批评。

5．恰当处理冲突

若是办公室人员与下级之间有了矛盾，一定不要搁置不管，要主动寻找机会化解矛盾。办公室人员可以请人从中周旋，或是主动搭腔沟通解决；若是觉得尴尬，也可通过电话、书信等方式进行交流。当然，产生矛盾之后，办公室人员也要自我反省，自我批评。办公室人员要宽容忍让，不能因为自己职权更大就产生高高在上的感觉。办公室人员最好不要和下级起冲突，不要在有情绪时就和其吵起来，对于办公室人员来说，这是很不理智的行为。办公室人员应该在有情绪时，不予争论，进行冷处理，之后再与下级进行沟通交流，化解误会。

此外，若是下级之间出现了问题，或下级与领导之间有了隔阂，办公室人员也应主动关心，了解情况，再采用合适的方法沟通交流，尽力化解矛盾，以免影响团队的整体氛围。

情景模拟

××科技公司的总经理办公室有主任老杨、经验丰富的小王和同事小张3个秘书。这天，小张去了其他部门取文件，刚巧总经理就打来电话，要公司上半年的工作总结。这些文件一般都是小张处理，杨主任找了半天也没找到，总经理十分生气，骂了杨主任一顿。杨主任也很无奈。这时候，小张刚好取完文件回来，一下子便撞在了杨主任的枪口上。杨主任把怨气都撒到了小张身上，骂她天天啥事儿也做不好，到处溜达，也不给小张辩解的机会。小张觉得受了天大的委屈，哭着冲出了办公室。

这个时候，小王回来了。面对这种情况，她应该如何处理？她有以下几种选择。

（1）安慰杨主任：“总经理这些天真像吃错药了！”

（2）对杨主任说：“小张经常犯这种毛病，存完文件不说一声，我都说几次了！”

（3）赶紧找出文件递给杨主任。

（4）赶紧找出文件给总经理送去。

（5）安慰杨主任说：“主任，实在不好意思，我要是早点回来就好了。”

点评：领导被骂的时候，办公室人员不能在背后挑拨，火上浇油，也不要在背后说人坏话，尤其是骂领导。现在重要的是解决问题，让总经理看到他要的文件。但不能让主任去送，毕竟总经理可能余怒未消，可能还会教训主任几句。为了给主任一个好的台阶下，最好的选择是第4项。

6．保持谦虚的态度

办公室人员与下级相处时，同样应谦虚谨慎、相互尊重、相互学习、相互信任，宽以待人、严以律己，有容人之量，这样才能与下级同事之间保持融洽的关系，这也是办公室人员应该遵守的处世之道。

3.2.3 与其他人的沟通

办公室人员在工作中还涉及与他人的沟通，在与他人的接触中，办公室人员应注意做到以下几点。

◆**尊重他人：**尊重别人是一种美德，这包括不背后议论他人、不谈论别人的隐私、不附和别人对其他人的批评、不该问的不问、不该看的不看、不该说的不说、不偏私或对某人有偏见、不傲慢、不冷冰冰等。

◆**微笑服务：**微笑服务是对外沟通的基本准则，会给人一种亲切、平易近人的形象，有利于办公室人员进行后续的沟通与交流。

◆**耐心倾听：**通过耐心的倾听，办公室人员会更容易发现对方谈话的重点、出发点和真实意图，帮助自己理解他人。办公室人员也更容易让他人感受到自己的真诚，使其更快地接纳自己，让对方认为自己的谈话充分考虑了对方的处境和需求。另一方面，倾听的同时也要注意沉默，这样既可以通过少发表意见掩盖自己的弱点，减少被别人攻击的机会，也有助于自己了解来龙去脉，提出更有建设性的意见。

◆**踏实办事：**若是有人套近乎或是请求办事，办公室人员应坚持实事求是的原则，有多大能力办多大的事情。不要凭人情夸下海口，也不要因私废公或因朋友利益损害公司利益，这样不仅会对公司造成伤害，严重的话可能会使自己承担刑事责任。另外，办公室人员也不要因为自己与领导的关系更加紧密而觉得自己高高在上、盛气凌人，而是要保持踏实谨慎、谦虚亲切的工作作风。

◆**宽容待人：**对于工作中的冲突或误会，办公室人员要以平常心对待，尤其是针对自己的风言风语，更是应保持宽容的心态，有则改之，无则加勉。对于其他人的小毛病，办公室人员也要学会原谅。宽容待人会为办公室人员的工作带来好处。

◆**树立诚信：**办公室人员在与人沟通时，要树立“诚信第一”的理念，言必信、行必果。办公室人员答应别人的事情要做到，即便做不到，也要诚恳地说明原因。办公室人员要树立诚实可信的作风，别人也会更信赖你。

◆**展示良好形象：**办公室人员相当于企业的门面，代表了整个企业的形象。因此办公室人员必须各方面都表现出色，在沟通中体现良好的素养，维持好自己的形象。这也能体现企业良好的风貌。

◆**注意保密：**在与他人接触的过程中，办公室人员应保持应有的谨慎和距离，知道哪些话该说，哪些话不该说。办公室人员还要有保密意识，不要在交谈的场所内放置保密性文件，或是将他人单独留在放有保密性文件的场所。

造成沟通障碍的18种原因

> **小提示**
>
> 办公室人员的工作中其实还包含了与同级的沟通。在与其沟通中，办公室人员要注意相互支持、相互理解、保持距离，但也不要让人觉得疏离隔阂，要有限度地敞开自己，凡事把握尺度。办公室人员不要有嫉妒心理，也不要针锋相对，故意抬杠或是拆台、使绊子都是不可取的。即便有分歧，办公室人员也应求同存异，即便有矛盾，也应以大局为重，事后也要积极主动地解决冲突。

3.3 沟通的技巧

沟通技巧可以帮助办公室人员更好地进行沟通工作，提升自己的工作效率。办公室人员可以从沟通的对象、沟通的原则、说的要求、听的要求等4个方面入手，以得到更好的沟通结果。

3.3.1 了解沟通的对象

熟悉沟通对象是沟通的关键，只有了解沟通对象的基本情况，才能更好地进行沟通交流。

在办公室人员的工作中，较为固定的沟通对象是同属一个企业的领导、同级、下级等，办公室人员在日常接触中应主动关心、察言观色、主动交流，这样沟通的障碍会相对较小。但办公室人员也会面临不少不请自来，或通过来电、邮件等方式预约并寻求沟通的客户、咨询者、投诉者、合作者等。这些人都是不固定且流动性较大的，若是办公室人员不主动了解其基本情况，对其沟通协调工作会产生一定的影响。此外，对于企业有合作意向的对象来说，多了解其基本资料，更有利于企业的事务发展。某公司的来店（电）客户信息登记表如图3-1所示，一般办公室人员可将这类表格作为其了解来访者信息的一种基本手段。

来店（电）客户信息登记表

日期	销售顾问	接待时间	进店/来电				来电人数	客户姓名	联系电话	意向车型	客户等级	进店目的		其他信息	通过何种渠道了解本产品和本店									
			请打“√”												请打“√”选择									
			进店	来电	首次	再次						咨询新车	预约提车		报纸	电视	广播	网络	朋友	车展	短信	路展	路过	其他

图 3-1 来店（电）客户信息登记表

另外，办公室人员也可通过短暂的对话了解其目的，并做相关记录。总之，办公室人员要尽可能多地知道来访者的相关信息。

3.3.2 谨记沟通的原则

沟通过程常需要遵循一些原则，通过这些原则，办公室人员可以提升沟通的最终效果。

◆**及时性：**信息只有得到及时反馈才有价值。在沟通时，不论是纵向传递信息（向上传达信息或向上提供信息），还是部门间的横向信息沟通，都应该遵循及时性原则。一方面，办公室人员可以迅速了解各方的工作情况、态度和看法，使自己更容易得到各方的理解和支持；另一方面，也能避免工作中因沟通不及时造成的信息延迟或情况变化等不良影响。

◆**准确性：**指沟通中信息精准有效，信息接收方能完全领会。这要求办公室人员有较强的表达能力，能用准确的语言进行信息的综合加工与传递，这样与各方进行沟通交流时才能畅通无碍。

◆**主动性：**主动沟通是一种促进沟通工作发展的行为。如果不主动沟通工作中遇到的问题或工作进展，上下级之间就很难进行信息的顺畅传递。其次，是否会主动沟通也是衡量办公室人员沟通能力的重要标准之一，正如杰克·韦尔奇所言，“管理就是沟通、沟通、再沟通”，由此可见沟通在工作中的重要性，办公室人员可以通过积极主动的沟通化解很多不必要的矛盾和误解。

◆**持续性：**沟通可能是一个重复的过程，有时候多次、重复的交流可能只是为了达成一个目的。因此办公室人员要持之以恒，最终达到较为理想的沟通目标。

◆**逐级性：**在沟通过程中，越级沟通并不是一个值得提倡的做法。职场中也有规则和秩序，越级行事经常会造成很多不必要的麻烦，例如信息越级传播造成的信息断层等。最好的方法是逐级进行沟通，除非有特殊情况或其他不得已的情况，越级沟通才是可取的。办公室人员在工作中一定要遵循逐级沟通的原则。

◆**多样性：**沟通的方式和辅助技巧多种多样。这可以帮助办公室人员更好地进行交流，例如说话委婉、会察言观色、开口谨慎、为人谦逊、态度真诚、面带微笑等，这些都能为沟通的效果加分。

3.3.3 沟通过程中对说的要求

沟通最直接地体现为语言的交流，讲究“说话的艺术”。说话越有技巧，越能促进工作目的的达成。要想通过说话提升自己的沟通水平，办公室人员需达到以下要求。

1．语言简明通俗

难懂的专业术语是造成沟通障碍的重要原因之一。办公室人员在日常的沟通工作中，最好还是以务实、简明的语言为主，内容要通俗易懂。对方听得明白，才会与你进行和谐顺畅的交流。

2．有效提问

在沟通过程中，选择适当时机进行恰当的提问，有利于提高沟通的有效性。它主要可以发挥3个作用：一是通过提问，办公室人员可以对自己确实不了解的事项有一个更清晰的认识，或是证实自己的理解是否正确；二是可以体现办公室人员认真倾听的态度，让对方感受到办公室人员的诚恳，维持友好的交谈氛围；三是办公室人员可以通过提问的方式巧妙地控制谈话方向，避免出现个别人说话太多的现象。

3．掌握说话节奏

在交谈中掌握说话节奏是很有必要的，这个节奏不止包括对谈话方向的掌握，还包括对语速的掌握。例如有些办公室人员在向领导报告情况或向其他人交代某些事项时，为了节省时间，就像"机关炮"一样说个不停，可能别人还没听明白，他就说完了。这样实际上并不能达到好的沟通效果。

4．直视对方的双眼

说话时直视对方的双眼是一种基本的礼貌，能显示出你对别人的尊重和对交谈的重视。如果办公室人员在交谈时眼神游移，东张西望，别人会感觉你没有涵养，也没有诚意。

另外，直视的目光应专注柔和，不要让人感到目光的压迫，也不要让别人觉得你是在死盯着他。如果你是男性而交谈对象是女性，更要多注意，不要让对方觉得被冒犯了。

5．用词委婉

不管是面对领导、同事，还是客户，办公室人员都要注意言辞委婉。话说得太直白、不留余地，就可能会伤及别人的自尊。同样一件事，语言委婉的人往往会比说话直白的人更易达成好的沟通效果。如果办公室人员一开口就让对方不舒服，对方就会丧失与你沟通的兴趣，甚至双方形成针锋相对的局面，这就达不到沟通的效果了。

尤其是你在拒绝别人时，更要言辞委婉，留有余地，不要让人觉得你失礼。必要的时候，说一些善意的谎言也是可以的。

范例

领导的错误

一日，公司召开年终总结大会。在会上，经理讲话时提及："今年本公司的赞助合作商的数量正在进一步扩充，到现在已发展到54个。"话音刚落，他的秘书小王便站起来冲着台上的经理高声纠正："讲错了，那是上个季度的信息，现在已达到66个。"顿时全场哗然，经理一时便下不来台了。

点评：领导出现失误，办公室人员要提醒，这是分内的事情，但是要注意提醒的方式、场合、语气，不能让领导当众出丑。办公室人员可以以巧妙的方式为领导解围，也可以私下与领导沟通，切忌当众出言指责，让领导觉得丢脸，让别人看笑话。

6．看人说话

看人说话指面对不同的人，要采取不同的说话方式。虽然大家可能有过合作，但对于某些人你并不熟悉，打交道的时间较少，如果你像对熟悉的同事一样与对方谈话，对方出于对不熟悉的人的警惕心理，可能就不会很配合，甚至会有抗拒心理。这时你便不要直接谈工作，可以进行一些寒暄，观察对方的态度，看是否适合进入正题。不然，你可以多谈几句，让自己显得更加平易近人、有诚意，这样沟通起来更方便。另外，相比不熟悉的人，你与对方越熟悉，有时候你不小心说出的不当的言辞也越容易得到对方的谅解。因此，看人说话在沟通中很重要，这也是察言观色的一种表现形式。

3.3.4 沟通过程中对听的要求

学会倾听是办公室人员在沟通交流中的必备技能，也在人们的工作、生活中有着重要作用。初入职场，常会有人告诫你“少说多听”，由此可见倾听的重要性。倾听，其实也是一门学问，有技巧的听可以让办公室人员的沟通变得更加简单。

要想让自己听得“很有水平”，办公室人员可以采用以下几种方法。

1．看着对方

倾听时应该看着对方，主要是看着对方的脸、眼、嘴等，能让对方感受到应有的尊重和礼貌，并显示出办公室人员正在认真倾听对方说话的状态，这会让对方觉得自己说话的内容得到重视从而感到心情愉悦。

2．恰当地附和

沟通过程中的互动是很有必要的。在交谈过程中，办公室人员不要无动于衷或是紧张到一语不发，而是应该在对方讲到关键处或快结束的时候，给予小声的、恰当的附和，让对方知道你是在全程认真倾听并听懂了的，这是对对方谈话的一种无形的鼓励。采取这种态度你便会发现你们的沟通十分和谐，对方的积极性也很高。

范例

王秘书待客

王秘书正在打印文件的时候，突然来了一位客人。对方呈上名片并做了一个自我介绍，声称自己是一家公司的副总，要找罗经理谈点事务。王秘书查了查预约记录，发现并没有这位陈副总的电话，但罗经理现在并不在公司，要过一会儿才回来。

王秘书只好放下手头的工作，热情礼貌地接待了这位陈副总，想自己先了解了解情况。在王秘书将陈副总引到会客厅的途中，对方一直在跟她聊天，说王秘书所在的公司发展潜力很好，公司员工的业务能力也很出众，还谈到他所在公司最近的发展以及两家公司可能的合作领域等。王秘书一边感谢对方的赏识，小声附和着对方，一边全神贯注地倾听。对方看到王秘书认真倾听的状态更满意了，交谈的气氛也变得更加愉快。

在会客厅谈了没多久，罗经理便笑容满面地走了进来，双方热情地进行了寒暄，其间，陈副总还对王秘书多有褒奖。没过多久，公司就与陈副总所在的公司签订了一个合作协议，罗经理在工作中也对王秘书更加赏识了。

点评：办公室人员在与别人交流沟通的过程中，若是能适时地附和对方，哪怕只是简单的“嗯”“是吗”或是关键词的重复，也能让对方感受到你认真倾听的状态，知道自己及自己的谈话是受到尊重的。这在沟通中十分重要，是一个使谈话气氛保持活跃的小技巧。

3．不要打断谈话

交谈时，让对方把话说完是基本的礼貌。在沟通时，打断对方讲话的行为，不仅会彰显你的无礼，还可能扰乱对方的逻辑思维，让对方产生反感、烦躁等负面情绪。因此，让对方把话说完，不仅能提升沟通的效果，还能提高双方的工作效率。尤其是在接受领导安排工作的时候，更不能打乱领导的讲话，影响领导的情绪和谈话逻辑。

范例

向领导提问

小王刚参加工作不久，做事还不算熟练。今天徐总把她叫到办公室，交代一些工作安排。徐总交代的事情比较多，涉及的又是小王之前并没有接触过的事项，小王记不过来，对徐总讲的话也是听得一知半解，很多细节更是不太清楚，不得不打断徐总的讲话，询问一二。前两次询问，徐总还能耐心地解答，两次之后，因为小王总是打断他，徐总也不知道自己说到哪里了。最后只得将秘书办的罗主任叫过来，将事项先交代给罗主任，再让罗主任对小王做出后续的安排。

点评：打断领导讲话这种行为在职场中是很忌讳的，领导在吩咐工作的过程中被打断后，其心情和讲话的条理性就会受影响，也会影响后续的工作安排。最好是等领导吩咐完之后，办公室人员将不清楚的事罗列出来，再询问领导。

4．重复要点

不管是接受领导的安排，还是与客户进行商谈，当对方提及较为重要的事件时，办公室人员要注意将谈话的要点重复一遍并进行确认，例如时间、地点等，以便核实自己接收到的信息。

5．询问不要太急

办公室人员在与别人交谈时，难免会有听不懂或是不明白的情况，免不了向对方提问，尤其是在领导交办事项时，一时听不明白就想问。但办公室人员不要遇到不明白的事情时就马上提问，再不明白时又继续问，这就犯了打断别人说话的错误。

还有些人会出于谈话时要适当附和的原则提出问题，但这个时候你要把握一个提问的度，不要显得咄咄逼人，要给对方创设一个舒适的氛围。因为倾听过程中应以对方为重，不少倾听中的询问都是以给予对方认同感和缓和对方情绪为目的的，所以你要注意询问的态度和方式，不要本末倒置，最后得不偿失。

范例

不要太急

王秘书知道待客的时候要会附和对方，恰当地提问，因此他在接待黄经理的时候，知道对方的儿子考上了重点大学后，便带着恰到好处的喜悦恭贺道："真的吗？好厉害啊！"并恭维道："听说这个学校是211对吗？"黄经理刚高兴地点头，她又问："听说《有一说一》的主持人以前就是这个学校的，你知道吗？"黄经理说："这个我还真不知道。"王秘书又说："不仅他是，女歌手×××也是这个学校毕业的，这个学校前两天还上微博热搜了呢？您看了吗？"黄经理摇摇头，王秘书便滔滔不绝地讲了起来。

在王秘书的连环提问的攻势之下，没过多久，黄经理便擦了擦头上的汗，借故去了洗手间。

点评：王秘书在交流时，应把握好提问的节奏。这种场景下的提问应以让黄经理感到舒适为主，而王秘书不该自说自话，给黄经理造成谈话的压力。

6．集中注意力，态度谦逊

办公室人员的工作一般较为繁忙，如果有客人找你谈话，一定要放下手中的工作认真倾听。不要边工作边听，更不要因为自己的原因把客人放置一边，让对方觉得自己受到冷落，而高高在上的态度更是要不得。

若是自己确有要事，不能与之沟通，或因其他事情，集中不了注意力，一定要解释清楚，另约时间，这样才能达到有效沟通的效果。

范例

失去的合同

××科技公司与一家公司经过长时间的商议之后，终于敲定了双方达成长期战略合作的相关事宜。为了表达对这次签约事件的重视，该公司的黄总决定亲自到××科技公司签署合作合同。但事不凑巧，××科技公司负责签约事宜的孙总因为急事出差，不能亲自接待黄总，只好向对方致歉，并不得不让自己的办公室人员完成后续的接待及签约工作。因为重要的事项已经谈妥，签约只是走流程而已，黄总并没有放在心上，并欣然应允。

黄总到了××科技公司之后，××科技公司的王秘书妥帖接待了他，并就双方签订的事宜做了回顾，让黄总确认细节是否正确。黄总确认无误后，王秘书递出事先备好的笔，等待黄总签字。因为双方交谈的氛围十分融洽，黄总也表露出了十分满意的态度，王秘书便在等待黄总签字盖章的时候走了会儿神。

刚好，公司的一位同事见签约已经差不多定了，便过来找王秘书聊天，两人在门口聊了一会儿最近热播的电视剧。结果没一会儿，黄总就默默地收起公章，合约也没签就离开了。

后来王秘书才了解到，当时黄总正在跟她分享她女儿参加歌唱比赛拿了一等奖的喜事，结果王秘书正在走神，之后居然到门口和同事聊起了电视剧，将黄总晾到了一边。因为王秘书的疏忽和失职，这次的合作只能告吹了。

点评： 在倾听的过程中，办公室人员一定要集中注意力，认真倾听，让对方感受到你对他的重视和尊重，不要让对方觉得你失礼，最终造成无法挽回的后果。

3.4 协调的类型

协调有和谐一致、配合得当之义。办公室作为一个“助理”机关，起着“润滑油”的作用。办公室人员需要在自己的职责范围内或领导授权下，化解部门与部门、部门与个人或个人与个人之间在工作、人际方面的矛盾，使公司上下拧成一股麻绳，齐心协力，共创佳绩。如果办公室人员的协调工作做得好，众人之间的关系就会更加和谐，大家工作起来也会更加卖力。办公室人员的协调工作根据不同的划分标准可分为以下几种类型。

3.4.1 按协调的内容划分

办公室人员每天面对的人和事不同，常面临各种各样的矛盾，根据协调内容的不同，可有针对性地采取不同的协调方式。因此以协调的内容为标准，可将协调分为制度性协调、沟通性协调与利益性协调。

◆**制度性协调：** 指为加强管理，通过确立合理的组织机构和职能，制定科学的规章制度来实现组织的协调。简而言之，就是通过制度来协调冲突。

◆**沟通性协调：** 指通过情感表达与信息交流去处理人际关系，从而达到双方的协调。

◆**利益性协调：** 指通过协调来平衡组织与组织、组织与个人、个人与个人之间的利益关系，使各方都能接受或者基本接受协调结果，从而达成一致的协调行为。

其实不管是上面的哪一种协调方式，要想达成一致，都要从认知性协调出发，它是协调的起点。因为归根结底，许多冲突都是以认知上的差异为起源的，双方因回报与预期不同而导致不满。所以，要想平衡好各方的关系，最好从认知入手，采取不同的措施让各方都能接受协调结果。

3.4.2 按协调的范围划分

以协调的范围为标准，可将协调分为内部协调与外部协调。

◆**内部协调：** 指企业内领导之间、部门之间以及一个团队之间关系的协调。这种内部协调实际上是一个系统内部子系统间的平衡。要想协调好内部关系，办公室人员应根据事项的轻重缓急，在协同合作之间，找到一个最佳平衡点。

◆**外部协调：** 指企业与社会其他组织之间关系的协调。办公室人员应通过协调处理好影响企业的各种外部关系，以达成和谐共处、合作共赢的目的。

外部协调与内部协调根据情况的变化，有时候需要分开进行，有时候又需要同步进行。

3.4.3 按协调的维度划分

同沟通类似，根据协调对象的维度差异，可将协调分为向上协调、向下协调与平行协调。

◆**向上协调：**指协调领导与领导、自己与领导及领导机关之间的关系。

◆**向下协调：**指平衡下级与下级、自己与下级及下级机关之间的关系。

◆**平行协调：**指协调自己与同级机关及同级个人之间的关系。

3.4.4 按协调的方式划分

根据协调的方式不同，可将协调分为直面协调与非直面协调。

◆**直面协调：**指面对面地进行工作研讨或者交流。这时各方都在现场，交流方便，因此协调的结果较为令人满意。常见的直面协调方式包括会议协调、谈话协调等。

◆**非直面协调：**顾名思义，指非面对面的协调方式。这是现在比较常用的一种协调手段，是科学技术发展的产物。现在的非直面协调多借助媒体进行，其效果有时比直面协调要好。常见的非直面协调包括通过电话、邮件、书信、函、视频等展开的协调，以及代请他人传话、自己不直接面对等，方式多种多样。

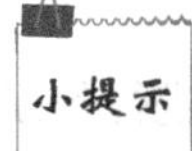

协调还可分为应变性协调和持续性协调。应变性协调指预先的决策发生了重大改变，需要全盘打乱、做出颠覆性的调整而进行的协调工作。持续性协调指保持原有的根基和原则不动摇，通过其他细微的调整而持续推进工作的协调行为。协调的分类较多，办公室人员需依实际情况采用当前情境下最恰当的协调方法。

3.5 协调工作的方法

办公室人员作为一个机关枢纽，在工作中常需发挥好协调各方事宜的作用。在平衡各方关系时，办公室人员应在遵循统筹兼顾、客观公正、顾全大局、求同存异、协商处理、逐级负责、适度糊涂的原则上寻找平衡的方法。下面介绍办公室人员协调工作的各种方法，办公室人员可因地制宜，选择妥善的方法进行协调。

3.5.1 基本方法

协调工作的方法有很多，基本方法有以下几种。

◆**急事要“热”：**遇到突发事件，办公室人员要“热”起来，准确、果断、迅速地进行处理。处理方法要因事、因人而异，更要稳妥恰当，确保迅而稳地解决问题。

◆**难事要“软”：**任何时候，办公室人员都要从全局利益出发选择合适的协调手段。如果遇到不好处理的事情，就要“软”处理，软硬兼施，从减轻影响的角度出发协调好各方关系，尽力达成一致。

◆**大事要“硬”：**这是指办公室人员面对大事时的两种表现，一是深入贯彻领导下达的指令和正确的理论，不屈从于任何外力而做出违背原则的事情，有正确、坚定的立场；二是在面对领导错误的、对企业不利的决策或是各种影响企业发展的弊端时，敢于向领导提出合理的建议，从维护大局利益的目的出发，做出正确的选择。

◆**小事要“暗”：**工作中的有些小事经过慢慢发酵可能就会酿成严重的后果，所以办公室人员也要对各种小事加以关注，不要因其琐碎而掉以轻心。最好采取“暗”协调手法，暗中化解冲突，处理好各方的关系，以免其影响大局。

◆**私事要“明”：**办公室人员处理私人关系时，一定要摆在明面上处理，以免落人口舌，招致不必要的闲言碎语。

◆**行事要“冷”：**不管面对何种特殊情况、处于何种境地之中，办公室人员都要冷静慎思，控制好自己的情绪，这样才能更好地处理与领导、与同事等之间的问题。

◆**悉事要“细”：**办公室人员的工作繁多且细碎，办公室人员处理各项事务时，要注意细节，用真诚的态度，把能协调的事都协调好。

3.5.2 常用方法

协调的常用方法是指针对不同的情况进行分门别类的协调，这对办公室人员进行各方的协调沟通多有帮助，常表现为以下几种。

◆**沟通协调：**对于因隔阂引起的误会，办公室人员应采取向各方通报情况的方法，以沟通手段为主来化解相互存在的矛盾。但沟通时要慎言，为了团队的团结和平，办公室人员需少讲、不讲或延后再讲不利于团队建设的话，多讲利于团结的话。

◆**计划协调：**同一单位或部门的协调结果要充分考虑各方的意见，尽量符合各方的利益要求，并对协调内容留有余地，以便后期可以进行适度调整。

◆**会议协调：**为了缓和矛盾，加强双方的沟通了解，办公室人员可建议召开协调性会议，让双方将问题和意见都表达出来，再由第三方主持会议，双方就意见不一致的事项进行商讨处理，最终达成一致的结果。

◆**文件协调：**办公室人员可以以文件的形式对重大的事情进行协调。

◆**个别协调：**这是指办公室人员与有矛盾的一方进行单独交流，单独进行协调处理。这是发生冲突时，办公室人员很多时候会优先选择的一个办法。

◆**合并协调：**这是指办公室人员将工作性质相近或业务相近的科室合并调整，精减人员，通过减少摩擦来促进协调工作开展。这是从源头上解决的方法。另一种是面对问题时，抽调人员联合办公以解决问题。

◆**制度协调：**指依照规章制度和法律法规办事。若有人在某一环节出了问题，且不愿承担责任，不解决、不上报，办公室人员就应按相关制度要求其承担相应责任。

3.6 人际协调

沟通与协调相辅相成。沟通是基础，协调是指在沟通的前提下平衡集体关系，合理分配各项事务，维护团队的稳定团结。在办公室人员的工作中，人际协调是一项相当重要的工作。下面针对办公室人员协调时可能面临的场景做一些方法介绍，帮助办公室人员更从容地面对各个协调对象，学会协调的技巧。

3.6.1 向上协调

向上协调指针对领导开展的协调工作，主要分为协调与领导的关系和协调领导之间的关系两种，这也是办公室人员在工作中经常会遇见的。

1. 协调与领导的关系

面对领导时，办公室人员应掌握如下的协调技巧。

◆办公室人员要理解领导，准确领会领导的意图，帮助领导排忧解难。

◆对于领导的话不可不听，也不必全听，既要尊敬，又不盲从。

◆办公室人员要认清自己的身份与位置，不要与领导抢功，也不要过于表现自己、将自己凌驾于领导之上。

◆办公室人员在做事时，最好是事前请示，事后总结。请示时要注意不要多头请示，也不要越级请示，以免行为失当，造成不必要的麻烦。

范例

多此一举的王秘书

公司想策划一起活动，但对活动的主题拿不定主意。负责经办此事的王秘书便去问了分管办会的张副主任，张副主任便将其定位为“文艺晚会”。王秘书认为再问问罗主任可能更加妥当，于是在张副主任没有要求的情况下，请示了罗主任，并没有提及自己已经问过张副主任的情况。罗主任便定下了“总结表彰会”的活动主题。王秘书这下才觉得棘手，两位领导意见相左，自己应该怎么办？

王秘书没办法，便决定按罗主任的要求行事，然后回去找了张副主任，向他做了检讨，解释了原委。张副主任虽然对王秘书两头请示的事情不满，但最终还是同意按照罗主任的意思行事。

点评：公司内领导虽多，但权责分工明确。办公室人员应遵照领导职权分工与单向请示的原则，向分管的领导请示即可，不应多头请示。虽然最后在面对两位领导持不同意见时，按更高一级领导要求行事的做法比较稳妥，但这种多头请示的行为实际上并不利于其与副职领导的相处。对方会认为办公室人员不尊重其职权，也不尊重其本人，这种行为对两者关系的维系是十分不利的，这是办公室人员在工作中应当注意的地方。

以下是面对领导时，办公室人员应当注意的地方。

◆办公室人员要与领导保持恰当的距离，既要照顾领导的情绪，适当关心领导生活，私下又应留有适度的空间，保持距离感。

◆提意见时，办公室人员要选择合适的时间和场合，并需注意说话的语气和方式，维护领导尊严。

◆要设身处地体谅领导，遭遇批评需自省，受到误解不埋怨，有什么误会也不要带到工作中，可以找合适的时机解释。

2．协调领导之间的关系

办公室人员是领导的助理和下属，如果领导班子不和谐，办公室人员夹在中间便十分为难。正所谓“城门失火，殃及池鱼”，又所谓“神仙打架，小鬼遭殃”，办公室人员必须学会采取一些恰当的方法，缓和领导之间的冲突，维护上级之间和谐的工作状态。

◆一是办公室人员要熟悉领导班子内的基本情况，了解上下级结构。

◆二是办公室人员要有敏锐的观察力，能够及时发现领导之间的问题。

◆三是面对领导之间的矛盾，办公室人员不要觉得难以解决而意志消沉，而应沉着观察，找出问题出在哪儿，并熟悉双方的工作范围、方法和领导风格，判断两者之间的关系。

◆四是寻找适当的时机和方法帮助双方澄清误会，化解矛盾；若实在不方便处理，也可巧妙采取借故回避、淡化处理等手法。

范例

“打抱不平”的林秘书

一天，林秘书进入总经理办公室时，正好听见总经理和副总经理正在激烈争论。王秘书听了一会儿后，当场附和了副总经理的意见，引起了总经理的不满。

点评：林秘书的这种行为明显是不正确的。当领导之间有矛盾时，秘书需要做的是从中调和，而不是站队，否则会激化双方的矛盾，领导不满也在情理之中。

3.6.2 向下协调

办公室人员在处理与下级的关系时，可以从以下几点出发。

◆办公室人员要身先士卒，做好表率作用。

◆处理问题要公平公正，若是面对下级之间的矛盾，办公室人员要做好调查，再做判断。

◆办公室人员要以人为本，充分调动下级同事工作的积极性和主动性。

◆办公室人员要尊重下级、信任下级，适度放权，给其成长的空间。

◆办公室人员要关心下级的生活，关注下级的工作，对其遇到的困难要进行相应的指导。但办公室人员要注意保持一定的距离感，不要与下级过于亲近，谨防对方因为与你过于亲近从而要求你偏私，这反而不妥。

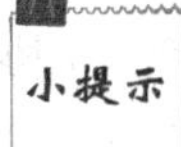

上下级关系一定要把握好，尤其是办公室人员传达指令给下级时，若对方与你关系亲密，可能会对你有更多的要求。例如有的下级以关系亲密的名义要求你交办更简单的事或打探领导做事的意图、寻求更多的方便等，这也是办公室人员需要注意的地方。

◆办公室人员要宽容大度，包容下级的小毛病，不要过于严苛。

◆办公室人员针对不同人员的情况，要采取不同的协调措施。

◆办公室人员要注意掌握协调的主动权，主动帮助下级同事，但不要显得过于热情，说话要平易近人。

3.6.3 上下级间的协调

协调上下级之间的关系与协调领导之间的关系的步骤其实相差无几。为帮助领导排忧解难，办公室人员首先要理顺两者之间的关系，找出问题所在，然后再拟定方案，对症下药，如图3–2所示。

图 3-2 上下级间的协调步骤

1. 找准问题

协调工作的开始，就在于问题的发现。不管是在工作安排、考核工作时，还是人际交往过程中，如果发生了冲突，办公室人员都要主动发现不合理的地方，找准问题所在，然后要获取领导的准许，发挥协调功能，要么请领导直接出面协调，要么报请领导，受领导所托行使协调的职权。

2. 制订方案

办公室人员在找准问题之后就要及时采取措施，提出切实可行的协调方案，例如协调的时间、地点、参与人员，采用的协调方法，要达到的目的等，尽可能设计出几套周全的备用方案，注明利弊，请领导定夺。这个过程是比较重要的，因为很多工作方案不可能尽善尽美，总会因为这样那样的原因发生变故，偏离目标。若是发现问题或遗漏之处，协调方案的制订也可帮助办公室人员不断对其进行修正完善。

3．实施方案

最后一步是实施制订的方案，解决问题，完成协调。协调过程中同样会出现变故，因此办公室人员要随机应变，面对协调过程中出现的新情况、新问题，要及时向领导反映汇报，以便及时得到领导的支持。

3.6.4 大众关系协调

大众很多时候也是企业的客户、受众以及利益相关者，因此大众关系也是办公室人员协调工作中不可忽视的一环，办公室人员一定要消除大众对于企业的误解，维护企业形象。

1．及时反映大众意见

办公室人员接收到大众反映的意见，一定要及时调查研究，将发现的问题及时报予领导，并继续与大众保持良好的联系，协调好与大众及其他各方的关系。

2．帮助解决大众问题

大众对企业的向心力对企业的发展是很重要的，做好大众工作是办公室人员工作的重要内容。当发现大众与公司存在矛盾、纠纷时，办公室人员要缓解矛盾，更要创造条件解决矛盾，避免冲突扩大。

范例

消费者的投诉

一天，王秘书接到了一个电话，对方自称是公司的消费者，他反映公司的产品存在质量问题，要求公司进行赔偿。对方情绪十分激动，说话也比较粗鲁。

王秘书等对方说完，才温言劝对方冷静，问清楚了事情的缘由：原来是产品的刹车出现了问题，让对方受了点小伤，住进了医院，对方气不过，便打来投诉电话。王秘书马上安慰对方，提出了赔偿方案，将对方的情绪安抚好。之后，王秘书又打电话向总经理报备了此事，公司非常重视，找了技术专家重新检测产品，进行安全排查，发现刹车果真有问题。公司马上发出公告并回收该批次产品。王秘书也到医院看望了伤者并向其赔礼道歉。

一系列措施实施下来，王秘书帮公司解决了一个隐患。过了一个月，有一家公司也因为产品质量问题被消费者投诉，但不知怎的并没有处理好，媒体上到处都是该公司的负面新闻。王秘书听闻后也是大舒了一口气。

点评：办公室人员接收到大众的消息时，一定要态度端正，认真处理，及时上报，否则因为没有处理好大众的投诉意见，造成公司的损失，那才是因小失大。

3.6.5 人际协调的艺术

良好的人际关系可以帮助办公室人员营造和谐稳定的工作环境。对人际协调技巧的掌握更能帮助办公室人员提高沟通协调能力，对其人脉和交际圈的建立也很有帮助。

1．掌握协调的步骤

协调的步骤其实也就是上文提到的找准问题、制订方案与实施方案，这个方案在协调中是通用的，从理论上来说类似于一个用以进行协调的方法论。

2．讲究沟通方法

在协调过程中，办公室人员要讲究沟通方法。首先，语气要自然温和，思路要清晰；其次，沟通要真诚，坦率地表达自己的观点，切实地沟通问题，提出的协调意见要得到利益相关方的同意；同时，沟通中可以利用好身体语言，利用姿势动作等传递信息，表达出在协调工作中的相互理解和信任。传递信息的时候要注意言辞，不要只当一个“传声筒”。

范例

办公室人员要会过滤信息

这天开完会，总裁把李秘书叫到办公室，说：“听办公室的同事讲，就差你们财务部的工作总结和工作计划没有交上来，刚才打电话找你们徐经理也不在，怎么回事啊？上次的财务报表也是耽搁了两天才交上来的，怎么做事儿拖拖拉拉的。”

李秘书心想：徐经理刚上任没多久，前几天还出了一趟公差，上半年的工作总结他不了解，最近也在处理出差事宜，这才晚交了文件，这还是您特批可以晚几天的呢。再说了，上次晚交财务报表还是上一任王经理在任期间的事儿，和徐经理可没什么关系。只是李秘书也不敢当面对着总裁说出来，只得回去告诉徐经理：“总裁批评我们工作效率低，做事儿拖拖拉拉的，让我们赶紧交文件。”

徐经理心里有些懑闷，这不是总裁说让我们晚几天交的，怎么现在又在催呢？这手头出差的相关事宜都没处理完呢。徐经理心里便不太高兴。

点评：办公室人员的工作并不是简单的“学舌”或者“跑腿”，在工作中更不能永远原封不动地传递信息，尤其是传达领导批评的时候。其实这时李秘书应该对徐经理说：“我看总裁似乎忘了他应允我们可以晚几天交文件的事儿了，您看什么时候找机会向他解释解释，另外，我也会抓紧时间尽快将工作总结和计划做好。”这样的处理方式才更为恰当，也不至于加深两位领导之间的误会，形成矛盾。

3．换位思考

工作中的各种冲突和人际交往障碍往往是因为利益的分歧和观念的差异造成的。在实际工作中，由于各自所处的位置不同，人们看问题的角度也不一样，可能会产生很大分歧。在这种情况下，办公室人员作为协调者要理解对方，试着换位思考，将自己当作对方，站在对方的角度，用对方的情感、观点来思考和处理这个问题，这样势必能解决不少争端。

4. 学会情绪控制

在协调过程，办公室人员因为要解决矛盾，所以很容易直面矛盾中心，正面迎接对方的反驳和糟糕情绪。情绪是很容易传染的，若遇到对方出言不逊、态度蛮横，办公室人员会很容易受到对方情绪的影响，产生相应的应激反应，做出不理智的应对。但不够冷静也就意味着很难达到协调目的，甚至会激化矛盾。

因此，无论遇到什么情况，办公室人员作为协调者都需要保持冷静，沉着以对。即使对方情绪不好，自己也要沉得住气，不发怒，不动火，不要气到走人，可以干脆不理对方。只有拥有广阔的胸襟，控制好自己的情绪，办公室人员才能做好协调工作。

5. 寻找协调时机

在协调工作中，时机把握得好，可事半功倍；时机把握得不好，则寸步难行。什么是好的时机呢？这需要依据具体的情况而定。例如协调对象心情愉悦的时候，私下方便交谈的时候，政策、方针明确的时候，意识到有矛盾需要调节的时候等，这些恰当的时机可以让被协调对象更容易接受协调者的意见或建议，从而达到更好的协调效果。因此，办公室人员要善于捕捉信息和线索，挑选有利时机开展协调工作。

6. 大局为重

许多部门、单位在面对问题时都会站在自己或本部门的立场上维护自身的利益。尤其是有分歧时，经常是“公说公有理，婆说婆有理”，办公室人员并不好做出绝对的判断。因此在协调利益的时候，办公室人员应从大局考虑，部门或单位的利益要服从于地区及企业的整体利益，然后在这个基础上，尽量满足局部的正当权益。尤其是对于企业中的小团体的交往和利益，这也是需要办公室人员协调时注意的地方。

提高与练习

1. 王秘书进办公室时发现罗总眉头紧锁，王秘书跟他打招呼，他也爱答不理。罗总平时和蔼可亲，经常跟下属开玩笑。王秘书心想罗总肯定遇到烦心事了。面对这种情况，王秘书应该怎么做？（　　）

A. 既然罗总心烦，他肯定需要一个人独自待一会儿，所以先不去管他。

B. 虽然罗总心情不好，但工作是工作，所以依然拿起一叠文件让罗总批阅。

C. 马上跟着罗总进去，问罗总出了什么事。

D. 泡上一杯浓茶送给罗总，问他要不要先休息一会儿。

2. 黄总今天约了××公司的孙总下午3点商洽事情。2点半王秘书送材料时，再次给黄总提起了下午3点要谈判的事，谁知黄总说自己不想见对方，让王秘书处理此事。下午3点半，孙总一行人到了，这时候王秘书该怎么说？（　　）

A. “对不起，因为你们没有按时来，黄总已出去办别的事去了。”

B．“实在不好意思，由于上海分公司那边出了一点意外，我们老总下午6点的飞机去上海，现在要做些准备，不能亲自谈判，今天先跟研发部的符经理谈谈怎样？”

C．“实在不好意思，下午一上班，商务部的人就来电话，说下午3点冯局长要来公司了解情况，所以只有请孙总谅解。”

D．“实在不好意思，我们老总今下午太忙，改个时间再谈好吗？”

3．早上10点，罗总急急忙忙地让王秘书去财务部将之前财务部徐经理拿走的那份材料取回来。在去财务部的路上，王秘书正好遇到了有急事要外出的徐经理，听王秘书说罗总要材料，徐经理说回来后马上给她送过去。面对这种情况，王秘书应该如何处理？（　　）

A．带着恳求的口气说：“徐经理，我求你回办公室给我取一下吧，不然我没办法向罗总交代！”

B．爽快地说：“行，回来后就马上给我电话！”

C．问徐经理大概什么时候能回来，回来后能不能马上把文件送回来。徐经理说一个小时之内回来，回来后一定将材料送过来。于是回办公室向老总报告。

D．叮嘱徐经理说话算数，一定要记得送过来。

4．王秘书的公司明确规定，在开董事会的时候，参会人员不能接电话。这天在董事会期间，公司的大客户徐总来电话，对王秘书说他有急事要找罗总商谈。面对这种情况，王秘书应当如何回复？（　　）

A．“好的，徐总，您且等一下，我马上叫罗总来接电话。”

B．“徐总，实在不凑巧，我们罗总正在参加董事会，估计会议要到12点钟才结束。回头我们再给您去个电话，您看这样可以吗？”

C．“徐总，请您稍等一下，罗总刚刚散会，我马上帮您去找找，行吗？”

D．“徐总，实在对不起，我们罗总在开会，不方便接听电话。”

第4章

会务工作：办公室工作的重点

会议是推动各部门相互配合工作、协助企业有效管理的重要手段，是提高工作质量和工作效率的有效途径。办公室人员在接到会议指令时，一定要做好会议从筹办到结束的整个过程中的各项服务工作，确保会议圆满召开。

本章将详细介绍会前筹备、会中服务、会后工作3个阶段的会务工作，帮助读者熟悉会议事务安排与处理。

4.1 会前筹备

要想提高会议的质量和水平，使会议达到一个良好的效果，会前筹备必须足够充分。据统计，会前筹备的效果占会议有效性的70%。会前筹备的质量越高，会议的效果往往越好。因此，办公室人员一定要做好会前筹备工作。会前筹备主要包括制订会议规划、发布会议通知、准备会议文件、准备会议用品和相关设备以及布置会场五大流程。

4.1.1 制订会议规划

制订会议规划是会前筹备的第一步。在接到领导的开会要求之后，办公室人员要拟订会议方案、做好会议预算、确定会议议程，交由领导过目之后，会议总体规划便算确定下来了。

会议方案是针对会议要解决的问题和会议目标做出的一系列规划。首先办公室人员应该帮助领导拟定会议议题，然后制作成会议规划文书。会议规划文书包括的内容有会议举办场地、会议规模、主持人、参会人员名单、日程安排、会议所需文件、会议设备、会议用品、会议工作人员、服务人员、食宿、交通、安保、会议经费预算等。

其中会议议程是对会议上的内容按顺序做出的安排，一般会以表格形式进行呈现，这样可让参与者一目了然。因为会上讨论的问题可能不止一个，所以以事务的轻重缓急安排议程最好，可以按表4-1所示的技巧安排会议议程。

表4-1 会议议程安排技巧

时间	要议的内容
前面的时间	紧急的、至关重要的、需要大家开动脑筋思考和讨论的内容
后面的时间	例会上宣布的周知的内容
两头的时间	可以有部分人不参加的议题，因此有部分人可以迟到或早退，以避免不必要的“听会”

会议经费也是如此，经费预算的明细一定要清楚，最好是细化、量化，使各项支出数目明确。办公室人员可以按文件费、通信费、交通费、住宿费、餐饮费、会场杂物费、租赁费、服务人员工资、其他费用等分为专项开支的方式来计算，务必使账目清晰。

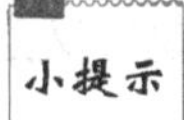

小提示

会议议程是容易发生变动的，若重要的与会人员缺席或迟到，对议程安排就会有较大的影响，因此办公室人员一定要提前与与会人员协调和沟通好会议时间。另外，不要将会议时间安排得过长、内容安排得过密，总的会议时长不要超过100分钟，否则会消耗大家的精力。另外，办公室人员要协调好大家的工作、休息和餐饮时间。

最后待方案报批之后，办公室人员就可开展后续工作，按计划方案进行。

4.1.2 发布会议通知

按会议的规格、档次及议题内容确定与会人员并确认好议程之后，办公室人员要进行会议通知的发布。会议通知一定要提早发布，以便与会人员有充足的准备时间，也便于对方安排回程的车、机票。通知的内容一定要到位，包括会议场地、会议主题与内容、会议时间、主办单位、联系方式等，并附上通知回执。一般通知方式有口头通知与书面通知两种。

- **口头通知：**主要是电话通知。办公室人员在电话通知时注意拟个发言稿，将具体情况简明扼要地说清楚，且一定要说完整。若对方没有给出参会的肯定答复，一定要让对方在确定之后回电。
- **书面通知：**庄重严肃，适合更庄重和人更多的场合。一般的书面通知包括会议邀请函和请柬。另外，电子邮件通知、传真等也是可选择的手段。

除了通知与会人员之外，还要通知会议的服务人员，表示即将开始会议布置和服务工作。如果是大型会议，还要通知媒体人员、活动宣传人员等。

4.1.3 准备会议文件

接下来的一步是准备会议文件，相关办公室人员要注意文件的起草、收集和分发等，然后交由会务承办部门协调统筹。这些会议文件包括会务文件、宾客文件、管理文件、其他文件等。

- **会务文件：**包括开幕词、闭幕词、主题报告、专题报告、会议参考文件（会上学习文件、要宣读的文件）、领导讲话稿、决议、主持词等。这些文件主要应由各职能部门起草，办公室人员应在会前通知有关部门报送会议文件，对文件内容和质量进行初审，并向领导提出所报送的文件能否提交会议讨论的意见。
- **宾客文件：**指专为客人准备的文件，包括会议指南、会议文件资料、代表证、出席证、列席证、房卡和餐券、会议邀请函等。
- **管理文件：**包括议程文件、日程安排、选举规定、表决程序、会议须知、保密规定、会场服务安排、接站一览表、来宾登记表、作息时间、会议讨论分组表、小组召集人名单、住宿登记表、用餐分组表、订票登记表、通讯录等。
- **其他文件：**包括会议宣传资料、会议简报、各种记录、注意事项、各种会议协议合同以及其他相关资料。

其次还有会后的文件，例如会议纪要、致谢信等。

4.1.4 准备会议用品和相关设备

会议用品指会议进行过程中供与会人员和工作人员使用的各种办公用品。会议会用到的多是一些电子设备、硬件设施等，涉及的物品如表4-2所示。

表4-2　会议用品和会议用设备

类型	包括的内容
会议用品	笔记本、白纸、签字笔、白板、白板笔、白板刷、胶带、桌椅、台布、饮品、茶具、烟灰缸、果盘、热水壶、横幅、展板、鲜花、座位牌、桌牌、海报、手机信号屏蔽箱
会议用设备	计算机、投影仪、幻灯片、录音笔、复印机、U盘、激光笔、话筒、摄像机、计时器、空调、音响设备、无线网、电视视频、扩音器、打印机

办公室人员不仅要准备好这些会议用品和设备，在会前还务必进行检查核实，确保各项必需的用品准备到位。

范例

会议上的差错

小王参与了一次内部研讨会的会前筹备工作，会议地点是在一个比较大的大厅里。万万没想到的是，会议将要开始时才发现话筒居然找不到了。正在焦急紧张之际，小王突然想起自己准备送给表妹的扩音器刚好带到了会议现场，于是急忙找了主管会务工作的王主任，解决了这次的燃眉之急。

点评：在筹备会议时，一定要将会议可能会用到的用品、设备准备好。这个案例中没准备好话筒的情况只是一个警醒人的例子。因为在会议筹备的过程中，难免会忙中出错，可能是话筒中途没电了，投影设备放不出来等。因此工作人员不光要备好各种用品或设备，还要检查会议中可能用到的用品或设备，以免在会议中发生意外，影响会议效果。

4.1.5　布置会场

会场的布置会影响会议的气氛，不同的会议有不同的布置要求。例如庆祝会要喜庆，纪念会要隆重，哀悼会要沉重肃穆。办公室人员要根据会议的性质、规模将会场营造出相应的气氛。会场的布置主要包括安排座位、装饰会场等。因为座次安排比较重要，所以应引起高度重视。

1. 安排座位

会场座位的安排其实很有讲究，不同的会场有不同的座位安排形状，领导的具体座位也有所不同。无论是主席台座位安排，还是“U”形、圆形座位安排，安排领导位置时，都要遵循“左为上，右为下”，领导居中、先左后右的原则。下面主要介绍会议中常见的几种座位的安排。

（1）主席台座位安排

会议厅正前方是主席台，面向主席台的是观众席。领导人数为奇数时，主要领导居中，2号领导在1号领导左手位置，3号领导在1号领导右手位置；领导人数为偶数时，1号、2号领导同时居中，2号领导在1号领导左手位置，3号领导在1号领导右手位置，如图4-1所示。

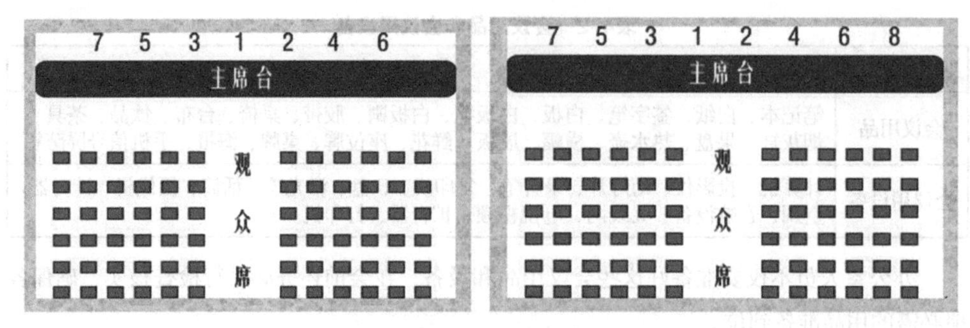

图 4-1 主席台座位安排

（2）长方形座位安排

长方形座位安排指与会人员围坐在桌子外侧，以便平等交流。若是正门对着一个横放的长方形桌，主方则面对正门而坐，客方则背对正门而坐，双方再各自按各自的尊卑顺序排列；若是正门对着一个竖放的长方形桌，应以桌为中心，正门的右方是客方，左方是主方，如图4–2所示。

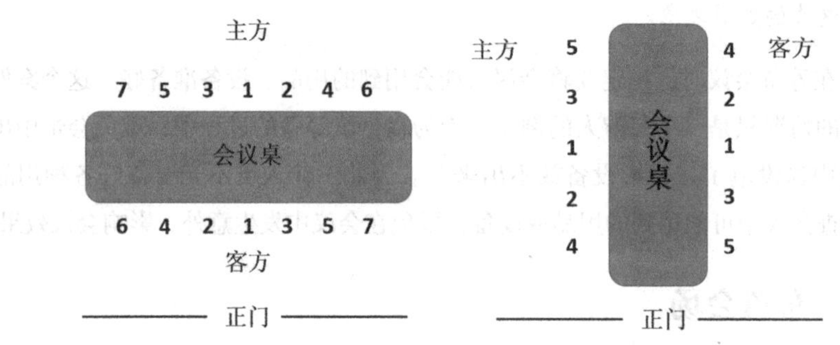

图 4-2 长方形座位安排

（3）“U”形座位安排

“U”形指会议桌摆设成一面开口的“U”字形状，椅子放置在“U”字形办公桌周围。这种会议室布置适合小型的讨论型会议。当领导人数为奇数时，1号领导居中，2号领导排1号领导左边，3号领导排1号领导右边，其他依次排列；当领导人数为偶数时，1号领导和2号领导居中，1号领导在居中座位的右边，2号领导在其左边，其他依次排列，如图4–3所示。

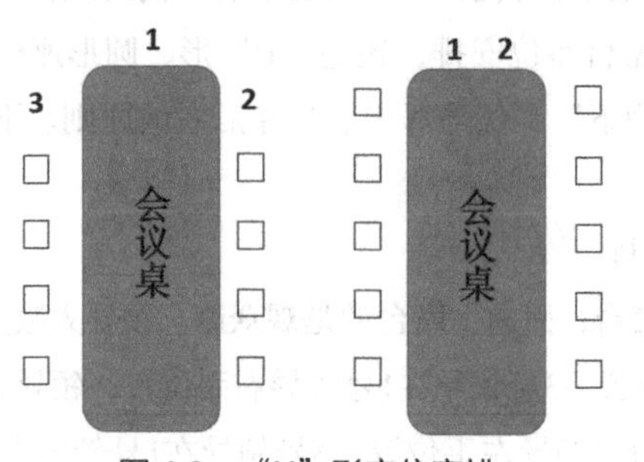

图 4-3 “U”形座位安排

圆桌形座位一般是在餐会的时候安排的，规则为“右高左低”。主陪面对房门，主宾在主陪的右手边，副主宾在主陪的左手，其他宾客的位置基本是穿插而坐。若是领导一起吃饭，则主要领导居中，两侧依次排开。

2．装饰会场

会场的装饰主要是挂好横幅，将鲜花、水杯等用品安放好，音箱设备摆放到位等，内容如下。

◆悬挂会标、徽记、旗帜等。

◆落实主席台领导位置，安排座次，设置发言席、签字席，摆放好席卡、水杯（矿泉水）等用具。

◆确定会议桌摆放形式，明确划分会场区域，使与会人员一目了然。

◆确保会议室内的照明、通风。

◆会场外装饰彩虹门、氢气球、欢迎标语、红地毯、花卉等。

◆核对话筒的高度是否合适，音箱设备、投影仪、录像设备是否位置恰当、到位，提前试音，调试好设备，确保会议效果。

◆做好会议发言、投票、颁奖、集体拍照等方面的准备工作。

一般会场的布置工作应在会议前一天完成。此外，在会议当天，会务工作人员应提前到场，将空调温度设置好，将电梯口、楼道、卫生间的灯光提前打开，会前10分钟将茶泡好，并备好事先准备的文件。

办公室人员在装饰完之后还要做好最后一次的会前检查，并向领导汇报准备情况。检查的内容包括文件资料的准备情况、会场布置情况、会场安保工作等。

4.2 会中服务

会中服务是整个会议举办的关键，是确保会议圆满顺利进行的重要环节。会中服务包括会议的场前服务、场内服务和场外服务3种。

4.2.1 进行会议场前服务

场前服务包括引导与会人员入场、维护会场秩序、分发会议文件等。在这个过程中，会务工作人员一定要做好服务工作。

1．引导与会人员入场

引导与会人员入场指会务工作人员引导与会人员进入正式会场就座，并记录签到情况的一系列过程。一般会务工作人员要在门口迎接，做好入场引导工作，以缩短入场时间。重要与会人员入场时，会务工作人员应陪同入座并做一些介绍。引领领导入座时，会务工作人员应当双手轻轻提起椅子请领导入座，然后用膝盖轻顶椅背至领导腿部，请其坐下。会议签到有簿式签到、签到证签到、卡片签到、电子签到等方式。负责签到的工作人员应及时核对、统计到会人员和未到人员，向领导报告出席情况，并电话提醒未到人员。签到时会务工作人员要特别注意落实主席台领导、发言人、上台领奖人是否到齐。在这个过程中，会场内可播放轻音乐，营造轻松愉快的会场氛围。

2．维持会场秩序

会务工作人员在会议开始前5分钟，关闭会场大门，安排与会人员入座就绪，并请无关人员离开会场，期间不准无关人员进入会场。另外，提醒与会人员开会期间将手机关闭或调到静音状态。

3．分发会议文件

在会议开始之前，会务工作人员一定要做好文件的分发工作，即便是会前没有发放的文件，会中也要发放。

疑难解答

问：给领导准备好的会议文件资料应以什么顺序装入？

可以以议程表、日程表、会场座位分区表、主席台及会场座次表、开幕词、主题报告、领导讲话稿、发言材料、闭幕词的顺序装入，有一定的逻辑顺序、不胡乱夹杂即可，例如不将闭幕词放在议程表和日程表之间。

4.2.2 做好会议场内服务

场内服务指会务工作人员要做好会议记录、提供会间后勤服务和处理其他事务等工作。其他事务包括人员的管控，来电、来人的接待工作等。

1．做好会议记录

会议进行时，会议专职记录人员要针对与会人员的发言，做好会议记录，尤其是要做好讨论性质的会议发言记录并留底。会议记录是重要的档案材料，也是撰写纪要、会议简报的重要素材。会议记录有摘要记录和详细记录两种，记录人员可根据领导要求和会议的内容选择合适的记录方式。

◆**摘要记录：**记录人员只记录发言要点即可。

◆**详细记录：**要求有言必录，忠实于发言者的原话，保留发言者的风格，不随意增删改动。

不管是哪种记录方式，都要求书写规范工整，格式正确，内容真实，标点、断句准确，段落清楚，层次分明。记录人员在记录主要发言人发言内容的同时，也可尽量记下其他与会人员的插话内容及补充。若是很重要的会议或参与人数较多的会议，可安排多人轮流记录，并做好录音。对于没听清楚或不熟悉的引文、地名、人名、时间、数字等，应在会后根据录音和文件等，细心核对、校正，并提交领导审核、定稿。

有些会议记录人员会被要求掌握速写，因此可在记录时正确使用省略法，用较为简便的写法代替复杂的写法，会后再及时补充和编整。

2．会场后勤服务

若是小型会议，后勤服务基本都是由一位办公室人员做，不多安排其他人员。当然，在参加大型会议时，可多安排两位办公室人员，以便给与会人员贴心、周到的服务。会场的后勤服务包括以下这些方面的内容。

◆适时调整会场冷暖和照明情况，保持会场的通风、照明情况良好。

◆准备必要的纸张、签字笔、墨水等以备临时取用。

◆提供会中的茶水供应和其他服务工作，如播放投影、录音等，需要会务工作人员在场中走动，因为会务工作人员是场中除讲话人之外唯一容易被关注的人，因此在服务时要注意轻拿轻放，不要发出太大的声响。

◆会议时间过长时，会有中途休息时间，这期间的游览、娱乐、参观等活动要精心组织。会后的合影工作也要事先准备好。

◆准备会议纪念品，有些会议有这方面的需要，会务工作人员也要在会前准备妥当，准备好会后赠送。

◆外地与会人员的返程车票、机票要在散会前送到订票人手中。对与会者提出的其他合理要求也应尽可能给予满足。

3．人员管控

如果会议讨论事项涉及机密内容，会务工作人员必须严格管控与会人员的出入，与会议无关者严禁入内，并做好会场人员服务安排与安保安排。值得注意的是，会场中最好不要有人随意走动或出入会议室。若实在需要出入，也应尽量不影响别人，并且不从投影仪下方经过。

4．来电、来人接待

会议期间如果有来电或来人找领导（或其他与会人员），会务工作人员要对其紧急性做出判断，看是否能会后解决。若事情不太紧急，以会后转达为宜；若事情非常紧急，可用便条告知领导（或其他与会人员）。

4.2.3 安排会议场外服务

场外服务的内容比较繁杂，会务工作人员可按下面的分类进行分项管理，做好安排。

◆做好暂管与会人员物品的工作。

◆做好场外安全保卫工作。

◆做好预防突发性事件的预设和处理工作。

◆做好食宿管理工作。

◆做好会议车辆管理工作。

◆做好迎送交通工作。

◆做好会议医疗卫生工作。

4.3 会后工作

会后工作包括合影留念与餐会、送别与善后、撰写会议纪要、做好会议总结以及整理会议文件等内容。

4.3.1 合影留念与餐会

合影留念与餐会一般是会议之后的安排，部分会议会组织合影留念和餐会的活动，这部分的内容会务工作人员也应当熟悉。

1. 合影

会后，主方一般会与各位与会人员一起，配合拍摄人员进行合影留念，用于后期的宣传、文件写作和留底归档，因此会务工作人员会后要组织与会人员在指定地点进行合影留念。合影留念的站位与宴会厅主席台的排位方法一样，靠近摄像机前排最中间的位置最重要，其次左右间隔，然后是后排，如图4–4所示。

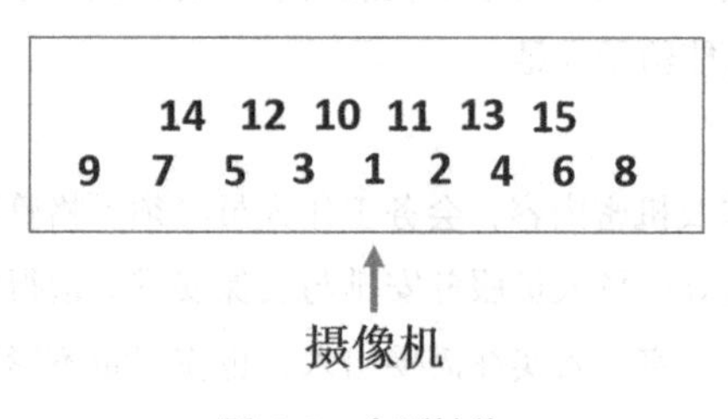

图 4-4 合影站位

2. 餐会

如会议结束后安排了餐会，会务工作人员应提前与饭店工作人员确定到场时间，并通知其他会务工作人员做好陪同和接待工作。

4.3.2 送别与善后

如果会后安排了与会议内容密切相关的参观考察活动，则应在参观地点安排专门的接待人员，并悬挂欢迎性的标语横幅。等一切商务活动完成之后，会务工作人员再送别对方离开，确保与会人员安全到达车站或机场。

因为一般与会人员的车票或机票都已事先订好，所以在议结束后，会务工作人员要安排好送站车辆，由主方将客方送到大楼门口上车，握手告别，等车辆开动后再离开。然后会务工作人员要进行会场的善后工作，包括及时清理会场，带回剩余材料、席卡等，清退客房和会议用房，归还借用的物品，结算账目并向财务部门报销等诸多工作。

4.3.3 撰写会议纪要

会议纪要是根据会议记录的内容来撰写的。会议纪要与会议记录同属工作文书，需忠实记录会议实况，保证会议内容原始、完整，不公开传阅。会议纪要也属于法定公文，需严格按照相关格式规定和范式编写，只记要点，并在一定范围内传阅。

会议纪要的大体写作格式如图4–5所示。标题一般为“会议名称+文种”或“发文机关+内容+文种”的形式。正文首先写会议概况，包括会议的时间、地点、名称、主持人、与会人员和基本议程。然后写本次会议的要点，包括会议内容、议定事项、措施、意见和要求等。

区政府工作会议纪要

20××年×月×日，刘××副区长主持召开区经济适用住房与廉租住房建设工作领导小组成员会议。会议传达了××市保障性安居工程工作会议精神，并研究部署我区公共租赁住房建设的有关工作。纪要如下：

一、关于落实20××年公共租赁住房建设任务问题

……

二、关于公共租赁住房租金标准问题

……

三、关于公共租赁住房保障对象基本条件和保障范围问题

……

四、关于××花园102套公共租赁住房项目建设问题

……

图4-5 会议纪要范文

党政机关公文的会议纪要一般由红头文件制成，包括出席、列席、请假、纪要编号、分送单位等内容，在后面的文书写作章节会详细介绍，这里不再赘述。

4.3.4 做好会议总结

会议结束之后，筹备会议的企事业单位还要整理会议记录，并开一个小会，对本次会议工作进行一次认真的总结，检验会议效果。可以说，会议有效性的20%都在会后落实。

会议总结一般由办公室人员或行政文员撰写。在总结中，要肯定会议成绩，从收集到的各项资料中找出有规律的理论、认识，这样才有意义。会议总结可以分析这次会议活动的不足，表扬有功人员，向支持会议工作的有关部门表示感谢；也可以针对本次会议内容

做出总结与展望，如图4-6所示。做好会议工作总结，可以积累大家的会议工作经验，提高会务工作人员的综合能力。

关于×××学习会议精神的总结

20××年×月×日，公司全体人员下午集中对公司会议文件进行了学习，学习内容为××。通过这次会议，我有以下浅薄体会：

一、发人深省，鼓舞士气

……

二、相互沟通，共同进步

……

三、保持警惕，再接再厉

……

四、登高远眺

……

图 4-6 会议总结范文

4.3.5 整理会议文件

整理会议文件的首要工作是收集文件。会前准备并分发的文件、会议期间产生的文件和会后产生的文件都是需要收集的文件，包括发言材料、会议记录、会议纪要、会议总结等。完成收集工作后，不能将文件保留在个人手中，而要进行立卷归档，交由专员保管。

提高与练习

1. 通过对本章座次安排的学习，你是否从中总结出什么规律？
2. 若要筹备一场会议，需要准备哪些文件资料？说说你的思路。
3. 会后工作主要包括哪些事务？

第5章

接待与差旅：掌握安排技能

作为领导的下属，难免会因为公务涉及接待、出差、参与商务活动等事项。作为办公室事务中的对外工作，不管是接待客户，还是陪同领导出差或自己出差，或者参与商务活动，办公室人员都应该安排好相关的一系列行程和事务，将工作做到位、细节做到位。

5.1 接待客人

迎来送往是工作中免不了的环节，尤其是接待客户时，是给客人留下良好印象的重要时机。因此，接待人员一定要做好接待工作，遵守接待过程中的礼仪，为客户服务，使客户感到宾至如归，以便顺利推进后续的会谈工作。

5.1.1 接待的计划安排

接待客户时给对方留下好印象就相当于为接下来的接触打下基础，因此，接待人员在接待时一定要做好周密的部署。接待人员在做计划时，一般应从以下几个方面考虑，如表5-1所示。

表5-1 接待的安排

应清楚的事项	具体内容
来人情况	在接待之前，接待人员最好提前打电话给对方，以搞清情况，做好细节工作，确认以下情况 ①来人数量、身份 针对来人的情况，确定接待工作的安排。如是否需要去机场、车站接待，安排多少车辆，应如何选择接待的规格或确认接待工作的侧重点。接待规格包括高规格接待、低规格接待和对等接待。工作侧重点是指如果是外宾，接待人员就要注重接待工作遵守国际规范，接待少数民族就要侧重在接待对方时遵守少数民族的风俗习惯等 ②来访时间、地点、航班、车次等 确认来访的时间、地点、交通情况等，以便接待人员及时到场等候
来意	了解来访者需求，才好方便行事，根据来意不同，接待人员得到的接待要求可能也不同。例如有些只要求接待人员将来人介绍给领导，有些则要求接待之后，和领导一起与对方会谈。当然，若来访者是不请自来，接待人员更应了解其动机，才好见机行事
用时	了解对方的滞留时间，接待人员才好安排对方在这边的行程。当然，若对方已经有了行程安排，接待人员也要先与对方沟通之后才好做决定
预算	预算包括食宿费、交通费、纪念品费、参观娱乐费、办公用品费等工作经费、宣传费以及其他可能的费用，在综合各种情况做费用预算时，一定要根据接待规格计划好费用的合理支出，避免浪费

情景模拟

小王今天被总经理叫到办公室，总经理告诉她，天津的某公司会派代表团过来对公司进行考察，若是处理得好，将会与公司签下一个大项目。于是总经理让小王落实好对代表团的接待工作。面对这种情况，小王应该如何处理？她有以下几种选择。

（1）小王联系了对方，问了对方什么时候到，地点在哪里，之后便做好了接待安排。

（2）因为之前接待过其他人，于是小王便没有联系对方，比照之前的经历做了安排计划。

（3）小王联系了对方，问清了对方的来访人数、身份、到访时间后制订了接待计划。

（4）小王联系了对方，将对方的来访人数、身份、到访时间和停留时间一一知悉后，才定好了接待计划。

点评：在做接待安排时，接待人员应将该了解的信息了解完再做计划，做事要细密周到。接待人员也不要想当然，否则接待计划势必会出现纰漏。所以，最好的做法是第4种。

在做好具体的安排计划并执行之后，待接待计划完成后，接待人员还需根据接待清单到财务处报销，如图5-1所示。

客人接待报销表

________客人一行于____月____日来公司考察，其行程安排如下：

客户行程安排					
日期	时间	行程	餐饮（地名）	金额	住宿（酒店名称）
	上午				
	下午				
	晚上				
	上午				
	下午				
	晚上				
	上午				
	下午				
	晚上				
	上午				
	下午				
	晚上				
备：体现出客人来访时间和客人返程时间；上午为午餐，下午为晚餐，晚上为娱乐休闲和夜宵					

接待费用明细表				总金额：____元	
餐饮消费	龙岩	¥	住宿消费	龙岩	¥
	厦门	¥		厦门	¥
	其他	¥		其他	¥
合计		¥	合计		¥
旅游消费	门票	¥	娱乐消费	娱乐休闲	¥
	导游费	¥		礼品消费	¥
	交通费用	¥		其他	¥
合计		¥	合计		¥
个人交通费用		¥	其他消费		¥
		¥			¥
		¥			¥
合计		¥	合计		¥

备注：客人一行____人，公司陪同人员____人。

福建××股份有限公司
领导（签字）：
________年____月____日

图5-1　客人接待报销表图示

5.1.2 接待的礼仪要求

接待是一个正式而隆重的工作，接待人员不能因为接待是一个短暂的过程就掉以轻心。接待客人的过程中，涉及不少流程，包括迎接、引导、引见、握手、交换名片等。下面对着装和接待过程中的礼仪进行介绍。

1. 着装的礼仪

接待是一件严肃的事情，接待人员最好穿着正装或其他适宜在工作场合穿的得体的衣服，甚至要比平时工作的着装更为隆重正式。着装需讲究，西服套装或其他正装皆可，接待人员不可因为是临时去接人就衣冠不整、乱穿服装，或穿得过于花哨等，这些都是失礼的表现。接待的过程，往往就是对方对企业形象留下第一印象的过程，因此接待人员务必慎重对待。

范例

接待的穿着

××网络有限公司约定好与国外来的客户代表洽谈合作事务。按照礼仪，己方需要提前10分钟到达会议室，迎接客户的到来。当客户到达之后，己方人员纷纷起立，鼓掌欢迎。对方谈判人员个个西装革履，一身职业装，己方人员的着装却不到位，除了经理、秘书与翻译人员外，其他人居然都是胡乱搭配，如短袖搭配西装外套、牛仔裤搭配运动鞋等。因此，现场的对方代表面对己方人员的欢迎，不但没有露出高兴的笑容，反而隐隐露出了不快之色。随后的谈判也没持续多长时间，对方便匆匆离开。

点评：接待客户时，合理规范的着装是对接待人员的基本要求。接待客户也是一件严肃的事情，接待人员需穿符合职场礼仪的服装，最好穿着职业套装，千万不可掉以轻心。

2. 迎接的礼仪

（1）见面

当需出市区或是到机场、车站去迎接时，接待人员一定要提前20分钟到场，迎候客人到达。当客人到达后，接待人员应主动上前问候并做自我介绍和引见。

（2）乘车

在乘坐车辆时，接待人员应先请来宾上车，核准人数和对方携带的物品，待来宾坐稳后再开车。然后在车上进行一些简单的交谈，增进双方感情。

3. 引导的礼仪

在引导客人前行时，接待人员需掌握以下的方法。

◆在走廊上，应走在客人左前方数步的位置。

◆转弯或上楼梯时，要有礼貌地说声“请这边走”，并回头用手示意。

◆乘电梯时，如有专人在电梯上服务，应请客人先进，到达时也请客人先出。如电梯无人服务，应自己先进去，再请客人进，到达时请客人先出，自己再出。

◆如果引导客人去的地方距离较远，走的时间较长，不要沉默着各走各路，应讲一些比较得体的话活跃气氛。

◆当把客人引导到下榻的房间或驻地时，要对客人说：“这里就是。”然后敲一下门等房间有回声再打开门。这里应当注意，如房门向里开，要自己先进去，按住门，然后请客人进来；如房门往外开，应拉开并按住门，请客人先进去。

4．引见的礼仪

在具体介绍时，接待人员要礼貌地用手示意，并简要说明被介绍人所在单位、职务及姓氏，如“这位就是××局徐局长，这是××公司业务部罗经理。”注意手势的规范，不要单指指人。

在介绍时，接待人员也需要遵守一定的顺序原则。一般的礼仪规范为：先把身份比较低、年纪比较小的介绍给身份较高、年纪较大的；先向女士介绍男士。

5．握手的礼仪

握手是一种沟通思想、交流感情、增进友谊的重要方式。接待人员与他人握手时，目光需注视对方，微笑致意。握手的礼仪规范如表5-2所示。

表5-2　握手的礼仪规范

握手相关事项	具体内容
握手顺序	一般讲究以长者、上级、主人、女士为先，即待女士、长辈、职位高者等伸出手来之后，接待人员方可伸手呼应
握手时间	控制在3~5秒为佳
握手力度	握手力度要适度，要有轻微力度以示尊重，但在与女性握手时，男性力度要轻一些，时间要短一些
握手方式	①走近，向对方伸出手，手心向里，握对方手掌。双方交握之后，上下摇晃两三下 ②手心向上是晚辈宜用方式，表示恭谦 ③双手重叠握住对方，表示感情真挚，再上下摇晃，长久紧握，则表示双方更为热烈的感情
握手注意事项	①必须站立握手，以示对他人的礼貌和尊重 ②握手时应平视对方，面带微笑，不东张西望、左顾右盼、心不在焉 ③握手时不应戴帽子与手套，手心要干燥干净，脏的、湿的手伸出去十分无礼 ④握手不要用左手，若特殊情况下只能用左手握手，应当说明原因或道歉 ⑤握女士手时，应浅握其手指部位 ⑥长辈或贵宾伸出手时，最好快步前趋，双手握住对方，身体微微前倾

小提示

除握手之外，还有鞠躬礼。这也是一种礼节方式，在中国、日本、朝鲜等国较为常用，常见于下级对上级或同级、晚辈对长辈，用以表达敬意。鞠躬前必须立正、脱帽，双眼需礼貌地注视对方，以表尊重。行礼时需并拢双脚，男性双手放在身体两侧，女性双手合起放在身体前面，视线由对方脸上落至自己的脚前1.5米处（15° 礼）或脚前1米处（30° 礼）或脚前0.4米处（60° 礼）。日本对鞠躬礼较为讲究，鞠躬的不同程度代表了不同的含义：致谢为弯腰15° 左右，表达歉意在为弯腰30° 左右，弯腰90° 则代表悔过。

6. 交换名片的礼仪

交换名片时，递送名片的动作、顺序等都有一定的讲究，其中一旦稍有差池，便可能引起对方的不满。身处职场中，接待人员应尽量做到各种礼仪周到、无过失，因此交换名片时也要有所注意。

（1）交换名片的顺序

交换名片通常是在自我介绍或经人介绍后进行的，一般需按照“先主后客，先高后低”的顺序进行。当与多人交换名片时，应依照职位高低的顺序，或由近及远依次进行。接待人员要注意不能调序交换名片，以免对方误认为有看轻之意，觉得厚此薄彼。

（2）接受名片的礼节

接待人员在接受他人的名片时，应毕恭毕敬，说一声“谢谢”。如果可能的话，接待人员还可以认真默读一遍对方名片上所记载的内容，不懂之处当即向对方请教，有时看完之后还可复述出来，恭维对方几句，以示敬仰之情。这也有利于双方建立友谊。

（3）递送名片的礼节

接受别人的名片后，应随即将自己的名片递过去。接待人员在递送名片时要注意用双手捏住名片的两个角，将名片上的文字正面朝向对方，方便对方能够直接读出来，并及时对对方说一句“请多关照”之类的客套话，以示客气和礼貌。

5.1.3 客人的返程安排

客人返程的计划可分为两种情况。一是客人只是来访咨询，在根据客人的来访需求解决完客人的诉求之后，客人来辞别时，接待人员应放下手头工作，将客人送出门口，与对方握手告别，目送对方离去即可。

二是若客人是参加完商务活动再离开，接待人员应为远方的客人预订好返程票，在客人临行前为客人送上小礼品。当然送礼时，接待人员要注意礼品不能廉价、上面不应出现公司的标签，送给客人的礼物不能相同，且包装要精美。这也是一种礼仪。然后接待人员应为客人安排好车辆送客人到机场、车站等。若客人的行李较多或较重，接待人员应主动帮助客人提拿，将客人送到机场或车站之后与客人道别，目送客人离去。

> **小提示**
> 送公司的产品或有公司 Logo 的礼品给对方虽然是一种宣传、推广公司产品的做法，但难免会让对方觉得没有诚意，因此另备一些精美的小礼品反而更好。另外，送礼也要讲究时机，不要一见面就送，以免有贿赂之嫌。最好是在临别之前到对方下榻的酒店去送，或在告别宴上送。非公的礼物，也不要寄到对方所在的公司，以免惹人误解。

5.2 参加商务活动

在现代的职场环境中，办公室人员主要是主事者、领导者身边的公务辅助者和综合服务者。他们是为了更好地满足工作需求而产生的。因此，身为办公室人员，一定要正确认识自己在工作中的位置和角色，这样才能发挥出自己在工作中的作用与能力。

5.2.1 商务会见（会谈）

商务会见（会谈）实则与会务工作中会议的召开有相似之处，就是双方或多方进行商务商谈。接见方〔提出会见（会谈）的一方〕需提前提出会见（会谈）邀请，会见方要给予回复，同时，双方应同时遵循会见（会谈）的程序。

1. 提出会见（会谈）要求

接见方向另一方提出会见（会谈）要求时，应说明要求前来会见（会谈）的人的职务、姓名以及此次会见（会谈）的目的。有时候会见（会谈）人员是对方的公司决定的，这时，接见方的安排者只需将己方信息告诉对方即可，包括想要会见（会谈）的时间、地点、己方出席人、本次会见（会谈）的具体安排以及有关注意事项。

2. 进行答复

会见方接到接见方的会见（会谈）邀请之后，应尽早给予回复，约妥时间，同时将了解到的会见（会谈）信息通知给有关的出席人员。如因故不能前往，应婉言解释。

3. 达成会见（会谈）意见

若双方落实了此次会见（会谈），接见方在准确掌握会见（会谈）的时间、地点和双方参加人员的名单之后，要提早通知有关人员和有关单位做好会见（会谈）安排。同时，接见方的人员应提前到达会见（会谈）现场。

其中关于会场的布置、座位的安排以及合影的位置安排等在会务工作中已经讲过，依照相关知识落实即可。

4. 会见（会谈）的程序

会见（会谈）的程序和会议程序也无很大差别，大致的程序步骤如下。

第1步：工作人员在大楼门口迎接，将客人引入会客厅，接见方再在会客厅门口迎接。若是身份重要的客人，接见方可在大楼门口迎接，以示对这次会见（会谈）的诚意和对客人的尊重。

第2步：双方见面，相互握手介绍。介绍时，办公室人员应先向会见方介绍接见方，再介绍会见方给接见方。双方介绍时，要将姓名、职务说清楚，介绍到具体人时，应有礼貌地进行示意。如客人是贵宾或知名人物，就可省略向接见方介绍会见方的步骤。

第3步：待会见（会谈）结束之后，接见方需送客至门口或车前，并握手告别，目送客人离开之后再返回。

5.2.2 商务宴请

商务宴请指为了表达对来宾的欢迎、恭贺合作成功、加强双方商务交流而组织的增进双方感情的餐会。在参加商务宴请时，办公室人员需要了解以下宴请方面的细节工作。

1．宴请前的准备工作

宴请前的准备工作包括确定宴请人员名单、选择时间与地点、发送邀请、预订菜品、安排座席等内容。

- **确定宴请人员名单：**商务宴请需根据宴请的目的、性质确定宴请规格和对象范围，一般不宴请与主题无关或对宴请目的没有帮助的人。在确定宾客人数时，办公室人员一定要考虑周全，最好是在敲定之前送领导审查，让领导再确定一遍，对宴请名单上的人员做最后的修正。然后主方要确定己方的出席人员，此时应考虑双方的级别和人数的对等。
- **选择时间与地点：**办公室人员需根据宴会的性质选择合适的饭店。设宴地点应有独特的风格，同时又能满足规格的需要。此外，饭店是身份和诚意的象征，万不可随意选择，尤其是有重要人物到场时，更要注意对方的偏好。设宴时间与地点确认之后，办公室人员便可发出邀请。
- **发送邀请：**办公室人员可提前三五天联系对方，让对方做好准备，然后宴请当天再联系一次，提醒对方出席。邀请的方式有很多种，不管是当面邀请、电话邀请，还是书面请柬邀请，语言都要诚恳、郑重，让对方感受到你的诚意。另外，办公室人员在邀请时要将宴会的信息介绍全面，包括设宴时间、地点、赴宴方式、主要出席人等。

小提示

在设宴时，如果宴请的是较为重要的客人，主方应派专车接送，以示重视。此外，在餐宴开始前，主方要比客人提前到达，对宴客厅的环境、每桌宾客和餐具的数量、菜品摆放等做出调整，使宴厅井然有序。

◆**预订菜品：**现在的宴会菜品大多都是事先订好的，因此主方在选菜时要考虑好宾客的饮食禁忌和偏好。

宴请时要注意，不要将近期有矛盾或不和的人安排在一起，最好分开宴请或分桌而坐，即使安排在一桌也要将双方分开。另外需要注意的是，欧美人士视宴会为社交最佳场合，因此席位常采用分座原则，即男女分座，排位互为间隔。夫妇、父女、母子、兄妹等必须分开，且末席不能安排女宾。如有外宾在座，则华人与外宾应混合、交叉坐在一起。

2．用餐的礼仪

在用餐的时候，因为中西方文化的差异，用餐习惯和禁忌也有所不同。下面对常见的一些用餐礼仪进行介绍。

（1）吃中餐的礼仪

吃中餐时，入席人员需注意以下几点。

◆桌上的花生、豆类等小吃产品，不要用手拿，而要用筷子夹。

◆主人拿筷说“请”示意开席的时候才能开吃。

◆如果有人离席的话，别问他去哪儿。

◆食物太热的时候，用嘴吹凉。

◆吃饭时应该向左方传递食物。

◆筷子不能插在碗中。

◆如果在吃饭时想打饱嗝或打喷嚏，用餐巾捂住嘴巴，然后表达自己的歉意。

（2）西餐用餐礼仪

在吃西餐时，入席人员需注意以下几点。

◆在正式的宴会中，只要一落座就应打开餐巾。餐巾不仅要摆在腿上，还应该注意要将其对折，并将折痕靠近自己。中途暂时离席时应将餐巾放在椅子上或用刀压着餐巾一角任其垂下，绝对不要将其挂在椅背上或放回餐桌上。

◆餐叉放在底盘的左边，餐刀放在底盘的右边，刀刃朝向底盘，餐勺放在餐刀的右边。

◆使用餐具时，需用左叉固定食物，右刀切割。在使用刀叉时一定不要动用蛮力，而是用前臂发力切食物，刀叉基本呈90°角的状态。

◆餐具由外向内取用，且每个餐具使用一次。

◆主菜要用餐刀切割，一次切一块食用，面条则需用餐叉卷食。吃面包时不可像平时吃面包一样用嘴啃食，而是需用手撕下小块放入口内。

◆吃东西时不可手持盘子进食。

◆水果用叉子取用，喝汤时不可发出声音。

◆要用双手取用食物时，最好是左手拿叉、右手持汤匙将食物夹到自己的盘中，只用一只叉子将食物叉到盘中是很不礼貌的行为。

◆吃西餐时，常有一些“刀叉语言”，如图5-2所示。当刀叉分开，大约呈三角形时，示意你还会继续用餐，服务员便不会收走餐盘。若有可添加饭菜的宴会，当餐具呈现图5-3所示的“八”字形时，服务员还会继续为你添加饭菜。当你将刀叉摆放成结束用餐的形状（叉背向下，刀并排放在叉子右边）时，即便餐盘里还有剩余的饭菜，服务员也会在适当的时候收走你的餐盘。

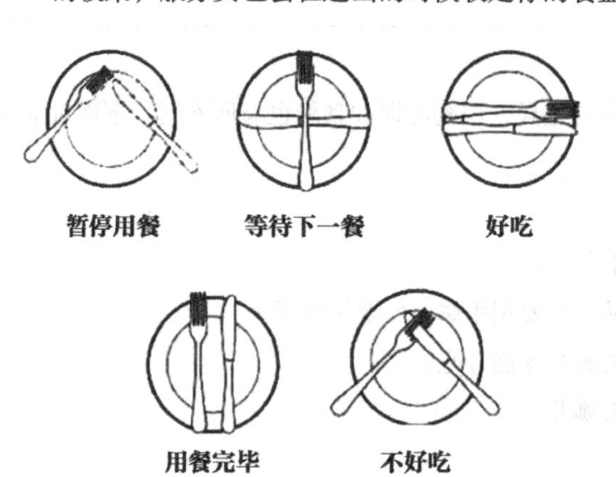

图 5-2 “刀叉语言”

图 5-3 继续添餐

◆饮用咖啡、奶茶等饮品时，若要添加方糖，需先将方糖放入茶匙，再将茶匙放入杯中，防止水花四溅。用完茶匙后，应将茶匙向外横放在茶碟上。

5.2.3 商务参观

商务参观是商务活动中的一个小环节，但在整个商务流程中也是不可缺少且值得重视的一环。在组织商务参观时，办公室人员要做好各个方面的准备工作。商务参观的相关安排如表5-3所示。

表5-3 商务参观的相关安排

商务参观相关事项	具体内容
参观的主题	在参观之前，首先需确定一个参观主题，明确想要通过参观活动达到的效果，想要给来宾留下怎样的印象。主题可分为提升知名度和形象、促进业务发展合作、提升企业员工自豪感与归属感等
邀请的对象	根据参观主题拟定要邀请的对象，可以是企业的员工及家属，也可以是外部合作对象或考察团，如政府工作者、专家、媒体人等
参观日期与时间	参观活动可以定期组织，也可以选择企业周年纪念日、重要的节假日等特殊日子。确定日期时也需注意天气问题，避开雨雪、酷暑天气

续表

商务参观相关事项	具体内容
具体活动安排	参观活动的具体内容也是根据活动主题来定的，通常由几个部分组成。例如，一、讲解企业发展历史和辉煌成就，可提前制作企业宣传手册；二、现场观摩某些车间的工作流程；三、参观成果展览室等。具体内容要根据企业的情况来定。一般可制作详细的安排计划，如某部分需要多少时间，其中，重要的或能引起参观者兴趣的要多留时间并做好详细的介绍计划。整个活动安排需要了解清楚活动进度，如果参观活动时间较长，还要安排出午餐时间、休息时间等
拟定参观路线	安排参观活动时应提前规划好路线，既要激发参观者的兴趣，又要避免对企业正常的工作造成干扰。确认好参观路线后，可制作相应的路标、向导图，然后在向导图上标明如卫生间、休息室等场所的位置
做好宣传工作	宣传工作常包括企业情况介绍手册，帮助来宾了解企业的辉煌成就。另外，还可安排企业纪录片视频播放与解说环节，这也是一种宣传手段。如果有重要部门来参观，还可安排媒体进行相关宣传报道

在安排参观活动时，还有一些事项值得安排人员重视，其具体内容如下。

◆要注意保护好企业机密，清楚哪些是能公开的、哪些是不能公开的，谨慎规划参观路线。

◆在正式参观前，应事先向所有参加活动的人告知大概的活动流程，尽量避免参与者脱离团队自由活动。

◆休息室、卫生间等位置需标注清楚，让所有参观者知道。安排人员在引导参观者的过程中也要适时留心对方的身体状况，并在解说过程中恰当地口头告知参观者这些地点的具体位置，让对方心里有数。

◆每个领队均需配置对讲机，并保持对讲机电量充足。

◆可以准备参观纪念品，尤其是有纪念意义的，这能使参观者留下深刻印象。

5.2.4 典礼仪式

典礼仪式包括各种典礼和仪式活动，典礼仪式的形式多种多样，无统一模式。如开业典礼的流程是迎宾、主持人宣布典礼开始、致开幕词、致贺词、揭幕、参观和迎接顾客，竣工典礼的流程是发放请柬、主持人宣布庆典开始、宣布出席的社会代表与嘉宾名单、致贺词、剪彩、揭牌、参观。不同的典礼有不同的流程，有的十分简单，有的却有一套繁复严格的程序。但典礼一般包括以下这几个方面的内容。

◆**做好典礼策划：**每场典礼开始前，办公室人员首先都要做好策划工作，确定典礼的主题和风格，是周年庆典礼，还是庆贺重大成绩的典礼。典礼要办得欢快又隆重，使宾客尽欢。其次办公室人员要确认典礼举办的时间和地点，并做好会场布置和迎宾计划，拟好出席者的名单并送领导审定，拟定整个典礼的具体流程。一般来宾包括上级领导、社会各界名流和代表、合作伙伴、客户代表、媒体记者等，确认之后由办公室人员发送请柬或邀请函。请柬应提前几天发放，办公室人员在典礼正式开始前要做好确认工作。

◆**引导来宾就座：**来宾到达之后，应由专人安排入座并加以介绍。

◆**主持人宣布典礼开始：**典礼开始时，主持人要宣布仪式正式开始并隆重地介绍来宾。

◆**致辞人讲话：**由典礼的主办方和来宾代表相继发言致辞。

◆**安排活动：**在典礼中适当地安排一些文艺演出，其主题要贴合典礼内容。还可以安排一些重要的代表为典礼题词或赠言，然后计划好事后是否有后续的参观活动或晚宴。

◆**剪彩：**剪彩最好安排德高望重的社会知名人士或企业的最高负责人。当然，事先一定要经过对方的同意。

◆**宣传：**宣传可以体现为邀请社会媒体人士出席典礼，或自己事先准备好新闻稿和照片材料给媒体朋友，以方便对方宣传。各大典礼仪式是企业宣传自己形象和扩大影响力的重要渠道，一定要好好利用。

5.2.5 商务谈判

商务谈判主要指经济领域中，具有法人资格的双方或利益相关的当事人，为了协调改善彼此的经济关系，满足贸易的需求，围绕双方的交易条件，彼此交流磋商以达到交易目的的行为过程。这是双方根据各自的条件和掌握到的对方信息就交易条件进行“讨价还价”的活动。谈判双方在利益上既相互依存，又相互对立。在谈判过程中，双方利益会得到调整，最终双方确立共同利益并达成合作。

范例

尊重谈判方

××科技公司的谈判小组到某欧洲国家进行一项技术专项收购合同的谈判。在闲聊中，该公司成员无意中评论了该国的基督教传统，引起对方的不悦，因此，当谈及实质性合同问题时，对方便丝毫不妥协，并在谈判过程中一再流露出撤出谈判的意图。

点评：谈判时也有谈判礼仪，如尊重对方的风俗习惯、宗教信仰等。××科技公司就是因为己方人员随意评论对方的宗教，才引起了对方的不满。因此，在商务谈判过程中，谈判人员务必谨言慎行，重视自己的语言及行为。

办公室人员进行商务谈判时除了需要注重商务礼仪，在谈判之前，还要对相应的商务谈判知识进行了解。商务谈判知识包括商务谈判的类型、谈判人员的构成、谈判信息的搜集、谈判时间的安排、谈判地点的选择、谈判场所的布置、座席的安排、谈判的技巧及处理谈判过程中的问题等内容。

1．谈判的类型

商务谈判可根据不同的标准划分为不同的类型。具体情况如表5–4所示。

表5–4　商务谈判的类型

划分标准	具体类别	内容解释
参与人数	一对一谈判	指谈判双方各派一位代表出面谈判的方式，这名谈判者能够全权处理相关事宜。这适合规模小的谈判，其灵活性和保密性强
	小组谈判	指每一方都由两个以上的人员参加协商的谈判形式，其协作性更强，能充分发挥集体智慧的优势
谈判方数量	双方谈判	也叫双边谈判，指只有两个当事方参与的商务谈判
	多方谈判	也叫多边商务谈判，指有 3 个及以上的当事方参与的谈判
谈判内容	商品交易谈判	指一般商品买卖的商务谈判，是商务谈判中最常见的一种方式。其内容包括商品的价格、质量、规格和型号、预付款和最终付款、原材料和生产工艺、包装和运输方式、保险、交货日期等
	资金谈判	包括资金借贷谈判和投资项目谈判两类。资金借贷谈判的主要内容包括货币、利率、贷款期限、保证条件、宽限期、违约责任等。投资项目谈判指谈判双方就双方共同出资开发、建设、经营和管理某个项目进行的谈判，涉及的内容包括：投资项目所涉及的投资方向、投资形式、投资内容与条件，以及投资方各自在投资项目中的权利、义务、责任及相互之间的关系等
	劳务合作谈判	是劳务关系双方就劳务提供的形式、内容、时间，劳务的价格、劳务费的计算方法和支付方式等有关双方的权利、责任和义务关系所进行的商务谈判
	工程项目谈判	是最复杂的商务谈判之一。在工程项目谈判中，买方是工程的使用单位，卖方是工程的承建单位，购买物品是承建工程。谈判涉及的主要内容包括人工成本、材料成本、保险范围和责任范围、进度报告以及承包公司的服务范围等
	技术贸易谈判	指关于技术转让（买卖）的谈判行为，其主要内容包括转让技术的范围、相关的技术数据和技术资料、转让技术的所有权问题、技术服务、培训问题、安装和考核验收问题、合同有效期技术的改进问题、价格与支付问题、销售问题、不可抗问题等
	索赔商务谈判	指合同义务不能履行或不能完全履行时，合同当事人双方进行的商务谈判。该谈判以合同为主要证据。涉及的谈判内容主要包括明确违约行为、违约责任、赔偿金额、赔偿期限等
内容的透明度	公开谈判	指谈判的人员、议题、时间和地点等向外界公开的谈判
	秘密谈判	指不对外界公开谈判的人员、议题、时间和地点等的谈判。它是在时机不成熟、为了避免环境等因素对商务谈判产生影响时进行的，而不是该商务谈判有秘密。公开谈判和秘密谈判可交叉进行

小提示

工程项目谈判因为内容涉及的范围广泛，常表现为多方谈判的形式，如使用一方、设计一方、承包一方。而承包方往往又分为分包商、施工单位等。

2．谈判人员的构成

由于商务谈判涉及的知识面较广，内容涵盖丰富，一般大型的、正规的商务谈判包括商务人员、翻译人员、财务人员、技术人员、法务人员、文书人员。

◆**商务人员：**由熟悉商业贸易、市场行情、价格形势的专业贸易人员担任，负责商务贸易的对外联络工作。

◆**翻译人员：**在进行国际商务谈判时，还需要配置翻译人员。翻译人员由精通外语且熟悉业务的专职或兼职翻译担任，主要负责口头与文字翻译工作，沟通双方意图，配合谈判运用语言策略。

◆**财务人员：**由熟悉财务会计业务和金融知识、具有较强的财务核算能力的财会人员担任，主要职责是对谈判中的价格核算、支付条件、支付方式、结算货币等与财务相关的问题把关。

◆**技术人员：**由熟悉生产技术、产品标准和科技发展动态的工程师担任，在谈判中负责有关生产技术、产品性能、质量标准、产品验收、技术服务等问题的谈判，也可为商务谈判中的价格决策做技术顾问。

◆**法务人员：**由精通经济贸易各种法律条款以及法律执行事宜的专职律师、法律顾问或本企业熟悉法律的人员担任。法务人员的职责是做好合同条款的合法性、完整性、严谨性的把关工作，也负责涉及法律方面的谈判。

◆**文书人员：**主要负责记录工作。一份完整的谈判记录既是一份重要的资料，也是进一步谈判的依据。为了出色地完成谈判的记录工作，文书人员要有熟练的文字记录能力和一定的专业基础知识，能准确、完整、及时地记录谈判内容。

除了以上几类人员之外，还可配备其他辅助人员。但是人员数量要适当，要与谈判规格及谈判内容相适应，尽量避免不必要的人员设置。

3．谈判信息的搜集

谈判人员在进行商务谈判时，搜集谈判信息是其必备的技能。接下来从信息搜索的范围和途径出发，介绍如何进行谈判信息的搜集。

（1）信息搜集的范围

商务谈判的信息搜集包括如下几方面的内容。

◆**谈判对象所处环境：**指国家政策、经济条件和社会环境等。就国际商务谈判而言，谈判对象所处的环境包括国家时局政策、法律法规对本次谈判的影响和限制，以及该国的经济实力、发展趋势、文化背景、风俗习惯和禁忌等。

◆**谈判对象的信息：**包括谈判对象的技术实力、市场影响力、生产规模、经营状况、

续表

财务状况、信誉情况、支付能力、合同执行能力，以及产品的有关性能参数、价格水平、市场占有份额等各方面的信息。

◆**谈判人员的信息：**谈判人员是谈判的直接操作者、实施者，因此己方谈判人员需要了解对方谈判人员在对方企业中的职位高低、决策权、谈判风格、个人素质、兴趣爱好等。同时还要了解对方的谈判意图、方案和策略等。

（2）信息搜集的途径

搜集的情报资料一定要准确和详细。实践证明，商务谈判中，谁掌握的信息更加准确、全面，谁就更容易掌握谈判的主动权。为了在谈判中成为主动的一方，谈判人员在谈判前就需要通过多种途径获取情报信息，为己方所用。

◆**通过信息载体搜集：**企业的文献资料、统计数据和报表、企业内部报刊、各类公开文件、广告宣传资料、产品说明和样品等都是企业为扩大经营、提高市场竞争力而做的宣传资料，这些能为谈判人员提供大量的情报信息。

◆**咨询对方的关键客户：**关键客户由于对对方来说有较大的重要性和影响力，因此在价格、销售政策、信用政策等多方面都能让对方给予优惠，且双方可能会有业务交叉。关键客户对对方也非常熟悉，因此了解、咨询对方的关键客户，建立客商信息交流反馈机制，能帮助己方获得更多的一手信息和情报。一般的关键客户指经销商、批发商、代理商、供应商等。询问二级经销商，一般可了解产品的价格、市场支持力度、返点比例、市场销售量、销售网络、广告策略等重要信息。

◆**通过参观或学习获得情报信息：**到对方企业实地参观来获取情报信息是最直接有效的选择，也是最常见的搜集资料的形式，且更为真实可靠。当然，己方谈判人员在实地考察时，带着明确的目的和问题前去，才能取得较好的结果。

◆**追踪竞争品牌领导的言行：**竞争品牌领导的只言片语，有时预示着一个重大的研发、投资、并购、重组、转行等行动的开始。因此，己方谈判人员跟踪竞争品牌领导的言行，分析他们在公开场合或接受采访时透露出的信息，能更好地未雨绸缪。

4．谈判时间的安排

通常商务谈判是在一定的时间内进行的。这里所讲的谈判时间指一场谈判从正式开始到签订合同所花费的时间。在一场谈判中，时间有3个关键变数，分别是开局时间、间隔时间、截止时间。

（1）开局时间

开局时间指谈判开始的时间。开局时如果有各种状况，就很容易影响到最后的谈判结果。例如谈判组在开局之前没有得到充分休息，就很容易因精神的不集中而难以好好思考，从而很快处于被动局面。因此，对于开局时间的选择应当给予足够的重视。一般说来，办公室人员在选择开局时间时，要考虑以下几个方面的因素。

◆**准备的充分程度：**谈判的准备工作始终占据重要地位。俗话说，“不打无准备之仗”，商务谈判亦是如此。办公室人员在安排谈判开局时间时，要注意给谈判人员留出充分的准备时间，以免到时仓促上阵，慌张应对。

◆**谈判人员的身体和情绪状况：**谈判是一项精神高度集中、体力和脑力消耗都比较大的商务活动，要尽量避免在谈判人员身体不适、情绪不佳时进行谈判。

◆**谈判的紧迫程度：**指尽量不要在急于买进或卖出某种商品时进行谈判，在这种状态下，己方急于求成，乱了步伐，会让对方坐享其成。即使无法避免这种状况，己方也应采取适当的方法掩饰自己急于求成的心态，不在谈判的开局阶段让对方抓住机会。否则，在谈判伊始，己方就已处于被动状态和落于下风。

◆**考虑对手的情况：**只重视己方的实际情况，而忽视谈判对手的当前状况也是不可行的。谈判开局时间同样需要考虑对手的状态，不要把谈判安排在对对方明显不利的时间，因为这样容易遭到对方反击和反感，给人过于乘人之危的感觉。

（2）间隔时间

通常在实际的商务活动中，谈判并不是一蹴而就的，而是多次磋商的过程。当双方谈不拢、又不想轻易中止谈判时，一般都会安排一段让双方谈判人员休息的间隔时间。若是将谈判的间隔时间利用得当，就能有效舒缓紧张气氛，打破谈判僵局。因此，在谈判陷入僵局时，东道主可安排一些旅游、娱乐节目，缓解双方情绪，尽量营造轻松、和谐的氛围。这样暂缓两天之后，可能大家就能达成一致。当然，也存在谈判方利用对方要达成协议的迫切愿望，有意拖延间隔时间，迫使对方做出让步的行为。但没有人愿意吃暗亏，这种做法对双方长期、友好的交往是有影响的。因此，间隔时间的安排最好遵循公平原则，根据谈判的进程、当前的实际状况而定，同时也要注意谈判的友好合作的本意。

（3）截止时间

截止时间就是谈判的最后期限。把握截止时间去获取谈判的成果，是谈判中一种绝妙的艺术。在截止时间之前，谈判双方会对达成协议和终止谈判做出决定，尤其是在谈判中处于劣势的一方，在谈判截止之前，往往对达成协议承受着更大的压力，他们需要决定是让步还是坚持。而大多数的谈判者总是希望达成协议的，为此，处于劣势的一方可能就得做出让步了，因此把握谈判的截止时间对谈判来说十分关键。

5．谈判地点的选择

谈判的地点不是随意选择的，恰当的地点有利于获得谈判的主动权，谈判者应充分加以利用。关于谈判地点的选择，通常不外乎3种情况：主场、对方场地（客场）、己方场地与对方场地之外的其他地方（中立场）。这3种地方各有利弊。

（1）主场

主场就是指己方场地，在可供选择的谈判地点中，谈判人员一般倾向于选择在己方的场地进行谈判。己方在主场谈判占据天时地利人和，优势明显，具体为以下几点。

◆己方在熟悉的场地中精神会更为放松，他们会更自信，更有心理优势。由于己方不用分心去熟悉或适应新的空间环境和人际关系环境，因此会有更多的精力集中在谈判上。

◆可以节省差旅费和旅途时间，降低谈判成本。同时可以避免因为旅途疲劳对谈判产生不利影响。

◆谈判时己方可以自由方便地利用各种场所并更充分地利用手头资料。如果需要深入研究某个问题，己方还可随时搜集和查询有关资料。

◆与上级、同事之间的沟通非常便捷，谈判遇到意外时，己方可以直接向上级请示。

主场的不利因素则包括以下几方面。

◆由于是在公司所在地，谈判可能受到诸如解决公司其他事务的干扰，影响己方谈判人员的注意力。

◆主场谈判时己方需要负责安排谈判会场及谈判中的各项事宜，要承担烦琐的接待工作。

◆由于与公司高层沟通方便，己方谈判人员容易产生依赖心理，对谈判会放松警惕。遇到一些不能解决的问题，己方会变得不善于思考和判断，他们首先想到的是请示领导。这种情况可能错失良机，也容易让己方处于被动地位。

（2）客场

客场也就是对方的场地，同样也是有优有劣，可以说主场与客场的谈判优劣是相对的。客场的优点有以下4点。

◆己方可以全心全意投入到谈判中，不受或少受来自工作和家庭事务方面的干扰。

◆己方能越级同对方的上司直接谈判，避免对方节外生枝。

◆己方能现场观察对方的经营情况，易于取得第一手资料。必要时己方可以推说资料不全而拒绝提供己方情报资料。

◆在授予的权限内，己方谈判人员更能发挥主观能动性，更加具有创造力和想象力，减少依赖性。

客场的缺点有以下3点。

◆因为舟车劳顿导致精力不集中，己方需要克服时差等不利因素。同时己方还要适应新空间和人际关系环境。

◆与公司距离较远，己方在谈判中遇到意外时和上级沟通比较困难，对信息的及时传递造成不利影响，某些重大事宜得不到及时的解决。

◆己方临时需要相关资料时不如主场方便，同时不容易做好保密工作。

（3）中立场

如果谈判双方利益对立尖锐、关系紧张，在主、客场都不适宜的情况下，可以选择在中立场地进行谈判。

中立场的优点有以下3点。

◆可以缓和双方的关系，消除双方紧张心理，促成双方寻找共同点。

◆主、客场谈判往往对一方存在干扰，有失公平。中立地点谈判则充分体现了公平原则，能够最大限度地避免干扰。

◆中立场谈判易使双方人员在平静心理的主导下冷静思考，对谈判有积极的促进作用。

中立场的缺点有以下4点。

◆双方均不能充分利用自己的有利因素与便捷条件。

◆双方的信任感与信任度需经较长时间的努力方能建立和提高。

◆某些时候，中立地点会让谈判双方产生某种神秘的心理氛围，形成不利影响。

◆双方在资料搜集、物资准备、信息沟通等方面都不太便利。

6．谈判场所的布置

小规模谈判可在会客室进行。大型谈判可安排多个房间，一间作为主谈室，一间作为双方进行内部协商的密谈室，还有一间则是休息室。各房间的安排如表5-5所示。

表5-5 谈判房间的布置

房间类型	布置说明
主谈室	主谈室作为双方进行谈判的主要场地，应当宽敞、舒适、光线充足，并备齐应有的设备和接待用品。除非征得双方同意，否则主谈室不能安装录音、录像设备，因为这会增加双方的心理压力，言行举止都会变得谨小慎微，很难畅所欲言。并且主谈室不宜安装电话，以免干扰谈判进程。如果谈判中有需要的话，要保证麦克风、音响、投影仪、灯光、电源、计算机、空调等设备正常工作
密谈室	密谈室是双方都可以使用的单独房间，它可以作为某一方谈判小组内部协商的场所，又可供双方进行小范围讨论之用。密谈室最好能靠近主谈室，内部也要配备接待用品。密谈室内不允许安装微型录音、录像设备，且隔音效果一定要好
休息室	休息室的布置应本着舒适、轻松、明快的原则，可配备一定的茶水、酒类、水果等食品饮料，条件允许也可以适当配置一些娱乐设施，使双方放松一下紧张的情绪

不管对方是否自备，谈判主方都应该为每位谈判人员准备好足够的纸张、至少两只削好的铅笔、签字笔、计算器等文具。如果谈判中还要涉及画图，也要准备画图工具。这些工作也可以在租赁会议室时交由租赁方负责。

7．座席的安排

主谈室通常选用长方形谈判桌，也可使用圆形谈判桌和正方形谈判桌。座位安排常见的是谈判双方各居谈判桌一方，对立而坐，或随意就座。

（1）随意就座

随意就座能减少对立感，体现双方谋求一致的指导思想，利于形成轻松、合作、友好的气氛。但谈判人员内部的信息传递比较困难，不利于主谈判人对本方人员言行的控制，如果事先没有这方面的心理准备，还会让谈判人员产生被分割、包围、孤立的感觉。在实际的谈判中也可以不设谈判桌，这种方式可以为双方创造友善轻松的氛围，但是不利于谈判小组内部的信息交流和意见传递，且不适宜于初次建立合作关系和内容多且复杂的谈判。总之，谈判现场的布置及座位的安排，都应该为谈判的总目标服务，并且根据双方的关系、己方谈判人员的素质和谈判实力等因素而定。

（2）对立而坐

若以正门为准，主方应坐背门一侧，客方则面向正门而坐。主谈判人或负责人居中而坐。如果是与外商谈判，再把翻译人员安排在主谈判人或负责人的右侧即第2个席位上，其他人按礼宾顺序就座。因前文详细介绍过长方形桌的座位安排，这里就以圆形谈判桌和正方形谈判桌的介绍为主。

以正门为准的主方背门入座的圆形谈判桌布局如图5–4所示。如谈判桌一端向前为正门，则以入门方向为准，右为客方，左为主方。翻译人员同样安排在主谈判人或负责人的右侧即第2个席位上，其他人按礼宾顺序就座。座位号的安排以主谈判人的右手边为偶数，左手边为奇数。以入门方向为准的右为客方的正方形谈判桌布局如图5–5所示。

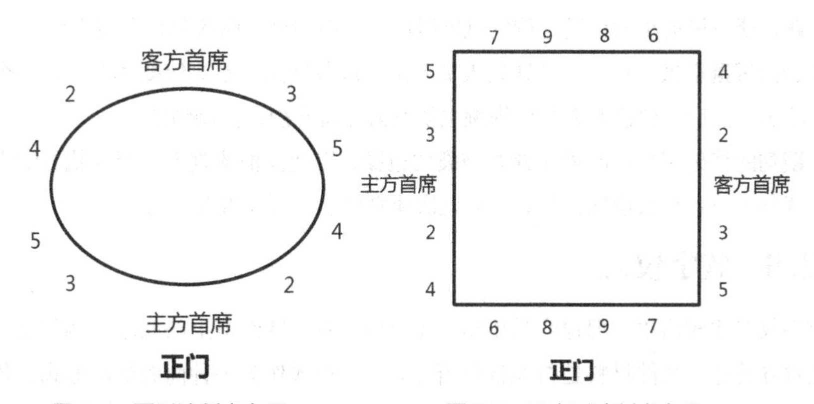

图 5-4　圆形谈判桌布局　　图 5-5　正方形谈判桌布局

对立而坐的排位法使谈判小组容易产生安全感，便于查阅一些不想让对方知道的资料，可以就近和本方人员交换意见，但也容易造成双方的冲突感和对立感。

8. 谈判的技巧

谈判时的主要程序集中在谈判内容的顺序上，谈判事项的顺序经常会影响谈判的进展和谈判效果。因此在谈判时，主方需要注意谈判事项的顺序安排，具体内容如下。

◆请对方先落座，以示尊重。

◆谈判时可遵循先易后难的原则，先将更容易的事定下来，为后面的谈判打下一个良好的基础。

◆谈判时也可遵循先难后易的原则，先解决棘手的问题，摆明自己的主要立场与态度。后面的内容在双方有所了解与磨合之后，会更容易达成共识。

◆谈判时也可采取集中谈判，即将所有待谈事项一一列举出来，集中讨论，有争议的便延后再议，也能促成谈判的达成。

◆事前进行商务谈判模拟也能有效提高谈判效果，让谈判人员更有应对之策。

9. 处理谈判过程中的问题

在谈判过程中，难免会出现各种问题，如处于劣势或局面僵持。毕竟商务谈判是语言的交锋与磋商，一直保持和谐愉悦的氛围是较难的，但谈判人员一定要掌握面对不同处境的应对方法。下面介绍谈判人员在不同场景下的应对方法。

◆**己方处于劣势：**其他谈判人员要善于提出自己的想法，并寻找相关资料来协助主谈判人，以挽回劣势局面。

◆**对方持反对意见：**这时需要其他谈判人员协助主谈判人分析对方提出反对意见的意图，再协助主谈判人回复对方的问题。这时己方一定要注意双方的情绪，语气一定要平和。

◆**出现谈判僵局：**如果局面僵持不下，其他谈判人员可以协助主谈判人变换谈判议题，谈争议更小的议题，待气氛舒缓后，后面的事项商谈起来会更方便。

◆**谈判气氛紧张：**首先其他谈判人员要协助调节气氛，不要使整体保持在一个紧绷的状态。然后其他谈判人员要提醒主谈判人保持冷静，控制情绪。

◆**谈判即将破裂：**这时处于谈判破裂的边缘，因此其他谈判人员要寻找方法去协助主谈判人找到补救措施，尽力挽回此次谈判机会，须知事在人为。

5.2.6 签字仪式

签字仪式比较简单，但也容易出错。主要应注意一些细节上的问题，例如是否了解对方、让对方满意，文件材料是否准备得当等。签约仪式作为一种商务活动形式，各方面都要做到位，不然即便是到了签约这一步，也会因为一些细节上的问题造成“竹篮打水一场空”的局面。

范例

粗心的小王

小王是一家大公司销售部的销售职员，因为小王在这两年内工作积极努力，业绩突出，颇受领导的赏识，领导也打算将其擢升为销售部经理。一次，公司要与美国某跨国公司就开发新项目问题进行谈判。出于对小王的信任与赏识，公司将此次谈判的重任交给了小王负责。小王为了不辜负使命，做了大量细致的准备工作。前面的工作都完成得不错，可就在双方经过几轮艰苦的谈判并达成一致意见后，对方代表团一进入签字厅就拂袖而去。原来是小王错将美国国旗放在了签字桌的左侧。此次谈判的失败，让小王不仅受到了责骂，甚至连升任经理的机会也泡了汤。

点评：中国传统的座位安排是左为上，右为下；而国际惯例的座位安排则与之相反，以右为上，以左为下。因此，小王才犯了错误。在进行签约前，谈判人员务必要事先了解并熟悉中西方文化的差异，将签约场合布置得当，不要因为这些细节的疏忽而前功尽弃。

接下来对签字厅的布置、签字时的礼仪规范以及签字流程进行介绍。

1. 签字厅的布置

签字厅的布置应该以庄重、整洁为主，主要的装饰步骤如下所示。

◆厅外设指示牌或立牌，标示签字厅所在位置。

◆签字桌后或主席台上设背景装饰，如横幅、背景布等。

◆桌上事先备好鲜花、台卡和签字用的签字笔与合同文件。国内传统一般是左为上，而依据国际惯例，则是主方在左，客方在右。同时也可准备一份合同副本，以备不时之需。

◆根据实际情况，还可准备胸花、拖盘等物品。

◆会场内要将发言台和麦克风布置好，签约时还可放一些轻松、喜庆的背景音乐。

2. 签字时的礼仪规范

签字时的礼仪规范主要指着装方面要有所规范。双方一定要着正装出席，礼仪接待人员可着旗袍或其他礼仪类工作制服；签字人员中男性应着深色西装，搭配纯色深色领带、白衬衫、黑皮鞋，或者是着中山服套装，并进行搭配；女性人员则着西装套裙，再搭配相应的白衬衫和黑皮鞋。

3. 签字流程

举行签字仪式时，首先双方参加谈判的全体人员都要出席，共同进入会场，相互致意握手，并一起入座。待主持人宣布签字仪式开始之后，大家在签字桌定坐，双方都应设有助签人员，站立在各自签约代表人的外侧，其余人员排列站立在各自签约代表人的身后，以便给予签约代表人帮助。

其次，助签人员要协助签约代表人打开文本，用手指明签字位置。双方签约代表人各在己方的文本上签字，然后由助签人员互相交换文本，签约代表人再在对方的文本上签字。

签字完毕后，双方签约代表人应同时起立，交换文本，并相互握手，祝贺合作成功。其他随行人员则应以热烈的掌声表示喜悦和祝贺。双方合影留念后可由工作人员引导来宾离场；若还有宴会，应引导来宾前去，待一切结束后，再组织离开。签字仪式的流程如图5-6所示。

图 5-6 签字仪式的流程

5.3 差旅安排

差旅安排是办公室人员都会遇到的工作，因此办公室人员要熟悉帮助领导安排差旅的各种事项，做好行程规划，食、宿、交通安排，票务，应急处理，票据登记与报销等多项工作。

5.3.1 行程规划

行程规划是对整个差旅事项的安排与准备，包括制作差旅行程表、根据有关规定办理相关证件、准备所需文件和个人用品等内容。

1．差旅前的准备工作

一般为领导制作差旅行程时，安排人员应做好以下几个方面的准备工作。

◆要明确领导差旅的意图、目的地、停留时间、到达目的地后的商务活动计划等。

◆要根据公司相关规定，了解领导出差可享受的待遇。

◆了解领导对交通和食宿等的要求，要尽量满足领导的习惯和喜好。

◆制定旅程表时，向有关服务部门或向旅行目的地享有盛誉的旅游机构咨询有关信息，了解当地交通的具体情况，旅行路线，旅馆环境，目的地货币、外汇管理规则等。

◆若要出国，应熟悉出国申请、护照、签证、健康证书、出入境登记卡等所需证件的办理手续。

◆需要中转时，要尽量选择衔接时间在2～4小时的航班，这样可避免时间的浪费。

◆准备各种业务资料文件，包括与此次行程相关的公务资料、合同、协议、请柬、文书、笔记、备忘录等。

2．准备好领导的差旅计划表

一份差旅计划表至少应包括以下内容。

◆差旅的时间、启程日期、返程日期、接站安排。

◆差旅的路线、途经的地点，以及相关的食宿安排。

◆整个差旅的行程安排，如约会、会议计划、会晤主题、相关人员的名单及背景等信息，国际旅程要注意时差问题。

◆交通出行计划，包括往返程交通工具的选择，如飞机、动车或汽车，以及抵达目的地之后，按行程计划往来的路线和出行方式安排。

◆需要携带的文件、样品及其他相关资料。

◆各种有效证件的标注，以及差旅费用的预算，包括要携带的现金数额、外币数额和可用支票等。

◆领导或接待人员的某些特别要求，需带的生活用品，该区域的天气状况，计划可能出现的更改和对领导生活管理的提醒。

3．准备应携带的生活用品

在出发之前，安排人员务必保证这些物品准备得当，如身份证、信用卡、名片、公司产品资料、客户资料、手机、笔记本、活动日程表。有些商务工作还需准备照相机、笔记本电脑，以及一些私人物品，如备用眼镜、替换衣服、洗漱用品、药品等。

乘坐飞机会有行李限制。行李可分为托运行李、自理行李和随身携带物品，安排人员要通过航空公司的旅行手册或通过旅行社代办人员了解飞机行李的携带要求和限额，安全规范登机。

5.3.2 食、宿、交通安排

如果是外出到一个陌生的地方，安排人员最好提前准备一个攻略，去网上搜索或是咨询当地旅游交通部门，得到有效信息，再进行食、宿、交通方面的安排。

1．饮食

在饮食方面，安排人员要以整体的饮食预算为基准，以领导的口味偏好来选择。如果有特色菜，安排人员最好将其规划在出行的菜单中，并尽量选择合理的、健康的食物。

如果早餐的预算是60元，那么最好不要选择一盘菜就是40元的套餐，而是应多品类合理搭配。而且饮食的安排还要考虑当天的天气和领导的身体状况，例如领导不能吃较冷的食物或者天气寒冷，就不要安排生冷的食物。在选菜的时候，安排人员也要留心安排，尽量不选领导忌食的食物，或特意告知厨师对某些食材的选择等。

2．住宿

住宿的选择也有诸多注意事项。一是安排人员要留心预算，在预算的范围内选择价格合适的酒店。二是安排人员要综合考虑地点和酒店环境，首先酒店的地点不要太偏远，交通要方便；其次居住环境要干净清雅，不要过于喧闹，如果领导隔天有会要开，居住环境过于喧闹势必会对其造成影响，有些酒店身处闹市，环境优美但车马喧哗，有些酒店清静但设施不好、地处偏远，都不可取，所以安排人员要好好考虑，再做决定。三是安排人员要了解领导的偏好，领导喜欢什么样的风格，富丽堂皇的还是清新淡雅的，偏好什么房间位置等。

值得注意的是，现在的酒店多是通过互联网预订的，因此安排人员可以事先看看其他住过的人员关于酒店的评价，也可向酒店前台打电话咨询，务必让领导住得舒心、满意。这样，领导才能更高效地完成公司安排的任务。安排人员也要了解入住酒店的安保情况，以保证差旅人员的安全。

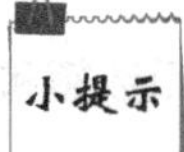

小提示

酒店一般是当日下午2点过后即可办理入住手续，离开之日中午12点之前办理退房手续。预订之后，房间会被保留到入住当日下午6点，如果是旺季，可能只保留到当日下午5点。因此安排人员最好尽早办理入住手续，或提前致电要求酒店保留房间。

3．交通

交通指对整个差旅计划交通工具的选择和路线的安排。尤其是领导在出差行程中，可能会有接连不断的工作安排，因此制作行程表时，安排人员最好将各个路线规划清楚。如果是与合作方的会晤，安排人员可以咨询对方的意见，由对方提供参考路线，或安排人员自己搜索咨询，这些路线的罗列能免去差旅人员的不少烦恼。例如下午的餐会结束之后便原地解散，傍晚有一个自由游玩安排，这时安排人员便可罗列出从解散地点到酒店的路线、酒店到游玩地点的路线、解散地点到游玩地点的路线，这样大家能更方便地进行选择。虽然现在每个人的手机中都配备了地图软件，但这样也能帮大家省不少事，让人觉得周到、贴心。

5.3.3 票务

差旅过程中的票务对于整个外出的计划至关重要，这是需要安排人员细心与巧思的环节。

票务包括订票、取消订票、改签和取票4个不同的工作，这些都是安排人员应该掌握的技能。

1．订票

订票包括订汽车票、火车票和机票等，下面针对不同的乘车工具分别介绍相应的订票流程。其具体内容如表5-6所示。

表5-6 不同乘车工具的订票方法

乘车工具	订票说明
火车、动车、高铁	对于火车、动车、高铁，安排人员可通过专门的购票网站订票，如中国铁路12306，或去当地铁路购票中心购票
飞机	安排人员在预订机票时，应注意以下内容 ①熟悉机票预订渠道 可选择去哪儿网、携程网、飞猪等购票软件预订机票，这些渠道中可能会有特价票和优惠。也可选择在航空公司官方网站预订机票，但若要比较价格再预订，相比起来会更耗费时间，但其出票成功的概率更高。此外，还可选择票务代理机构 ②选择机票种类 机舱分为头等舱、公务舱和经济舱。国内头等舱、公务舱的机票价格分别为经济舱的1.5倍、1.3倍，它们在限制条件、机舱位置、服务标准、餐食、登机顺序、行李额上都有区别。价格越贵，享受的服务和待遇越好，安排人员应根据领导的职位和要求来选择合适的舱位。其次，机票有成人票和儿童票，一般都是成人票，若团队中有未满12周岁的儿童则可购儿童票
汽车	汽车票在汽车票务网和购票App上就可以购买

订票时都会涉及购买保险的问题，安排人员可以根据领导的意思决定是否购买保险。

2．取消订票

取消订票的工作十分简单，在现在信息高速发展的时代，大家多是通过网络购票，因此通过网络也可以取消订票。安排人员只要在自己的购票软件中找到自己的订单，点击退票即可。需要注意的是，退票需要扣除一定的手续费。在不同的时间段退票，其扣除的费用也不相同，越临近发车时间，扣费越多，每个购票软件对此都有说明。乘坐航班也是如此，且有这几种不能退票的情况：特价机票不予退票、过期机票不予退票、往返机票的始发单程票不予退票。

3．改签

除退票之外，还有改签。乘坐火车及汽车时，如果已经取票，可以持纸质车票及有效证件到售票窗口改签；如果还未取票，可通过网络改签。每张票只能改签一次。汽车票的限制更多，例如“仅限改签相同出发到达站、同等价格，且在预售期内、余票充足的班次”“流水班次仅限改签预售期内的、其他日期的、同线路的流水班次”。不同地区汽车改签的收费标准有所差异，部分地区会以票面价格10%、20%的标准收费，部分省市在不变更目的地的情况下免收手续费。

机票改签包括签转和改签。签转是在指定的有协议的航空公司之间签转，此项业务只适用于全价机票。而改签又称改期，是在行程不变、航空公司不变的情况下的更改，包括同等舱位的更改或者升舱。其中同等舱位的更改指所改航班的航空公司和舱位都是相同的；升舱指更改的航班所属的航空公司是相同的，但是所改舱位要优于原先订购的舱位，一般升舱会要求补足差价。原则上规定折扣在3折以下的机票不予改签和退票，折扣在4折至9折的会酌情收取部分费用。退票与改签都有时间限制，以铁路12306App为例，其购票、退票和改签的时间不能晚于开车前30分钟，“变更到站”不能晚于开车前48小时。

4．取票

取票过程十分简单，乘客持有效身份证（二代身份证）前往互联网自动取票机或取票窗口取票即可，然后查看乘车时间、班次、出发地、目的地是否准确无误。

5.3.4 应急处理

在出行过程中，经常会遇到各种各样的状况，因此安排人员还需了解一些意外状况的处理方法。

◆ **身份证件遗失：**若是在检票前遗失，可到车站或机场附近的公安机关咨询处理方法，一般可以办理临时登机证或临时身份证明。若是在外地遗失，要到公安机关报失并办理临时身份证。

- **票据遗失：** 高铁、动车等有些路线不需票据，可持二代身份证刷卡出入。若有需要查票的情况，可说明自己的实际情况并依据票务人员的要求行事。若登机牌丢失，可在航班离站之前持有效证件到机场柜台重新打印登机牌。如果是实名制后购买的车票丢失，可在不晚于票面发站停止检票时间前20分钟到车站售票窗口办理挂失补办手续。
- **差旅人员突发疾病：** 若乘车过程中差旅人员突发疾病，需紧急呼叫乘务人员，然后向负责人报告情况，并提供力所能及的帮助，等待专业人员处理。在出差地突发疾病，要及时拨打120。
- **发生火灾：** 若遇到火灾，需拉响警铃，疏散人群，及时拨打救灾电话119。若火势不大，可根据火情选择救火设备灭火，或拿湿毛巾捂住口鼻，往指示的逃生方向走，而不是乘坐电梯。若火势过大，要将门窗和防火门紧闭，等待救援。

5.3.5 票据登记与报销

在出差之前，出差人员会填写“出差申请单”，并在表格中写明具体的事件、地点、时间、预计经费等，领导批准之后方可出差。若要借款出差，也要填写相应的借款单。

在差旅过程中，食、宿、交通等都要有相应的有效票据，哪些票据能予以报销是差旅事务安排人员必须事前了解的。待回到公司之后，出差人员则需将出差情况整理成书面报告，并将有效的出差单据一起提交给相关领导审核并签署意见。在报销单据时，出差人员要注意赶在公司规定的报销期限内（一般是一周），超过了时限，则可能会有相应损失。常见的出差旅费报销单如图5-7所示。

出差旅费报销单

姓名： 时间：××年××月××日 单位：元

起日		止日		合计天数	各项补助费										车船杂支费							合计
					伙食补助			住宿补助			未买卧铺补助			夜间乘硬座超过12小时补助	火车费	汽车费	轮船费	飞机费	市内交通	住宿费	其他杂支	
月	日	月	日		天数	标准	金额	天数	标准	金额	票价	标准	金额									金额
合计人民币大写					万			仟			佰			拾	元		角		分			
原借出差旅费					元			报销						元	剩余交回				元			
出差事由																						

领导签字： 会计主管签字： 领款人签字：

图 5-7 出差旅费报销单

提高与练习

1．王秘书在听到有人敲门之后，就赶忙放下手中的工作，说了声“请进”，同时起身迎客。来客进屋后，王秘书并未主动与对方握手，而是热情地招呼对方：“请坐，请坐，您有什么事需要我帮忙吗？”。王秘书的这样一系列接待工作是否合格？为什么？

2．阅读以下情景，找出王秘书在工作中的疏漏之处。

（1）王秘书在安排餐会时，将领导和客人安排在靠门的第2桌，并将客人的座位安排在面向门的居中位置。

答案解析

（2）因为抵达时间在上午，王秘书便为领导安排了与合作公司的会谈活动。

（3）王秘书为领导预订酒店时，随手搜索了宣传册上的酒店，看其装潢富丽堂皇，十分精美，用户评价不错，便直接预订了下来。

第6章

档案与保密：做得好保管，守得住机密

社会主义市场经济的不断发展，使企业之间的竞争愈发激烈，同时企业也在不断变革创新。要想在竞争中取胜，企业就要做好管理工作，档案保管与保密工作就是企业管理工作的一部分。办公室人员作为企业的一分子，理应做好这些分内的工作，为企业发展添砖加瓦。

6.1 档案管理

在日常工作中，办公室人员需要掌握档案的收集与鉴定，分类与整理，储存与保管，保密、借阅与销毁等方法，做好档案管理工作。

6.1.1 档案的收集与鉴定

办公室人员在做档案管理工作时，最先进行的是档案的收集和鉴定工作，为档案入库打下基础。

1. 档案的收集

档案指办公室人员按照有关规定，对应当集中管理的文件、资料等进行召集和接收，并进行归档处理。下面以档案的收集范围、收集方法和归档要求为出发点，讲解档案的收集工作。

- **收集范围：**办公室人员应根据《中华人民共和国档案法》的规定，对应归档的文件、资料进行收集。主要考虑接收这3个范围内的文件，一是与本单位的职能活动有关的文件资料；二是办理完毕的公文；三是具有查考利用价值的文件，如本级各单位、团体及所属单位的具有永久保存价值的档案，同级或不相隶属单位重要的商洽性或审批性公文等。
- **收集方法：**收集方法有以下3点：一是严格按归档制度规定进行接收；二是建立相关制度加强对零散文件的收集；三是明确具体人员的职责，保证归档文件齐全完整。
- **归档要求：**归档的文件材料应当齐全完整，并符合长期保管的质量要求。其中齐全完整指归档文件材料在种类、份数以及每份文件的页数等方面都保持齐全完整。质量要求指归档的文件材料不仅内容要客观、真实，而且在制成材料方面，如纸张、笔墨等也要利于文件长期保存。同时，归档的文件材料应精练准确，并能反映本单位的主要职能。

2. 档案的鉴定

档案的鉴定工作主要包括两个方面的内容，一是根据文档归档范围的规定查看该文档是否属于归档范围之内，从而剔除没有保存价值的文件，确保档案的优化管理；二是给归档的文件规定保存期限。这两方面的鉴定内容都要依据《机关文件材料归档范围和文书档案保管期限规定》的相关规定进行确定。

2006年12月18日正式发布施行的《机关文件材料归档范围和文书档案保管期限规定》中，将1987年修订的《国家档案局关于机关档案保管期限的规定》中的永久、长期、短期3种档案保管期限改为永久、定期两种。以前的长期保管期限为16～50年、短期保管期限为15年（含15年）以下。现在将长期和短期改成了定期，定期又实行“标时法”，分为30年、10年两种年限。

办公室人员在档案入库之前要做好鉴定工作，还要定期对库房中的到期档案开展鉴定工作。办公室人员在每次鉴定后要写出鉴定报告，填写档案鉴定情况记录，由领导签名，并注明鉴定日期，确认无价值的档案要填写销毁清册，进行销毁处理。

6.1.2 档案的分类与整理

档案的分类与整理工作就是档案管理部门将筛选后的案卷进行合理分类，并将其组合编目，方便后续的保管和利用。

1. 档案的分类

办公室人员在对档案进行分类时，最好结合本单位的实际情况，采用适当的分类方法。常用的档案分类方法有年度分类法、组织机构分类法、职能分类法和问题分类法4种。

◆**年度分类法**：根据文件形成的年度将全宗内档案分成若干类别的方法。档案可以以年度的方式进行立卷和移交，从而形成分类。

◆**组织机构分类法**：根据文书处理阶段以及处理文件的承办单位进行分类。因为档案是立档单位的内部组织机构在履行职能的过程中形成的，所以，可以按照立档单位的内部组织机构将全宗内档案分成若干类别，这样也便于查找档案在内容和来源上的联系。

组织机构分类法的一个缺点是其分类体系不够稳定，也就是说组织机构如果有变动，分类类目就要发生更改。因此在档案的实际分类工作中，常结合不同分类进行组合分类立档，如“组织机构＋年度”“年度＋组织机构”等。

◆**职能分类法**：是按照单位各工作职责划分的分类方法，依据职能分类可将档案分为不同的文件类型，如表6–1所示。

表6–1 职能分类法

划分的职能类型	包括的内容
文书类	包括经营管理、生产管理、行政管理、工会党群管理等多方面的内容
会计类	包括会计原始凭证、会计账簿、财务报表、分析报告等
科研类	包括项目建设、设备仪器、科研开发、产品基本生产资料等
宣传类	包括活动相关文件、新闻信息资料、相关报道、广告等
人事类	包括在职、离职、退休、死亡等干部和职工的人事变动等
电子音像类	包括照片、录音、录像、光盘、电子文件等
实物类	包括奖品、纪念品、印信、礼品、字画等

◆**问题分类法**：以档案内容所反映的问题或事由作为分类标准进行分类。这种档案之间有内容的联系，是将全宗内性质相同的文件进行集中，这样比较便于进行专题查找。当然，一般档案分类都是采用组织机构分类法，在不适合或单个组织机构内文

件较多需要再分类目时，才好采用问题分类法。

首先，分类一经确定，不能随意变动。其次，文书档案的分类应采用统一的原则，一个单位内部不能采取两种以上的分类方法。最后，文书的分类应遵循一定的逻辑原则，类目之间不得交叉。

档案的复式结构分类法

2．档案的整理

档案的整理可以分为将分类的档案立卷和进行案卷编目两个重要的工作部分。

（1）立卷

办公室人员在档案分类之后，就需要在分类的基础上结合其他特征进行组卷，将这些档案按其来源、期限、内容、形式等分成若干层次，并将其组成体系完整的一卷案卷。不同年度的文件不得放在一起立卷。

（2）编目

编目指对案卷进行目录的编制。档案目录是档案最基本的登记形式，也是查找档案最方便的工具。档案编目包括编制案卷封面和扉页、文件排序、说明、目录表及备考表5种，如图6-1所示。

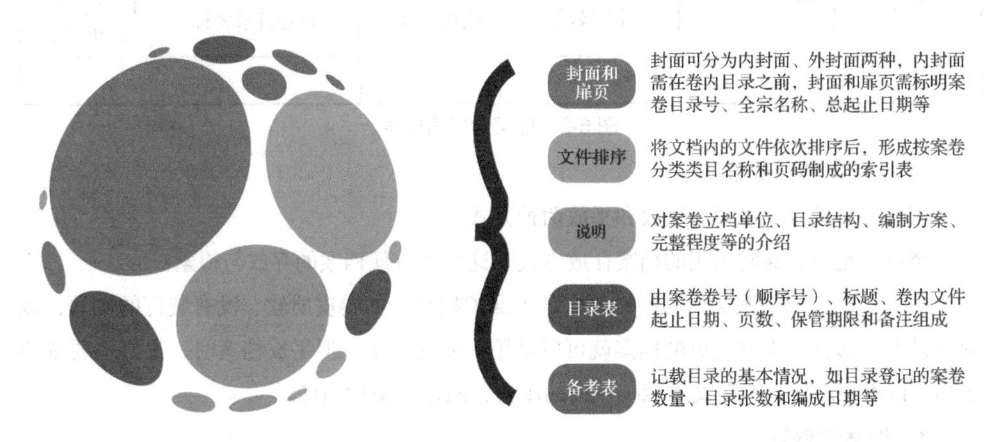
封面和扉页
封面可分为内封面、外封面两种，内封面需在卷内目录之前，封面和扉页需标明案卷目录号、全宗名称、总起止日期等
文件排序
将文档内的文件依次排序后，形成按案卷分类类目名称和页码制成的索引表
说明
对案卷立档单位、目录结构、编制方案、完整程度等的介绍
目录表
由案卷卷号（顺序号）、标题、卷内文件起止日期、页数、保管期限和备注组成
备考表
记载目录的基本情况，如目录登记的案卷数量、目录张数和编成日期等

图 6-1　档案编目内容

6.1.3　档案的储存与保管

档案的储存和保管工作是在一定的档案维护基础之上，为保护档案的完整和安全进行的工作。下面分别对档案的储存和保管工作进行介绍。

1．档案的储存

档案的储存可以从档案存放库房的布局、档案架的编排以及档案的存放方式来讲解。

（1）档案存放库房的布局

档案存放库房的布局要尽量集中，最好安排在一个房间或几个相邻的房间内。使用频率较高的档案存放库房要尽量接近办公室、阅览室或楼梯间等。如果是大型企业，库房较多，则最好编制库位号，并建立库位索引，方便进行定位管理。库位号一般包括楼层号、房间号、柜架号及隔板格号。

（2）档案架的编排

档案架一般是从入口开始，从左往右编排。每排档案架是从上到下依次放置档案文件的。一般企业档案是将全宗集中并系统放置，以该卷宗既定的分类和顺序组织上架。一般档案架的信息填写如图6-2所示。

<table>
<tr><td colspan="3">全宗名称：</td><td colspan="6">全宗号：</td></tr>
<tr><td rowspan="2">案卷目录号</td><td rowspan="2">案卷目录名称</td><td rowspan="2">目录中案卷起止号数</td><td colspan="6"></td></tr>
<tr><td>楼</td><td>层</td><td>房间</td><td>架、柜</td><td>栏</td><td>格</td></tr>
<tr><td></td><td></td><td></td><td></td><td></td><td></td><td></td><td></td><td></td></tr>
</table>

<table>
<tr><td colspan="3">楼：</td><td colspan="2">层：</td><td colspan="3">房间：</td></tr>
<tr><td rowspan="2">架、柜</td><td rowspan="2">栏</td><td rowspan="2">格</td><td rowspan="2">全宗号</td><td></td><td></td><td></td><td></td></tr>
<tr><td>全宗名称</td><td>案卷目录号</td><td>案卷目录名称</td><td>目录中案卷起止号数</td></tr>
<tr><td></td><td></td><td></td><td></td><td></td><td></td><td></td><td></td></tr>
</table>

图6-2　档案储存信息表

（3）档案的存放方式

档案的存放方式主要有竖放和平放两种方式。

竖放：是企业通常采用的档案存放方式，这样能方便档案的存放与检索。

平放：能方便档案文件的铺展，有利于保护档案，如卷皮质软、没有装订的案卷，或画幅过大、珍贵、不宜竖放的档案就可以采用平放的方法。但平放档案时，最好不要堆叠太多，以方便取放和避免文件承担过大的压力，而造成文件损坏。

2．档案的保管

档案的保管指根据档案的成分和状况所采取的存放和安全防护措施，以延长档案寿命，包括温湿度监测、库房清洁、档案的上架整理等日常保管保护工作，做到防火、防潮、档案破损的预防以及对库房的安全保卫等。具体方法如下。

◆监测库房的温度和湿度，温度最好在14℃~24℃，湿度在55%左右，这样能有效防火、防潮。

◆档案保管人员要做好防热、防光和防尘工作，避免阳光直射和灰尘对纸张的损害，做好档案和库房的清洁工作。

◆在档案库房内和档案架上放一些灭虫和灭鼠的药，能有效防止虫鼠对纸张的侵害。

◆建立健全档案库房的保管制度和保管人员岗位责任制，选择工作作风好和有责任心的工作人员，他们进行整理、记录、搬运工作时会更加细心，以防止档案的人为损害。

◆库房要禁明火、禁吸烟，配备灭火工具，并将其放在方便取用的地方。大的库房需安装避雷针，同时需对档案保管人员进行防火教育，使其增强防火意识。火灾发生的时候，档案的抢救次序、路线、搬运方法和设备以及人员安排也要做好，争取行动有序，抢救时将档案保护严实、不泄密。

◆若档案保管人员发现档案有遗失，要及时向有关领导报告，并采取必要的补救措施。

◆若有档案纸张破损、老化或字迹消退，档案保管人员要做好抄录、修复和记录工作。

6.1.4 档案的保密、借阅与销毁

档案中包含着很多资料，尤其是单位的涉密文件，常涉及单位的核心机密，甚至是国家的重要秘密。因此，档案的保密、借阅、销毁等环节中都要规范有序。

1. 档案的保密

档案的保密指档案的存放、借阅、修复等多种有关档案的事项都要严格依照规章制度办事，在利用档案时要做好登记工作，办好相关手续，遵循单位相关的保密规范，严守机密。例如不同密级的档案要采取不同的保管措施和借阅制度，借阅归还的档案由档案保管人员放回库房指定地点，不需归档或批准销毁的不应当废纸处理，要登记并监销等。总之，档案保管人员务必遵循本单位的保密条款，做一个严守机密、称职的员工。

范例

误销的档案

小王是机关办公室的秘书。一次，为了给新购买的办公用品腾出储存空间，小王就在未经领导批准且自己未亲自查看的情况下将某年间的所有档案全部拿出，放进了办公室里，后办公室搬迁，小王又将其放到了其他的储藏室。几经周转，这批档案被人认为是废弃文件，进行了粉碎处理。事后，小王得到了严肃处分。

点评：本次事件完全是小王的档案保密意识薄弱所致。机关档案一般是不能随意带离档案室的，即便带出，也得依照相关规章制度办理相应程序，并经领导批准，用完后需交回档案室。并且，档案的销毁也需核实审查，登记在册，经由领导批准之后才能由人监管销毁，这样能有效防止有价值的档案文件被误毁。这些都是档案保管人员在档案的管理工作中应当注意的。

2. 档案的借阅

档案的借阅有一定的程序和要求，借阅者需满足相关要求才能借阅档案，这对档案的规范管理很重要。

◆案卷一般仅供在档案室阅览，立卷的文件、资料可外借。外借须办理登记手续。

◆凡需使用档案者，均须填写该单位按规定制作的文件调阅单，然后依据调阅权限和档案密级，经各级领导签批后方能调阅。

◆借阅期限不得超过××天，到期归还；如需再借，应办理续借手续。

◆外单位借阅档案时，应持有单位介绍信，经总经理批准后方可借阅，且不得将档案带离档案室。若有摘抄的需求，其摘抄内容也须总经理同意且审核后方能摘抄。

◆档案借阅者应爱护档案，确保档案的完整性，不得擅自涂改、勾画、剪裁、抽取、拆散或损毁档案。借阅档案交还时，档案保管人员须当面查看清楚，如发现档案遗失或损坏，应及时报告主管领导。

3．档案的销毁

为加强档案管理的力度，各单位应依照国家有关法律规定对超过保管期限的档案（即已失效的档案）进行及时销毁，档案销毁流程如图6–3所示。

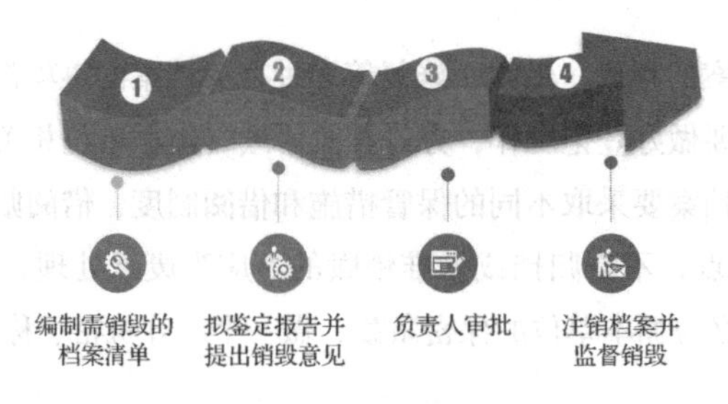

图6-3　档案销毁流程

需要注意的是，档案销毁清单是日后查找档案销毁情况的凭据。因此，档案保管人员在销毁清单中要将档案的相关信息记录到位，如序号、案卷名称、档案号、年代、密级、页数、规定保管期限、已保管期限、销毁原因、备注等栏目，如表6–2所示，标明每一份销毁档案的内容和成分，供领导审查。然后领导再填写档案销毁登记单，给出意见，如表6–3所示，档案保管人员再做好销毁的登记工作。

表6–2　档案销毁清单

序号	案卷名称	档案号	年代	密级	页数	规定保管期限	已保管期限	销毁原因	备注

表6-3　档案销毁登记表

序号	案卷名称	档案号	内容简述	类别	密级	所属部门	案卷数量	备注
销毁原因							签字确认	
部门意见							签字确认	
档案保管部门意见							签字确认	
单位意见							签字确认	
销毁时间					销毁地点			
销毁人		部门负责人			监销人			

6.1.5　电子档案与其他档案的储存管理

除了纸质档案之外，档案的管理还包括电子档案、音频档案和相片档案的储存管理工作。

1．电子档案的储存管理

对在“无纸化”计算机办公或事务系统中产生的电子档案，应采取更严格的安全措施，保证电子档案不被非正常改动。并且电子档案的使用权限也要有严格要求，密码不得随意让人得知。注意：若是电子档案被外借，收回后要对电子档案进行杀毒处理。

同时电子档案必须随时备份，将其存储于能够脱机保存的载体上，并将有价值的电子档案制作纸质或缩微胶片复制件保留，重要的可多备两份，异地保存。

2．音像档案的储存管理

音像档案主要指有保存价值的音像资料，如音频、视频等。音像档案的管理可以分为储存和保管两部分。

对于重要的音像文件的储存，要做好文件的分类，以光盘为载体，按类型和时间进行编号排序。每张光盘的内容要记录清楚，如时间、地点、内容、人员、配套档案等，并做好记录单，将光盘排序之后放到温度适合的环境中妥善保存。

可设专库和专柜对音像文件进行保管，同时档案保管人员对保存环境和光盘的状态要多留意，定期检查。若音像档案有所污损或使用过于频繁，要及时修正或进行复制备份。

3．相片档案的储存管理

相片档案同纸质档案、电子档案和音像档案一样，具有重要的记录和凭证作用，因此相片档案的储存管理同样重要。相片档案的储存管理方法如下。

◆根据《照片档案管理规范（GB/T 11821—2002）》的标准对收集范围内的相片进行整理、鉴定、分类、编号、入册和入库，其中底片和相片要一致。

不同类型的相片档案，其编号构成是不一样的，因此档案保管人员在进行相片编号时，要做好相应的准备工作。

◆要确保贮存相片的库房整齐、清洁，有严格的使用和存放规定。

◆相片档案入库前应进行检查，对受污染的相片、底片应进行必要的技术处理，防止受污染的相片和底片入库。相片档案的储存要分组、分单元，并做好相应的文字说明。

◆如果有大幅的相片，无法放置在相片册中，档案保管人员可将其放入专用的档案袋或档案盒中，按照相片号顺序排列。

◆接触底片的人员应戴洁净的棉薄手套，轻拿底片的边缘，避免对底片的损害。

◆底片和相片册应立放，不应堆积平放，以免堆在下面的底片和相片受压后造成粘连的现象。虽然相片以竖放为宜，但也可水平放置，需注意水平堆放高度不宜超过5cm。

◆重要的、珍贵的和使用频率高的相片的底片要进行复制，将复制片拿出来利用，保存好母片。

6.2 办公室保密事宜

办公室人员虽然做的多是一些辅助性工作，但相比起其他部门的工作人员，其知道秘密的时间更早、知道的秘密也更多。因此，办公室工作与保密工作密不可分。要想把办公室工作做好，办公室人员一定要严守机密。

6.2.1 保密工作的特点和意义

保密工作是办公室工作的一项重要工作内容，是为保护国家及本单位安全与利益而采取的一系列防止信息或各机要文件资料被非法窃取或泄露的防范措施。明确保密工作的特点和意义，才能更好地帮助办公室人员认识保密工作及其重要性。

1．保密工作的特点

保密工作具有政治性、利益性、变化性、封闭性4个特点。

◆**政治性：**这是保密工作最突出的特点。因为保密工作是随着国家的发展而发展起来的，所以保密工作在保护国家社会安定与促进社会发展的过程中起着重要作用。

◆**利益性：**保密的本质就是保护某种利益，使之不受或少受损害。不管是保护国家利益，还是企业利益，都是因为有利可保。因此，利益性也是保密工作的基本特点。

◆**变化性：**因为保密工作是具有一定保密范围的，如时间和地域范围。超过了某个范围或时间，这个机密就可能会被降密或者解密。

◆**封闭性：**这是保密工作的本质属性，因为机密只有极少数人掌握，一旦公开或者泄露，那机密就不是机密了。

2. 保密工作的意义

保密工作的重要性是不能忽视的，值得大家慎重对待，保密工作的意义如下。

（1）保密工作关系国家安全

在党政机关、企事业单位和各大社会团体中，或多或少都有一些事关国家的机密事项。其中较为重大的会影响国家统一、民族团结，影响国家机关依法行使职权，损害国家的对外活动经济、政治利益等。因此，每个人都要有保密意识，严守机密，共同维护国家安全。

（2）保密工作关系经济发展和社会安定

改革开放之后，我国的对外商贸、交往等活动越来越多，交流也越来越密集和频繁，有不少国内外势力会借助学习交流的机会探听或策反我国人员，攫取我国机密。例如之前我国曾经有人在赴日的过程中被人策反，回沿海老家探听我国沿海军事驻地的信息以换取金钱，幸而最终服法。因此，不管对方是探听核心技术寻求经济发展，还是要破坏我国社会安定性，这些行为都值得我们警惕。

（3）保密工作是单位管理的重要组成部分

保密工作一般由专人负责，其他人不得参与其中，因此一旦存在泄密情况，也好划清追责的界限，追究负责人的责任，依法处罚。这是单位管理规定及制度的一部分，能使单位奖惩分明。

6.2.2 保密工作的保密对象

办公室在单位中是承上启下、横联左右的中介机构，所以其保密工作范围是很广泛的，保密内容是很丰富的，主要内容如下。

- **文件保密：**保密文件包括秘密公文、资料、图表等。文件保密指在文件草拟、审批、印制和传阅过程中均应注意保密，例如公文须控制公文的发行范围、阅读范围和复制翻印权限。另外，各项重要文件都要严格遵守登记、保管存储和清退销毁等方面的制度和流程。
- **会议保密：**这是指对内容涉密的会议进行保密。办公室人员在会前对关于与会人员、会议日期、召开地址、会议主题与文件等方面的内容要保密；在会议过程中只能记录可以记录的内容；在会后，对会议和会议内容，如领导讲话、会议决定、会议文件、音像文件等，在领导机关做出决定之前均不得泄露。如有会议重要文件遗失，办公室人员需报告领导并由有关部门统一处理。
- **涉外保密：**这是指办公室人员在外接待时要谨记严防泄密，小心交流应对；有超出预期之外的活动要报告领导知悉，征求领导意见；有超出可告知范围外的话题，要会婉拒或岔开话题。

◆**电子计算机保密：**随着办公自动化程度的不断提高，各类办公电子计算机正在逐步推广使用。计算机中也常会有很多机密信息，因此计算机的保密工作也很重要。一方面要审查机房中工作人员的身份信息，确保政治正确；另一方面，存有很重要信息的计算机，应设为不能上网。另外，这些重要场所要做好人员出入登记，并设置好计算机的信息防窃取功能。

办公室人员的计算机中储存有很多关于企业的重要事务，因此，办公室人员的邮箱和存储重要内容的文件夹一定要设好密码，并谨防泄露。办公室人员携带计算机外出时，要做到人机不分离。

◆**通信保密：**我们现在会通过很多有线和无线通信设备进行联系，在联络过程中，要防止窃听的情况发生。例如使用专用电话、保密电话或密码机进行机密事项的联络，而平时则不通过通信设备谈及与国家经济、政治、军事、科技、外事等有关的事情。

◆**档案保密：**档案历来都是重要的材料，也是多年来的历史记录。因此，关于保密档案的管理和使用，密级的变更和解密，都必须按照国家有关保密法律和行政法规的规定办理。

◆**信访保密：**有些机关单位有信访方面的工作，因此信访者的检举、控告、揭发，领导者的批示以及信访案件查处的材料等也是需要保密的内容。

除了以上保密事项之外，社会团体进行的重大商业活动中的秘密事项、社会团体研究开发项目中的秘密事项以及社会团体领导人的办公场所等都是需要保密的内容。

6.2.3 办公室的“十不”保密要求

在办公室工作，基本的保密意识是必需的。一般来说，办公室人员须遵循以下10条保密要求。

① 不该看的机密坚决不看。

② 不该问的机密坚决不问。

③ 不该说的机密坚决不说。

④ 不该记录的机密坚决不记录。

⑤ 不在非保密本上记录机密。

⑥ 不在私人通信中谈及机密。

⑦ 不在公共场合和亲朋好友面前谈论机密。

⑧ 不在不利于保密的地方存入机密文件和资料。

⑨ 不利用非安全渠道传达机密事项，如普通电话、明码电报、普通邮局等。

⑩ 不携机密材料游览、参观、探亲、访友和出入公共场所。

情景模拟

小王是××科技公司总经理办公室的秘书，就职也有一段时间了。她天天在办公室，经常看到总经理处理公司诸多要务，也知道自己是在一个重要的岗位上，更是需要做好保密工作。但具体要怎么保守机密，小王也没有头绪。根据办公室保密工作的要求，你认为小王在下面哪种情景下的做法是正确的，请说明缘由。

（1）小王从合作公司取一份重要文件回来的时候，已经是下班时间了。刚好在回公司的路上，有朋友约小王见面喝咖啡，称有要事相商，地点就在小王公司楼下。小王便决定先去赴约，待结束后再将文件送回公司。

（2）小王在为领导送文件时，看到上面写着“机密”二字，忍不住好奇，便旁敲侧击地询问接收文件的下级机关有什么要事。

（3）小王与朋友聚会喝酒，因为朋友都不在自己所属的这个领域工作，在喝开心之后便不小心泄露了公司的新项目规划。

（4）小王在整理总经理办公桌时，无意中看见桌上有一份摊开的机密文件，上面写着公司的大客户以及正在洽谈的合作对象和项目。本着心里有个底、私下了解之后才好和对方搞好关系的想法，小王便把这些客户的信息记录了下来。

（5）当小王的亲戚询问小王“听说你们公司业务部的王经理马上就要调任到总部了，是不是真的啊？那副经理是不是就能转正了？”时，小王想起了公司里的一些传闻以及总经理和她提过的一些人事调动的想法。但她也只是微微一笑，表示这些事都是人事部的同事负责，自己不知道这回事。

点评：第5项正确，人事调动也是公司的大事，因此即便自己亲友询问，小王知道真实情况，也应严守机密。其他4项都是不正确的做法。第1项中小王将机密文件带到了公共场所，这很容易出现泄密的意外。第2项则是询问了不该问的内容。第3项则是对朋友说了不该说的机密，虽然朋友可能不了解，但这也是一种泄密行为。第4项则犯了记录机密文件的错。总之，小王作为秘书，务必要谨言慎行，机密事项通常牵连很广，一不小心，便很容易酿成大祸。

6.2.4 预防泄密的措施

办公室人员在职场工作中，接触到的事务多且广，因此要做好保密工作也不简单。保密也讲究技巧和方法，掌握预防泄密的措施也十分重要。

1. 进行保密形势教育

在新形势下，有些同事认为公司技术或发展落后，无密可保；有些又认为科技技术发达，泄密防不胜防；有些视机密为奇闻，将其作为炫耀的资本；有些为一些私欲和私怨，肆意泄密，这些都是缺乏保密意识的体现。保密对单位、对国家都是十分重要的事，一旦保密意识不强，就可能对单位、对国家造成不可估量的损失。我们应意识到现在的形势，不管是洽谈生意、合作生产、进口产品、引进技术，还是出国考察、学习培训，都要将严守机密当成自己的职责。

2．加强领导的作用

若本单位因工作情况，对保密工作有所忽视，办公室人员应该向领导机构汇报本单位机密的内容及分类，敦请领导机构落实保密工作，加强对单位机密的管理，以维护机密安全。

3．建立健全保密组织机构

保密工作是一项专业性和群众性都很强的工作，在充分发动同事做好保密工作的同时，办公室人员也应辅助领导建立健全各级保密工作的组织机构，实行专职专责管理。

4．建立健全各项保密制度

单位在新的技术条件下，在保密法及其实施办法所规定的新的要求下，需要进一步健全保密制度和保密规定。办公室人员应辅助领导根据中央有关法律法规，有的放矢、实事求是地制定本单位的具体保密制度以及泄密的惩处制度，并督促单位成员熟悉关于保密的规章制度，做严守机密的人。

5．配备必要的保密设施

单位应配备一些保存、使用机密文件和处理废弃重要文件的设备，做到安全管理机密。常见的设备有碎纸机、保密文件资料柜、密码机，以及一些防盗报警系统（如无线防盗报警系统、电子防盗报警系统、网络安全防火墙等）。

6．进行泄密处置

泄密处置规则的建立能让单位工作人员认识到泄密的严重性，并清楚泄密情况发生之后的处置方法，这对大家的保密意识的建立和机密安全的维护是很重要的，主要表现为以下3个步骤。

第一，办公室人员发现泄密现象应立即向领导报告。这是第一要务，不要试图掩盖或自己处理。

第二，发生泄密的单位应立即查明被泄秘密的内容、密级、危害程度，并采取补救措施。

第三，查处泄密责任者，追究其民事责任或刑事责任。

提高与练习

1．档案常用的分类方法不包括以下哪个选项？（　　）

A．年度分类法

B．组织机构分类法

C．作者分类法

D. 问题分类法

2. 关于档案管理，下面说法不正确的是（　　）。

A. 为了使档案库房干燥舒适，库房应设置在朝阳的方向，让阳光可以直接照射

B. 档案室内有严禁吸烟的标志，并配备了消防灭火器材

C. 当同事想要借阅档案时，档案保管人员要求同事填写单位的文件调阅单并征求领导签字同意

D. 档案的销毁有一定的流程，销毁时要有监销人在场

3. 关于办公室保密工作，下面说法不正确的是（　　）。

A. 保密工作包括文件保密、会议保密、涉外保密、通信保密、档案保密等

B. 小王听到总经理与人通话时，提到了公司即将有一个大机遇，如果能提前抓住，将会为公司带来很大的收益。于是在总经理高兴地挂完电话后，小王就上前问道：“总经理，我们公司会有什么大机遇呀？”

C. 小王受领导指示负责一个重要的项目。当小王在和同事聚餐时，合作对象打电话想要与其商谈一些重要的机密事项，小王便打算与对方约一个安静私密的地方见面详谈

D. 小王发现公司在保密工作方面没什么可供员工参考的规范条例，便向上级提议建立健全公司有关保密的规章制度

第7章

其他事务：全方位职能发挥

在职场工作中，办公室人员难免会碰到督查、调查研究和危机公关等方面的工作内容，尤其是文职岗位、文员助理、办公室秘书等，经常会涉及这些行政工作。了解多方位的行政知识更能帮助办公室人员丰富自己，更好地适应职场环境。

7.1 督查工作

督查工作也就是督促检查工作，是一项涉及领域广泛的社会活动手段。无论是党政机关、企事业单位，还是社会组织、团体等都可以运用这一方式确保领导决策的落实和工作目标的实现。

7.1.1 督查的特点与作用

督查工作是办公室工作的重要组成部分，是有效提高办事效率的重要手段。下面对督查工作的特点和作用进行介绍。

1．督查的特点

督查工作是协助领导掌握决策落实情况的重要手段和途径，主要具有以下几个方面的特点。

◆**服务性：**督查工作服务于单位，服务于领导，服务于决策，服务于总体的利益。督查要时刻跟随决策的步伐，推动决策的落实。

◆**间接性：**督查工作很多时候都不是督查办直接代替职能部门工作，而是通过催办、转办，让下级有关单位承办落实。

◆**保障性：**督查工作的开展一般是由决策机关推动的，由决策机关或领导授权，对某项工作进行监督检查，具有权威性。领导带头督查重大的事项，更能推动工作的落实，保障工作任务的高效完成。

◆**协调性：**督查工作涉及面广、内容繁杂，需要沟通上下、左右、内外，要从大处着眼，从小处着手。而且一项决策也可能是全局性的，涉及不同的领域、科室或部门，因此督查工作需统筹协调，各部门联动督查。

◆**权威性：**由于督查工作是上级领导或领导机关组织进行的，因此具有很强的指令性和权威性，下级机关要服从约束，依令行事。

2．督查的作用

督查工作具有以下作用。

◆是改进各级领导和职员思想作风和工作作风的重要保证。

◆能推动决策落实，保证政令实施畅通。

◆是实现决策目标的重要保证。

◆能检查分析出决策得不到落实的原因，从而解决问题，有效提高各层级办公机关的服务水平。

◆能有效实现政令的统一，让企业健康运行。

7.1.2 督查的原则和内容

因为督查工作涉及面广、任务繁重，因此督查工作要有重心，依据一定的行事原则，关注在应侧重的内容上。下面将介绍督查的原则和主要内容。

1. 督查的原则

在督查工作中，督查人员需遵循实事求是、分级督查、调查研究、逐级负责、以点带面5项原则。

◆**实事求是：**一方面是指在督查工作中督查人员不能偏私，不能夹杂个人喜好；另一方面是指在督查中，督查人员不弄虚作假、不隐瞒、不粉饰太平、不“报喜不报忧”，要实事求是，不搞形式主义。

◆**分级督查：**因为督查办的人数有限，因此在领导负责的基础上，可实行分级督查的原则，将督查的工作转交给有关地区或部门进行，并按时报告督查进度与结果。督查部门也要做好催办工作。当然，涉及下级领导人的或事情复杂、久拖不决的，可由督查部门直接办理或协助办理。

◆**调查研究：**是督查工作的基本原则之一。在监督考察工作中，督查人员要将事实真相调查清楚，不偏听偏信“一家之言”，而要多方、广泛地调查，多听不同当事人的说法和意见，挖掘真正的客观真相。

◆**逐级负责：**督查工作不少都是经过分解和细化的，因此对于全局性、影响大的问题，在督查办理时，要实行逐级负责的原则，各范围由不同的人或部门负责，分级办理，综合管理。

◆**以点带面：**在督查工作中，督查人员发现了具体问题之后，可以以此为突破口，处理其他同批的类似问题，以提高督查工作的效率。

2. 督查的主要内容

督查可分为决策督查、专项督查和调研督查，其主要内容如下。

◆**决策督查：**主要督查的是以文件、会议及其他形式而形成的重大决定或决策。

◆**专项督查：**指专门针对上级机关或领导同志的批示件和交办事项，及本级党政领导同志的批示件和交办事项的督查工作。

◆**调研督查：**指对各级机关、领导的决策、批示、指示交办事项，尤其是重大决策、落实难度大的事项展开的针对性的调研活动。

总的来说，督查的内容主要包含以下几个方面。

◆中央关于党的建设及组织工作的路线、方针、政策的落实情况。

◆上级党组织或政府机关的重要文件和重要工作部署的落实情况。

◆上级直属单位的重要工作部署与重要会议精神的落实情况。

◆上级领导和机关批示交办事项的落实情况。

◆上级领导和本单位领导批示进行督查的事项。

◆上级领导批办的来信来访事项的落实情况。

◆本单位、部门各个时期的中心工作、决议决定、重要会议、重要文件的落实情况。

7.1.3 督查的形式

督查可分为实地督查、会议督查、电话督查、发文督查、跟踪督查和随机督查6种形式。

◆**实地督查：**指派出督查人员，配合有关科室、部门深入实际，到承办部门（单位）或现场实地检查、了解要督查的或领导关心的事项的落实情况。

◆**会议督查：**召集有关人员，听取督查事项落实情况的相关汇报，然后督促承办部门（单位）尽快落实具体事项。

◆**电话督查：**对党委、政府的重大决策、重要工作部署或主要领导指示交办的事项，通过电话向承办部门（单位）了解其事项落实的进展，督促承办部门（单位）按规定时限进行落实。

◆**发文督查：**对部分督查事项发出督办通知，要求有关部门和单位限时完成督办事项，并书面回复。

◆**跟踪督查：**对于一些重要的、关乎全局的或突发的事项，要采取跟踪督查的方式，对其进行实时关注与了解，及时推动工作的进行。

◆**随机督查：**对下级单位上班情况、节假日和汛期值班、领导带班、领导布置的工作等进行随机抽查。

7.1.4 督查的工作程序

督查工作的开展一般遵循立项登记、交办处理、督办协办、综合反馈、审核结果、办结归档6个程序。

1. 立项登记

督查办对纳入督查的事项进行立项登记，包括日期、名称、主要内容、承办单位，办结日期等，然后拟定具体的督查工作方案、量化任务、明确责任，经主管人员审核后交给主要领导审批。

2. 交办处理

督查事项拟办呈批表经主要领导审批通过后，将以督查通知的形式转有关承办部门办理。承办部门需按相关要求监督执行，并定时报告进展情况。

3. 督办协办

督查事项交办处理后，督查办要注意跟踪办理情况。可通过电话、通知、开会、实地调研等形式，及时了解承办部门的工作进度，并督促其在规定时限内报送办理情况。

督查办在督促落实中发现问题之后，应及时加以协调解决，重大问题和协调解决不了的，应向上级领导报告或提出建议。

4．综合反馈

承办部门应在规定时间内将办理情况书面呈报。督查办要及时分析汇总，做成评估总结呈交领导。未能按时办结的承办部门要详细说明原因，并定期续报，直至办结。

5．审核结果

督查办要对报告内容进行认真审核，如是否查清事实、是否解决问题、任务是否落实、是否规范办理等。若未达到要求，督查办要提出具体意见，要求承办部门在指定期限内重新办理。办理结果审核后，督查办则要及时向上级领导报告。

6．办结归档

对已完成或基本完成的督查事项，督查办按照一事一卷的要求报告给上级领导后，若无进一步批示，则要将办结报告与有关材料一并归档。若上级领导有批示，督查办要根据批示进行进一步处理后再归档。

7.2 调查研究

调查研究就是调研，指人们在实践中，对特定客观事物的调查研究工作，是人们有目的、有意识地通过对社会现象的考察、了解、分析、研究，来认识社会生活的本质及其发展规律的一种自觉活动。

7.2.1　调查研究的特点

调查研究一般是办公室人员辅助领导决策，搞好各项工作的重要基础。办公室人员只有做好调查研究，使领导对事情有全面的了解，才能帮助领导减少决策失误，提高工作效率；同时，这也对领导坚持群众路线、改进工作作风有重要的支撑作用。

调查研究主要具有以下4个方面的特点。

- **调研任务的指令性：**很多时候，调查工作都是因为领导的工作需要而产生的。如领导在进行决策之前，办公室人员需要遵从领导的指令组织并确定调查范围，力求为领导提供强有力的调查资料。
- **调查时间的紧迫性：**不少调查研究工作都是因为处理临时的、突发的事件而产生的，这就需要办公室人员尽快开展调查工作，迅速得到结果。尤其是决策前的研究，如果办公室人员未在领导决策之前调查到位，一旦领导的决策一定，这种调研就无意义了。
- **调查内容的综合性：**调查研究并不是说办公室人员要直接去把每件事都摸清楚，而是办公室人员可以综合各个方面或部门的信息，向有关部门收集调研成果，综合各个渠道的信息，然后从中获取重要信息，再集中力量调研。

◆**调查工作的基层性：**调研工作并不是简单地罗列现象，而是深入基层，去挖出事情最本质、最真实的面目，从个性中提炼出共性，这样领导才能清楚认识事情的全貌。

7.2.2 调查研究的步骤

调查研究工作一般可以分为准备阶段、实施阶段和完成阶段。

1．准备阶段

准备阶段主要包括确定调研课题、掌握相关文件、成立调研小组、明确调研任务及制订调研计划等内容。办公室人员根据对相关工作的了解列出调研计划的提纲，不断调整之后，才能更好地开展后面的工作。

2．实施阶段

实施阶段主要包括确定调查方法、搜集整理材料、分析材料和综合提炼调研成果。这个阶段是调研工作的核心阶段，就是搞好资料搜集工作并进行综合分析研究，在调查—研究—调查—研究的过程中反复，然后得出调查结论。

3．完成阶段

这个阶段主要是撰写调研报告，然后对调研工作做出总结。调研报告要以书面的形式报告给有关领导和部门，便于领导全面了解工作，并指导后续工作。而在评估调研工作时，办公室人员要同时总结成功的心得与失败的教训，这样有助于今后更好地掌握调查研究的技巧。

7.2.3 调查研究的方法

调查研究其实有很多种方法，根据不同的标准和分类，其具体的方法也有所不同。下面对一些常见的调研方法进行介绍，调研人员要根据实际情况选择合适的方式。

1．普查

普查是一种全面调查的方法，有两种组织方式：一种是组织专门的调查机构，配备一定数量的调查人员对调查对象进行直接登记；另一种是设置专门的表格，由专人负责整个组织工作，然后安排下级根据已经掌握的关于调查对象的原始资料进行填报。普查比较全面和准确，但工作量大，比较复杂，且要求统一行动、统一领导，因此只有事关全局时才开展普查工作。

2．文献调查法

文献调查法又叫历史文献法，指收集各种文献资料，以获得和调查对象、调查课题有关的信息的方法。书面的文献调查可以超越时空条件的限制，其所获得的情报也比一般的口头情报更真实和准确，且花费少、效率高。但因其缺乏具体性、生动性，它所获得的情报，往往落后于当前的现实。因此，文献调查法一般只能作为社会调查的先导，要想真正了解社会，还须进行直接的、实际的调查。

3．实地观察法

实地观察法指观察者有目的、有计划地运用自己的感觉器官或借助科学的观察仪器，直接考察正在发生的、处于自然状态下的社会现象的方法。实地观察法获得的信息是最直接、最具体的，因此可以说是人们获得第一手材料的可靠来源。但实地观察法观察到的事物受时空条件等限制，看到的多带有表面性和偶然性，因此最好与其他调查方法结合使用。

4．典型调查法

典型调查法是从调查对象中选择具有代表性的特定对象进行调查的方法。因为这些对象具有典型性，所以也能达到认识事物总体的目的。但选择正确的典型对象很重要，一定要选取真实客观的对象，这是典型调查法得以发挥作用的关键。

5．重点调查法

重点调查法指对调查对象总体中的一部分重点对象进行的调查。这里的重点对象，一定要是在总体中起主要或决定作用、对总体影响较大、能够反映总体基本情况的对象。

6．口头访问法

口头访问法又称访问法、访谈法。它是访问者通过口头交谈等方式向被访问者了解社会实际情况的方法。实地观察法主要是用眼看，这种方法主要是用口问、用耳听。它们都是直接感知社会实际情况的基本方法，所以往往结合使用，互相补充。

7．个别调查法

个别调查法指为了解决某一问题，对特定的个别人物或事件进行调查的方法。它与典型调查法类似，但区别也很明显。一是调查的具体目的不同，个别调查法是为解决具体问题，典型调查法是为探寻和揭示某些社会现象的本质及其发展规律；二是调查对象不同，个别调查法的对象是特定的，不能代替，典型调查法却要对调查对象做认真选择。

8．实验调查法

实验调查法又称试验调查法。它是实验者有目的、有意识地通过改变某些社会环境的实践活动来认识实验对象的本质及其发展规律的方法。其结论一般具有较高的可靠性和较强的说服力。它能直接揭示或确立事物之间的因果联系。相比其他调查法，它更准确，但实验对象的选择很难具有代表性，且实验过程是不能精确控制的。

7.2.4　撰写调研报告

调研报告是将有价值的材料和调查研究的结果等以书面的方式呈现出来。调研报告质量的好坏直接关系到调研成果的好坏以及整个调研工作的质量。

办公室人员要想写好调研报告，首先要确认好调研报告的主题，然后围绕主题选择那些有价值的、能反映本质内容的典型材料进行语言的组织，合理安排文章结构，让文章条理清晰、层次分明，让人一目了然。一般调研报告的写作格式如下。

1．标题

调研报告的标题包括两种写法，一种是“主题＋文种”，如《××关于××××的调研报告》；另一种则是灵活式标题，如提问型的《如何看待大学生网络购物的行为特征》，又如主副标题结合式《深化厂务公开机制　创新思想政治工作方法——关于××分局××××深化厂务公开制度的调查》等。

2．正文

调查报告的正文主要包括前言、主体、结尾3个部分，如表7-1所示。

表7-1　调查报告正文的组成部分

正文的结构	具体内容
前言	前言部分主要是对报告起一个概括、引出中心主题的作用，有3种写作方法 ①开门见山，直接概括调查的结果，指出问题，说明中心内容等 ②介绍调查的起因、时间、地点、对象、经过与方法、调查人员组成，以引出下文 ③介绍调查对象的背景、大致发展、现状、主要成绩、突出问题等，然后引出中心问题或观点
主体	调查报告的主要部分，需详细介绍调研的基本情况、做法，以及分析从报告的材料中得出的观点和基本结论。重点在于材料与观点的统一。其结构安排有3种方法，分别是先叙后议、夹叙夹议以及印证说明
结尾	或提出问题，引发进一步的思考；或对下一步工作提出建议，供领导参考；或进行展望，提出号召；或进行归纳说明，深化主题；或补充正文没有涉及又值得重视的资料

办公室人员在写调查报告时，要注意用语准确真实、实事求是、简洁有力，语言客观、科学，不华而不实。重点是必须提供真实的材料并得出总体结论，要有实用、可施行的建议或解决方案等，而不是空洞的口号。

在选取调查研究报告的材料时，办公室人员要注意去粗取精、去伪存真、由表及里、由此及彼，这样的材料才能更好地反映客观事实，揭示事物的本质规律。

7.2.5　评估调研结果

调研报告产生的价值并不是肉眼就能迅速看到的，而是以其产生及成功转化的社会价值作为衡量其效益的标准。如果该调研结果能够帮助领导的工作，将其直接运用到工作领域中，帮助领导科学决策，那么，这就是一份有价值、有分量的研究成果，说明其具有可靠性和价值。

7.3 危机公关

在全球化环境下，随着人类社会生产的发展，危机公关也成了职场中的众多人在工作中应承担的职能之一。尤其是对于承担综合管理和辅助功能的办公室人员来说，掌握危机公关的技能十分重要。

7.3.1 危机的特征与类型

危机公关指组织为避免或者减轻危机所带来的严重损害和威胁，从而有组织、有计划地学习、制定和实施一系列管理措施和应对策略，包括危机的规避、控制、解决以及发生危机后的挽救和恢复的动态过程。了解危机的特点和类型，能帮助办公室人员更好地认识危机。

1. 危机的特点

危机具有突发性、危害性、紧迫性和公众的关注性的特点。

- **突发性：**有些危机是不可预测的，例如被竞争对手引导舆论制造的危机等，可能突然就产生了，这是不可控的。
- **危害性：**有些危机一旦产生，就可能危及企业形象甚至生命周期。有些虚造的舆论危机，即便已经解决，也可能会对企业的公信力和受众的信任度造成影响。
- **紧迫性：**危机一旦爆发，其破坏性的能量就会被迅速释放，并迅速蔓延。如果办公室人员不能及时做出反应，加以控制，危机急剧恶化之后，就会使企业遭受更大的损失。
- **公众的关注性：**危机一旦产生，就说明得到了公众的关注，如无意外，也会受到公众持续不断的关注。因此，这个特性也决定了处理危机时，办公室人员要注意公众对处理措施的反应。

2. 危机的分类

危机公关也有不同的类型，按照划分标准的不同，可以将危机公关中的危机分为各种不同的类型。

- 按危机存在的程度的不同，可分为一般的危机和重大的危机。
- 按危机产生形式的不同，可分为偶发式危机、次发式危机、连续式危机、交替式危机。
- 按危机公关涉及的公众对象的不同，可分为组织内部关系危机、组织间关系危机、政府关系危机、消费者关系危机、媒介关系危机、社区关系危机。
- 按危机公关的主要内容的不同，可以分为外因危机和内因危机。外因危机包括意外灾难事件、公众误解和传言、负面报道引导舆论、竞争对手的恶意操作等引起的危机；内因危机则包括自身管理或公关不当、产品或服务有缺陷等造成的危机。

7.3.2 危机发展的阶段

危机一般具有4个阶段，分别是危机潜伏期、危机爆发期、危机扩散期和恢复期，如图7-1所示。

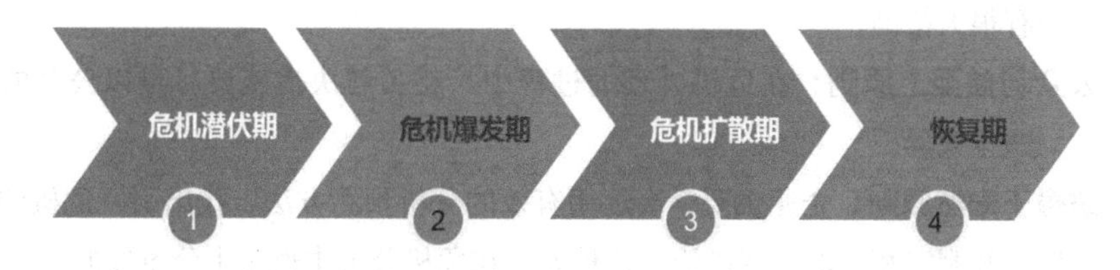

图 7-1　危机发展的阶段

1．危机潜伏期

潜伏期是危机的酝酿阶段，也是危机的最佳处理时期。这个时候的危机有些已有征兆，如果办公室人员能够察觉，就能将危机扼杀在摇篮中。这个时期的处理成本和危机造成的伤害也是最低的。

2．危机爆发期

爆发期是危机暴露的时间，也是危机事件信息开始传播的起源。这个时候也可以对危机进行处理，将其逆化或转化。

3．危机扩散期

扩散期是危机持续发酵的时期，信息正在被持续填补和不断传播，公众可能正在不断关注。当事件到达一个顶点之后，原因调查和事件处理的结果出来之后，危机就开始由盛至衰，公众对其关注将逐步减退甚至消失。

4．恢复期

恢复期是指危机结束之后，办公室人员开始消除不良影响，矫正企业形象，同时对本次事件进行总结、评估，并做好健全防范工作。

7.3.3　危机公关的处理原则

很多危机都猝不及防，但企业面对危机万不可慌张，危机也有一定的处理方法。一般来说，企业在面对危机时应遵循积极主动、及时处理、公开透明、配合媒体、公众利益至上以及防患于未然的原则。

◆**积极主动原则：**不论面对何种危机，企业都要采取积极主动的原则。因为很多时候都是危机产生之后企业才被动地去处理，如果态度还不够积极，不主动去争取公众的谅解、专家的支持，就容易失去公众的信任。

◆**及时处理原则：**及时主要包含两点，一是最好在危机发生之前就有充分的预测，心中“早”有打算；二是发生之后能迅速反应，尽“快”处理。

◆**公开透明原则：**危机的处理过程一定要公开透明。如果企业长时间不发声，不反映进度，在现在的信息时代，网络上可能就会出现“阴谋论”，这对企业是有很大影响的。

◆**配合媒体原则：**媒体是很好的传声工具，如果企业能很好地利用媒体，对危机的解除会有很大帮助。

◆**公众利益至上原则：**在危机处理的过程中，相关解决措施要尽量以公众的利益为主，顾全大局。

◆**防患于未然原则：**企业也要学会运用有效的分析预测方法，找出引发危机的潜在可能性，并制定相应的应变措施。这种方法在危机公关中也是十分重要的。

英国的危机公关专家里杰斯特提出了处理危机的3T原则，分别是以我为主提供情况（Tell you own tale）、尽快提供情况（Tell it fast）以及提供全部情况（Tell it all）。这套原则分别代表了这些内容：一是要迅速以企业的立场来表达自己积极处理的态度；二是尽快澄清说明；三是让公众知道真相，这样才不会被不利的谣言误导。

7.3.4 应对危机的具体措施

在面临危机时，如果企业不能及时采取有效的措施，做出好的反应，充分协调调动各个部门，就很容易让企业立于“危楼”之下。因此，企业可以采取以下措施作为处理危机的指导方法。

◆建立新闻办公室，组建危机管理小组，做好各种危机预案。

◆将公众利益置于首位，向公众表明自己解决问题的态度。

◆掌握对外报道的主动权，确定信息传播所需要的媒介，化被动为主动。

◆确定信息传播所需针对的其他重要的外部公众。

◆准备并不断充实组织的背景材料。

◆在危机期间为新闻记者准备好所需设备。

◆确保接电人员知道谁可能会打来电话，应接通至何部门。

◆确保组织有足够的训练有素的人员来应对公众电话。

◆准备应急新闻稿，借助媒体公布真相，维护企业形象。

◆解决危机之后的对内、对外的企业形象重建等善后工作。

范例

海底捞3小时危机公关

2017年8月25日上午10点8分，《法制晚报》发表了《记者历时4个月暗访海底捞：老鼠爬进食品柜　火锅漏勺掏下水道》的报道。10点55分，其官方微博也发表了相关图文视频，称海底捞北京劲松店、北京太阳宫店两家门店卫生环境堪忧，老鼠在后厨地上乱窜、打扫卫生的簸箕和餐具同池混洗、用给顾客使用的火锅漏勺掏下水道……相关话题热度不断攀升，以优质服务著称的海底捞成为众矢之的。很快，凤凰网、北青网、网易等十几家媒体都相继转载发布了相关报道。

2017年8月25日下午2点46分，海底捞发布了《关于海底捞火锅北京劲松店、北京太阳宫店事件的致歉信》。因为海底捞反应迅速、道歉态度诚恳，这平息了不少消费者的怒火。

当天下午5点16分，海底捞发布了关于《海底捞北京劲松店、北京太阳宫店事件处理通报》，进行了诚恳的道歉，并表示会停业排查，还安抚了店内的员工，被网友认为认错态度良好，将其内容总结为“这锅我背、这错我改、员工我养”。不少人指出这是“极为成功的危机公关”，一时间，公众对海底捞的“原谅之声”盖过了“批评之声”。

2017年8月27日下午3点4分，海底捞发布第3份公告《关于积极落实整改，主动接受社会监督的声明》。自事件发生后，海底捞统一安排所有门店对所有设备设施和卫生情况进行检查整改，规范了相关惩罚检查制度，也让公众看出其积极解决问题的态度。果然，在2017年8月28日之后，该事件的热度逐步下降，基本尘埃落定。

点评： 海底捞面对此次危机，反应速度很快，没有坐等事情发酵，而是差不多在舆情的“黄金四小时”左右发表道歉声明，表明自己的态度；然后在短短的时间内，确定了大概的解决方案，持续向公众通报，使本次事件的处理过程公开透明，也基本获得了公众的谅解，有惊无险地渡过了此次危机。

7.3.5 危机公关中的沟通策略

发生危机时，企业对内、对外都要沟通到位，这主要包括与内部人员的沟通、与利益相关方的沟通，以及与媒体的沟通。

1．与内部人员的沟通

沟通先从内部开始，因此在危机发生之后，相关负责人要尽快联合有关人员，做出应对之策，解决此次危机。具体方法如下。

◆危机发生之后，要及时宣布成立危机处理小组，摆出应对危机的态度，然后自上而下向员工传达相关的危机信息。

◆调查引起危机事件的原因并及时向公众通报，针对此次危机可能造成的损失采取补救措施。弄清楚给直接受害者造成的损失，明白事态的紧急性、受到波及的公众范围、会产生的影响和事态发展趋势等情况，让员工了解此次企业可能面临的危机和采取的措施，安抚员工的情绪，打消员工的疑虑，让员工重拾对企业的信心。

◆待危机处理完毕，需要对处理工作进行总结评估。既要借此次事件教育员工铭记教训，又要号召大家共渡难关。

2．与利益相关方的沟通

在危机事件中，受害人与此次事件有直接联系的人都是利益相关方，与他们的沟通是至关重要的。相关负责人与他们的沟通对策如下。

◆如果此次事件有伤亡，要立即进行救护工作或进行善后处理，委派专人负责处理伤亡事故。

◆了解其受到的具体损失，代表企业向其道歉，进行安慰，并安抚对方的情绪，倾听受害者及其亲属关于赔偿损失的意见。重点是态度要真诚，合理的、能满足的要求都要尽量满足，将此次危机的影响降低到最小。

◆在与受害者及其家属沟通时，言辞一定要到位。不要一味地推脱责任，为自己辩护，而是站在对方的角度，尽力避免与他们发生争辩与纠纷。即使受害者有一定责任，也不要在现场追究。

◆在向领导报备情况之后，要拿出解决方案，向受害者及其家属公布补偿方法与标准，并尽快落实。在这个过程中，一定要正面、有效地处理与受害人和利益相关方的问题和纠纷。同时要做好善后工作，以免之后再出变故。

3. 与媒体的沟通

信息爆炸的时代，媒体记者可以说是“无孔不入”。公众面对众多信息轰炸，也不能做到每一次都明辨是非，而是很容易被不良媒体的造谣诱导，被“带节奏”。因此，发生危机时，与媒体的沟通交流就变得很重要，这在一定程度上也决定了舆论的导向。

相关负责人与媒体沟通时要坚持重视为我所用以及开诚布公的原则。发生事故后，相关负责人不要对媒体避之不理，或忽视对方的作用，而是要积极沟通，利用媒体这一大众传播工具维护自己的形象，说不定还可以化解自己的危机。当然，相关负责人也不能为了维护企业形象而说谎，这样的事一旦被发现，就会引起公众的“反扑”。相关负责人与媒体沟通时的策略如下。

◆借媒体公布事情真相，表明己方的态度和即将采取的措施。

◆召开记者招待会，由专人负责发布消息，集中处理与该事件有关的采访，为记者提供权威的书面资料，以防报道失实。

◆利用媒体制造利于企业的舆论环境，避免谣言的出现、蔓延，以及后续衍生事件的发生。

危机处理案例

7.3.6 预防危机的措施

出现危机时，企业并不是只能被动地应对。在平时的管理工作中，企业可以通过提前的危机预防工作帮助企业规避危机的产生。当危机发生时，这些预防措施也能帮助其更好、更有效地处理危机。

◆**完善基础管理和员工教育工作：**企业要树立全员防范危机的意识，更要完善规章制度和责任制度，这样能提高员工工作时的危机意识，使其端正处理态度。

◆**做好对外、对内工作：**一方面，企业要加强与客户的沟通工作，稳定企业与客户的关系；另一方面，企业要能分析竞争对手和市场需求，并据此对企业内部进行自我诊断，开展调研活动，研究和预测可能引发的危机事件。

◆**制订危机应变计划：**主要包括3个方面的内容，一是组建危机管理小组，二是制订针对各种危机的处理预案，三是制订好危机发生时所需物品、资料的准备预案等。

◆**进行辅助安排：**例如为预防危机，企业可提前建立和维护良好的危机处理支持网络，或者开展预防培训演练，提高员工面对危机的反应能力等。

提高与练习

1．督查的形式有哪几种？

2．应如何开展督查工作？

3．调查研究可以采取哪些方法？

4．如何撰写调研报告？

5．危机处理应坚持的原则有哪些？

6．简述与利益相关方沟通的策略。

第 2 篇
办公自动化篇

第 8 章

使用Office办公软件：加快办公速度

办公室人员在熟悉商务办公的各项事务后，接下来就可以通过Office办公软件来实现办公自动化，提升办公效率。本章主要通过介绍Word 2016、Excel 2016和PowerPoint 2016 三大常用办公软件的操作技巧，来帮助办公室人员更加轻松、快速地完成任务，并确保工作的效率与质量。

8.1 Word 文档编辑技巧

Word是商务办公最常用的办公软件之一。常见的会议通知、会议制度、工作总结、行程规划、公关文档等都需要通过Word办公软件来进行制作。在制作这些文档的过程中，办公室人员需要熟悉Word的基本操作方法并掌握一些技巧，以提高文档的制作效率，确保文档的格式正确、效果美观。

8.1.1 快速输入公司全名

办公室人员在进行通知、通告、合同等文档的制作时，需要输入公司的全名以确保文档的效力。而公司全名一般内容较多，如果一个字一个字地输入，可能会出现输入错误、浪费时间等问题。此时，就需要合理使用Word的自动更正功能。利用该功能可以进行短语的快速输入与更正，办公室人员可以缩写或简写的方式快速输入公司全名。假设某公司的全名是“四川绿意时代文化传媒有限公司”，可通过设置输入“绿意”来快速输入全名，其具体操作如下。

步骤01 打开Word文档，选择【文件】→【选项】命令，打开“Word 选项”对话框。单击（用鼠标左键单击一次，后文同）“校对”选项卡，在右侧的面板中单击 自动更正选项(A)... 按钮，如图8-1所示。

步骤02 打开“自动更正”对话框，单击“自动更正”选项卡。单击选中“键入时自动替换”复选框，在“替换”文本框中输入“绿意”，在“替换为”文本框中输入“四川绿意时代文化传媒有限公司”，然后单击 添加(A) 按钮将其添加为自动更正项目，如图8-2所示。

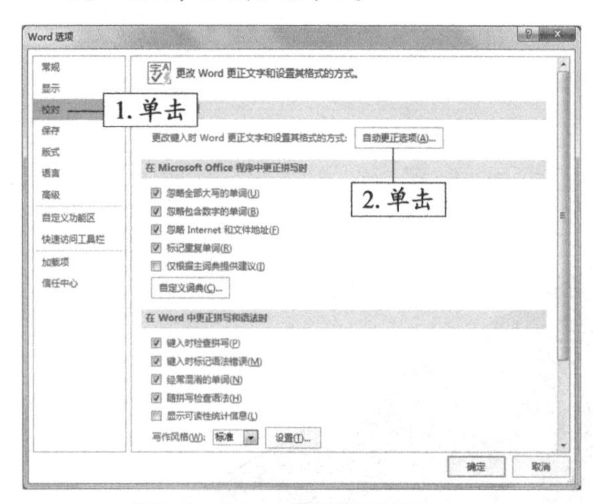

图 8-1 “Word 选项”对话框

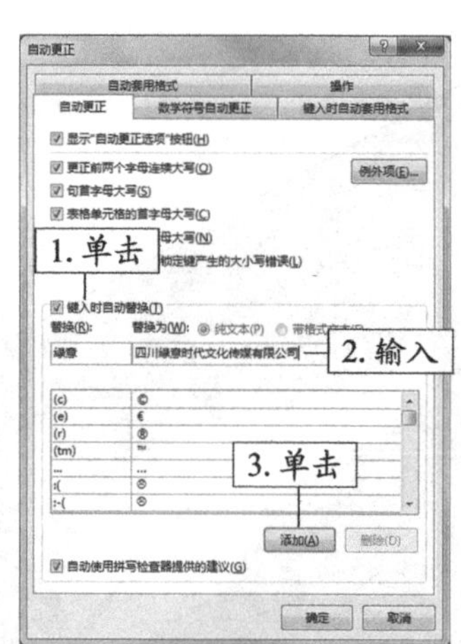

图 8-2 设置自动更正

步骤03 依次单击 确定 按钮关闭对话框。此后在文档中输入“绿意”文本时，将自动更正为“四川绿意时代文化传媒有限公司”文本，如图8-3所示。

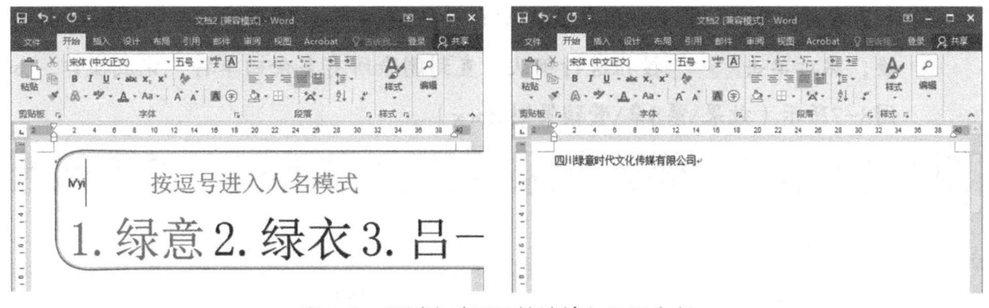

图 8-3 通过自动更正快速输入公司全名

8.1.2 快速删除下载文档中的回车符

办公室人员在进行办公文档的制作时，不可避免地会在网上查找并下载资料，以供学习和办公参考。但下载的文档很多都会存在多余的回车符，这些回车符会形成空行，占据文档的空间，给办公室人员查看和编辑文档带来麻烦。特别是在页数较多的长文档中，多余的回车符严重影响了办公室人员的办公效率。此时，办公室人员就可以通过Word中的查找和替换功能来快速删除下载文档中的回车符，以保证文档内容的正确与连贯，其具体操作如下。

步骤01 打开带有多余回车符的Word文档，如“营销策划.docx”（素材\第8章\营销策划.docx），在【开始】→【编辑】组中单击“替换”按钮，如图8-4所示。

步骤02 打开“查找和替换”对话框，在“替换”选项卡中的“查找内容”文本框中输入文本“^p^p”，在“替换为”文本框中输入文本“^p”，单击 全部替换(A) 按钮即可将文档中的连续两个回车符替换为一个回车符，实现删除一行空行的操作，如图8-5所示。

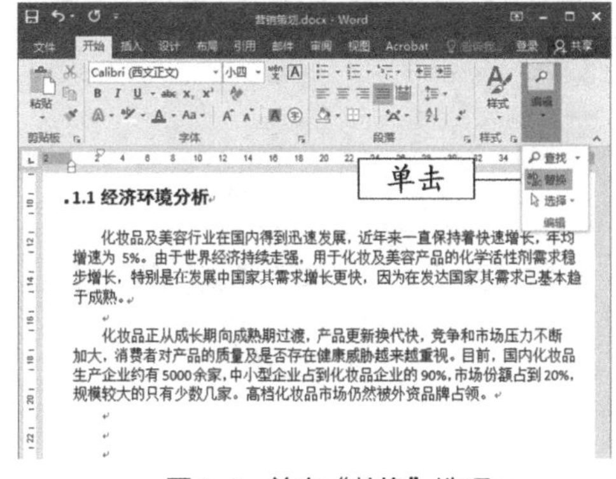

图 8-4 单击“替换”选项

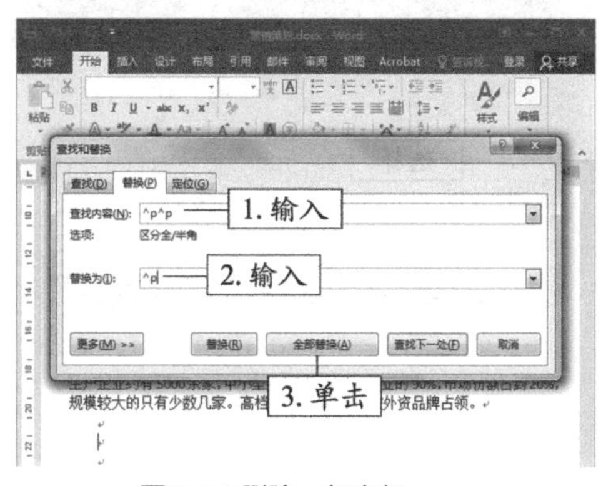

图 8-5 删除一行空行

步骤03 此时，Word将提示完成查找和替换操作，如图8-6所示。单击 确定 按钮，完成第一次多余回车符的替换操作。

步骤04 为了避免文档中仍然存在多余的空行，可以继续单击 全部替换(A) 按钮进行替换，然后单击 确定 按钮进行确认。直到删除所有多余回车符，完成操作，如图8-7所示（效果\第8章\营销策划.docx）。

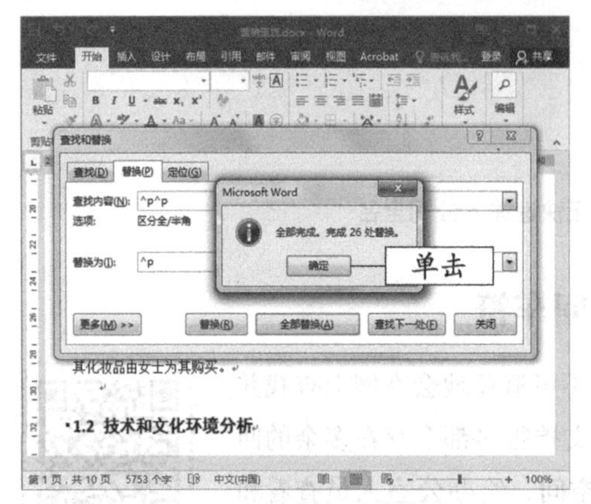

图 8-6 确认查找和替换操作

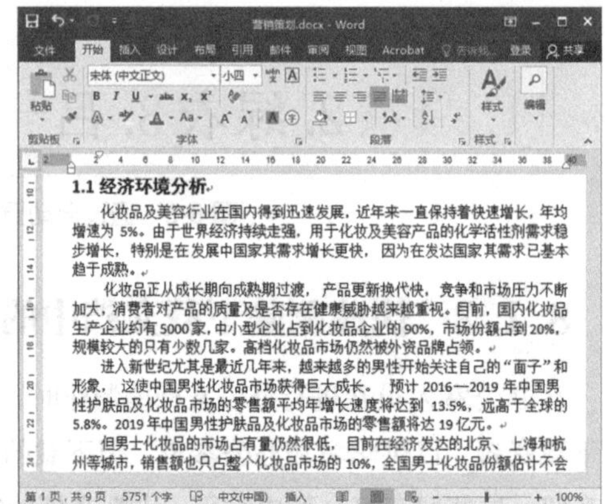

图 8-7 继续替换删除所有多余回车符

8.1.3 如何让复制的网页文字格式正常

办公室人员在资料搜集过程中，通常需要复制网页上的文字。但网页上的文字为了满足整体版式的需要，一般包含了一定的格式，如果要引用这些文字，则需将这些文字以无格式方式复制到文档中。其方法为：在网页中选中需要复制的文字，按【Ctrl+C】组合键执行复制操作；打开Word文档，将光标定位到要粘贴的位置处，选择【开始】→【剪贴板】组，单击“粘贴”按钮下方的下拉按钮 ▾ ，在打开的下拉列表中选择“只保留文本”选项即可，如图8-8所示。或者在文档中直接右击，在弹出的快捷菜单中选择“只保留文本”命令，如图8-9所示。

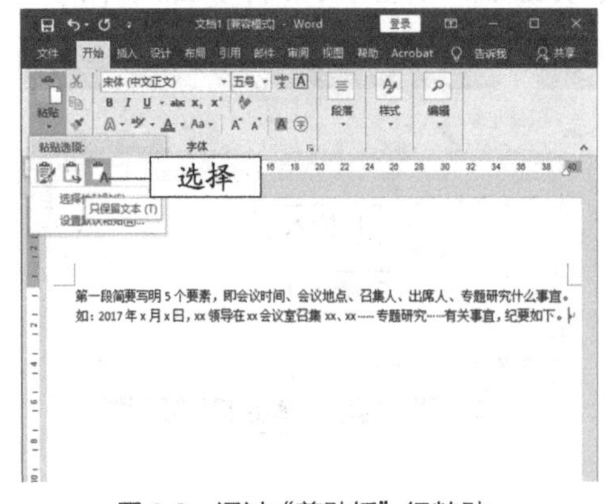

图 8-8 通过“剪贴板”组粘贴

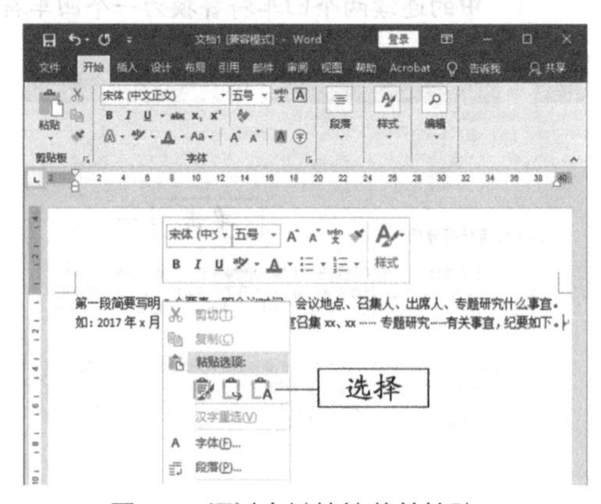

图 8-9 通过右键快捷菜单粘贴

8.1.4 快速设置大字号和下划线

办公室人员在使用Word编辑文档的过程中，经常需要设置文字的字号或输入下划线。下面介绍快速设置大字号和下划线的方法。

- **设置大字号：**在Word文档的【开始】→【字体】组的“字号”下拉列表框中默认提供的最大字号是“初号”，如果要设置更大的字号，可选中文字，在英文输入状态下，按住【Ctrl】键不放，连续按【] 】键，便可逐渐增大字号。
- **设置下划线：**将光标定位到需要设置下划线的位置，在英文输入状态下按住【Shift】键不放，连续按【-】键，可为其后的空白位置设置下划线。

8.1.5 制作背景透明的图片

办公室人员在Word文档中编辑图片时，若只需要图片的主体部分，而使背景透明，可通过“删除背景”功能对图片进行处理。其具体操作如下。

步骤01 在Word文档中选择需要制作成背景透明的图片，在【格式】→【调整】组中单击“删除背景”按钮，如图8-10所示。

步骤02 进入“背景消除”编辑状态，图中出现图形控制框，用于调节图像范围。需保留的图像区域以高亮显示，需删除的图像区域则被紫色覆盖，如图8-11所示。

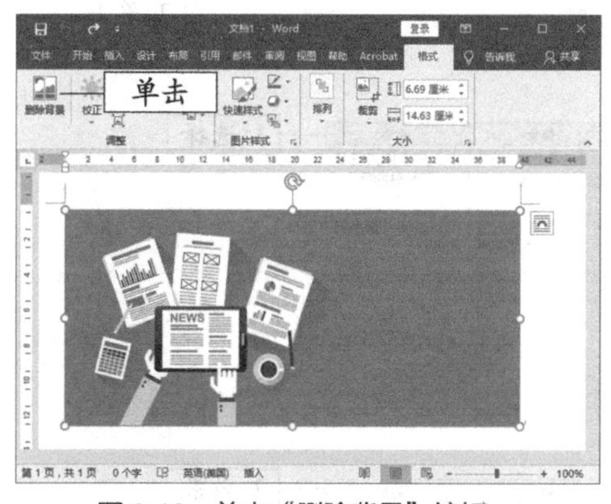

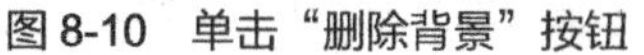
图 8-10 单击“删除背景”按钮

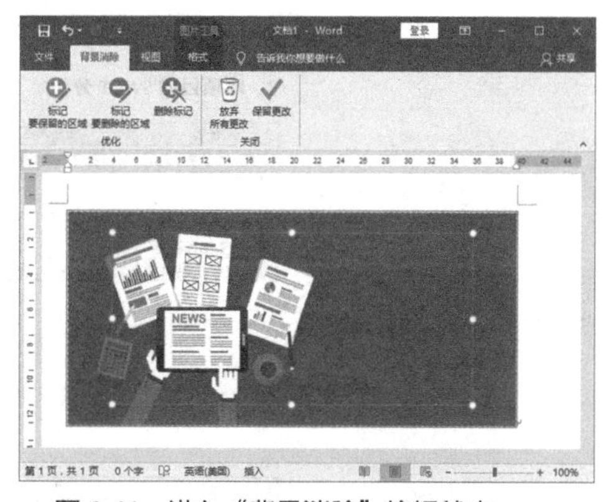
图 8-11 进入“背景消除”编辑状态

步骤03 单击“标记要保留的区域”按钮，当鼠标指针变为✏形状时，单击要保留的图像使其呈高亮显示。设置完成后，单击“保留更改”按钮即可删除图像背景，如图8-12所示。

步骤04 此时，Word将保留选中的区域，删除不需要的背景，效果如图8-13所示。

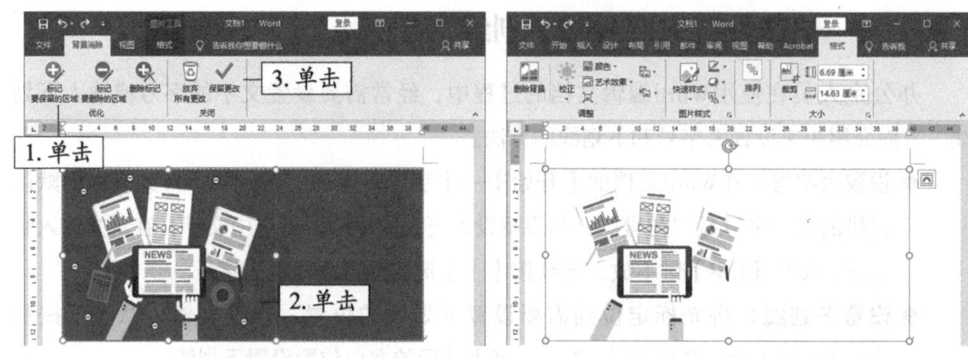

图 8-12 设置需要保留的区域　　图 8-13 删除背景后的效果

8.1.6 自动为跨页表格添加表头

办公室人员在Word中制作表格时，如果出现表格跨页的情况，需要为跨页的表格添加表头，以明确表格内容，辅助人们对内容的阅读。办公室人员在Word中可以通过设置，自动为跨页表格添加表头。其方法是：选择第1页的表头，在【表格工具】→【布局】→【数据】组中单击“重复标题行”按钮，即可自动为跨页表格的每一页添加相同的表头，如图8-14所示。

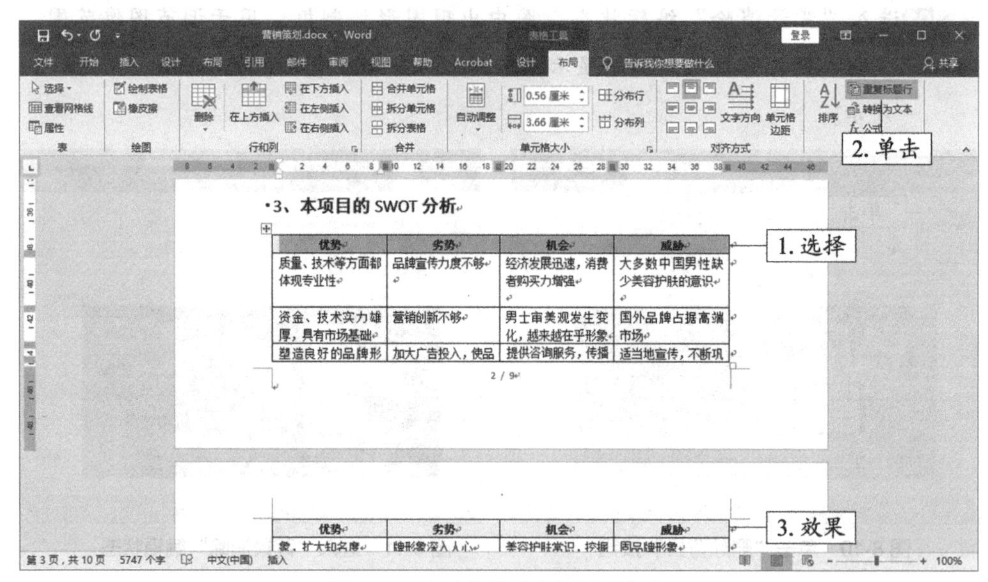

图 8-14 自动为跨页表格添加表头

8.1.7 图文混排的常用方法

办公室人员在使用Word编辑文档的过程中，为了制作出图文并茂的文档，通常需要按照版式需求对图片进行适当的调整，以实现图文混排的效果。常用方法主要有以下两种。

◆ **单击“位置”按钮：**选中图片，在【图片工具】→【格式】→【排列】组中单击“位置”按钮，在打开的下拉列表中选择所需的文字环绕方式，如图8-15所示。

◆ **单击“环绕文字”按钮：**选中图片，在【图片工具】→【格式】→【排列】组中单击“环绕文字”按钮，在打开的下拉列表中选择需要的环绕方式，如图8-16所示。

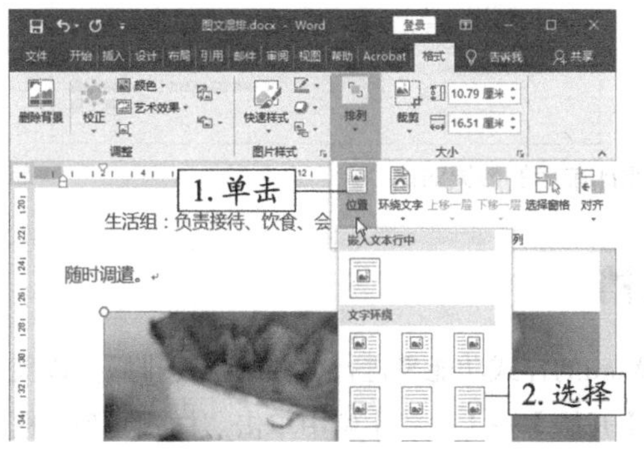

图 8-15　单击“位置”按钮

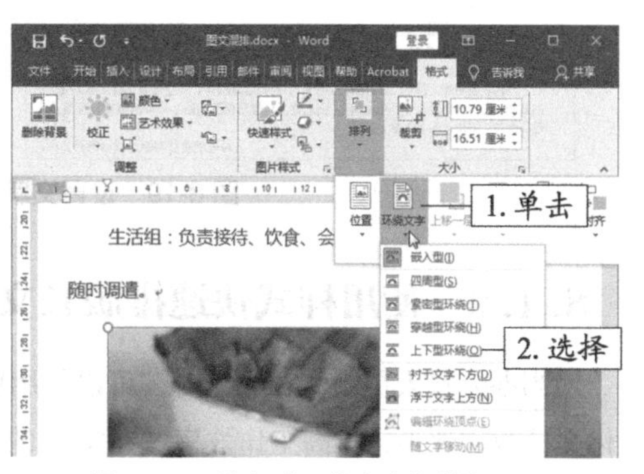

图 8-16　单击“环绕文字”按钮

8.1.8　快速设置文档文字水印效果

办公室人员在打印一些重要文件时给文档加上水印，例如“绝密”“保密”等字样，可让该文件的持有者知道该文档的重要性。其具体操作如下。

步骤01 打开需要设置文字水印的Word文档，选择【设计】→【页面背景】组，单击“水印”按钮，在打开的下拉列表中可选择Word预置的一些水印样式，如“机密”“紧急”“免责声明”栏中的各种样式，如图8-17所示。

步骤02 若这些样式不满足需要，还可以选择“自定义水印”选项，打开“水印”对话框，单击选中“文字水印”单选项，在“文字”文本框中输入需要设置的文字，然后设置字体、字号、颜色和显示版式，最后单击 确定 按钮，如图8-18所示。

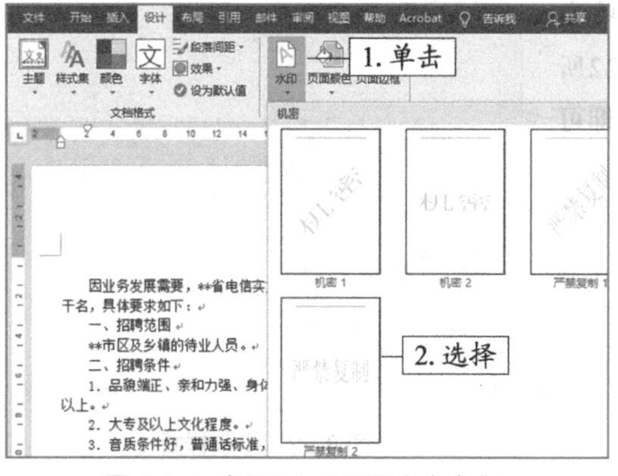

图 8-17　应用 Word 预置文字水印

图 8-18　自定义文字水印效果

步骤03返回文档即可查看效果，设置前后的效果对例如图8-19所示。

3．音质条件好，普通话标准，口齿清楚。
4．有较强的文字、语言表达能力和沟通能力。
5．了解**地域基本情况，具有一定的计算机文字输入能力。
6．具有良好的心理素质及营销服务潜质。
三、用工性质
为**市劳动保障事务代理中心合同制员工，派遣至**省电信实业有限公司**市分公司。
四、待遇
工资报酬按照用工单位派遣制员工薪酬管理办法执行，公司实习期的基本工资为¥2000.00元。享受养老、医疗等五大保险及公积金。
五、报名方式
应聘者请将本人简历（请写明联系电话）、身份证复印件、失业证复印件、学历证书复印件及一寸照片一张，于9月15日前寄至**市东街四马路1号**电信实业有限公司**市分公司综合办905室。
电信实业有限公司市分公司

5．了解**地域基本情况，具有一定的计算机文字输入能力。
6．具有良好的心理素质及营销服务潜质。
三、用工性质
为**市劳动保障事务代理中心合同制员工，派遣至**省电信实业有限公司**市分公司。
四、待遇
工资报酬按照用工单位派遣制员工薪酬管理办法执行，公司实习期的基本工资为¥2000.00元。享受养老、医疗等五大保险及公积金。
五、报名方式
应聘者请将本人简历（请写明联系电话）、身份证复印件、失业证复印件、学历证书复印件及一寸照片一张，于9月15日前寄至**市东街四马路1号**电信实业有限公司**市分公司综合办905室。
电信实业有限公司市分公司
2018年8月31日

图 8-19　设置文字水印前后的效果对比

8.1.9　使用样式快速排版长文档

当办公室人员制作长文档时，可以使用Word的样式功能来进行文档的快速排版，以美化文档版式效果，提高工作效率。在Word的【开始】→【样式】组中单击“样式”列表框右下角的“其他”按钮，展开“样式”列表框，在该列表框中可以直接选择“正文”“标题1”“标题2”“要点”等样式应用到文档中，实现文档的快速排版，如图8-20所示。

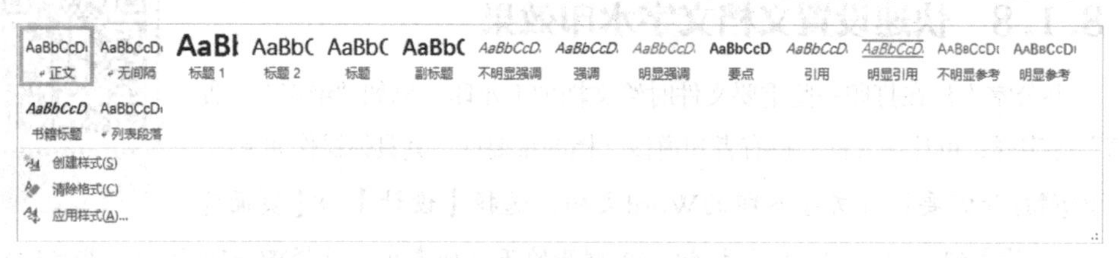

图 8-20　样式列表框

若Word自带的样式不能满足需要，可以选择“创建样式”选项，打开“根据格式创建新样式”对话框，如图8-21所示。设置样式名称并单击修改(M)...按钮，扩展该对话框，并进行样式格式的修改设置，完成后单击确定按钮完成样式的创建，如图8-22所示。然后在“样式”列表框中进行应用即可完成长文档的快速排版。

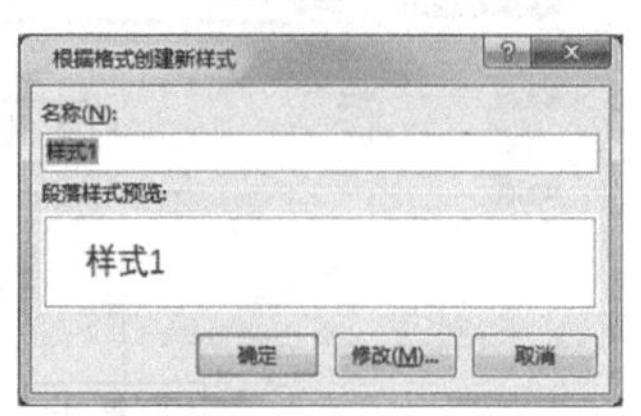

图 8-21　创建样式

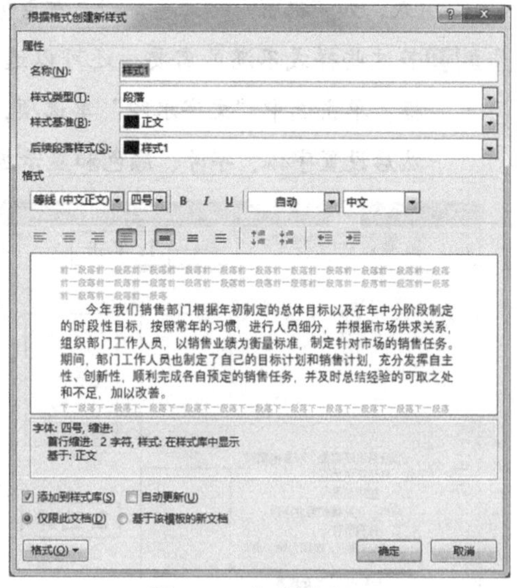

图 8-22　修改样式

8.1.10 自动提取目录

办公室人员通过样式排版了长文档后需要提取目录时，可通过Word的自动提取目录功能来实现这一操作。其方法是：将光标定位在需要放置目录的位置，在【引用】→【目录】组中单击“目录”按钮，在打开的下拉列表中选择需要的目录样式即可，如图8-23所示。

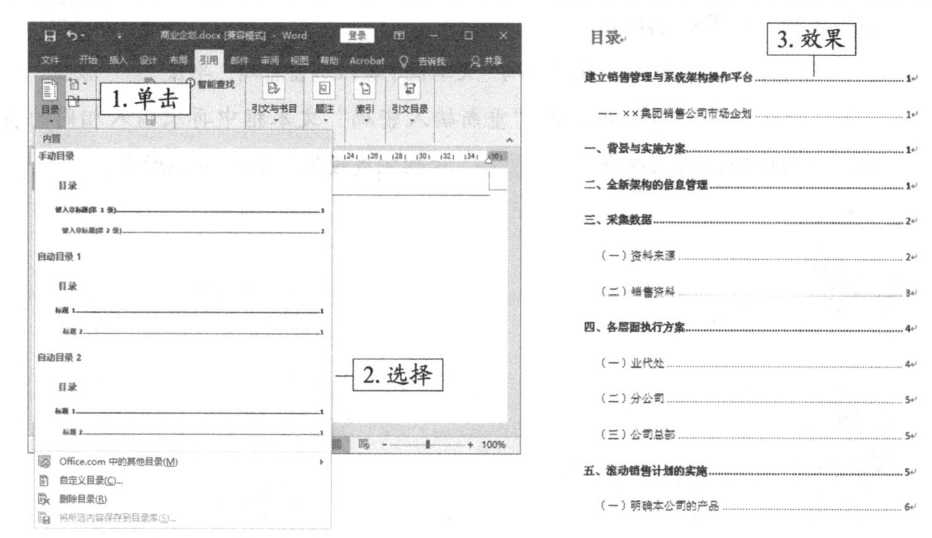

图 8-23　自动提取目录

8.1.11 设置多样的页眉和页脚效果

办公室人员在进行文档制作时，可以通过设置页眉和页脚来标识文档属性、页码范围等内容，以增强文档的专业性。在Word中设置页眉和页脚的方法很简单，办公室人员可根据需要选择不同的方法来进行页眉和页脚的设置。

- **设置页眉**：在Word文档的页眉中可以添加公司名称、文档名称、制作人名称等信息，以明确归属、主题等内容。其方法是：在【插入】→【页眉和页脚】组中单击“页眉”按钮，在打开的下拉列表中选择一种预置的页眉样式；或选择“编辑页眉”选项，自行输入和编辑页眉信息。
- **设置页脚**：同样地，也可以在文档页脚位置添加信息，如页码、署名等。其方法是：在【插入】→【页眉和页脚】组中单击“页脚”按钮，在打开的下拉列表中选择一种预置的页脚样式；或选择“编辑页脚”选项，自行输入和编辑页脚信息。

8.1.12 文档的加密和解密

为了保证文档内容不被其他人随意修改，办公室人员需要为文档进行加密。而要打开加密的文档，就需要进行解密。下面分别进行介绍。

1．文档加密

文档加密功能可以防止文档被修改，其具体操作如下。

步骤01 选择【文件】→【信息】命令，在打开的“信息”界面中单击“保护文档”按钮，在打开的下拉列表中选择“用密码进行加密”选项，如图8-24所示。

步骤02 打开“加密文档”对话框，在“密码”文本框中输入加密密码，单击 确定 按钮。

步骤03 打开“确认密码”对话框，在“重新输入密码”文本框中再次输入相同的密码，以确保密码的正确性。单击 确定 按钮完成设置，如图8-25所示。

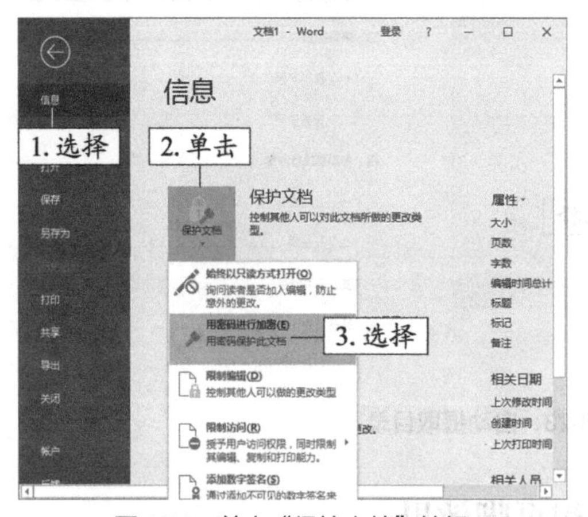

图 8-24　单击“保护文档”按钮

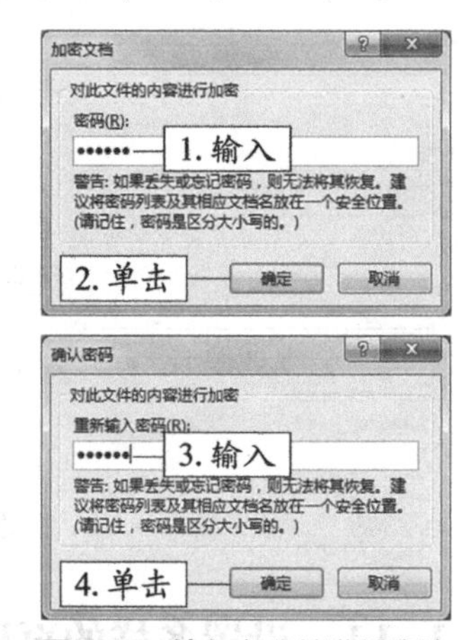

图 8-25　输入密码并进行确认

2．文档解密

当不需要密码时，办公室人员就可以删除密码，对文档进行解密。其具体操作如下。

步骤01 打开被加密的文档，将同时打开“密码”对话框，在文本框中输入密码，单击 确定 按钮打开文档，如图8-26所示。

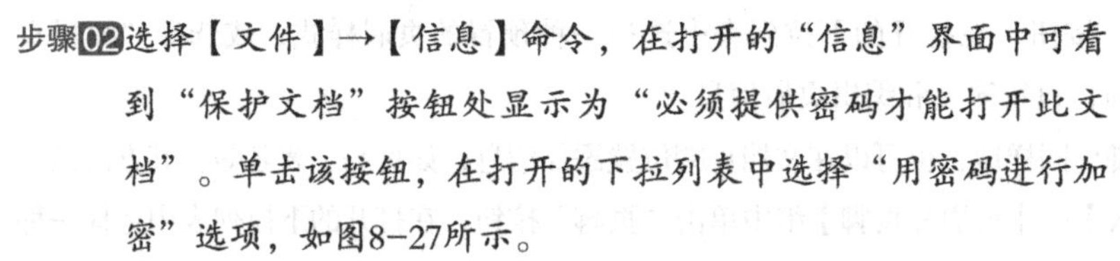

步骤02 选择【文件】→【信息】命令，在打开的“信息”界面中可看到“保护文档”按钮处显示为“必须提供密码才能打开此文档”。单击该按钮，在打开的下拉列表中选择“用密码进行加密”选项，如图8-27所示。

步骤03 打开“加密文档”对话框，删除“密码”文本框中的密码，单击 确定 按钮进行文档的解密，如图8-28所示。

步骤04 解密后再次打开文档时，将不再提示输入密码。且“信息”界面中，“保护文档”按钮处将不再提示输入密码的信息，如图8-29所示。

图 8-26　输入密码打开文档

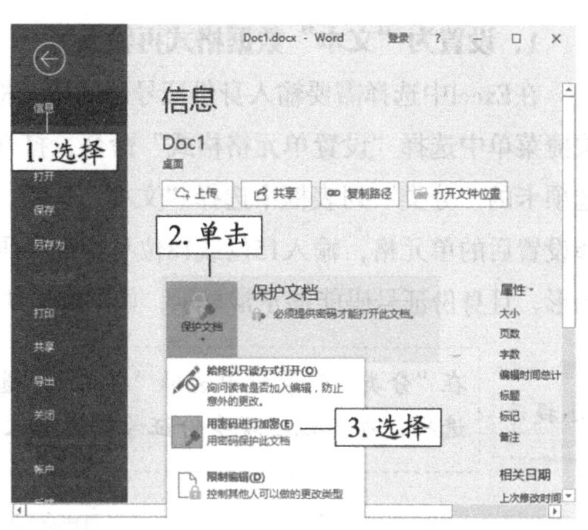

图 8-27　再次单击“保护文档”按钮

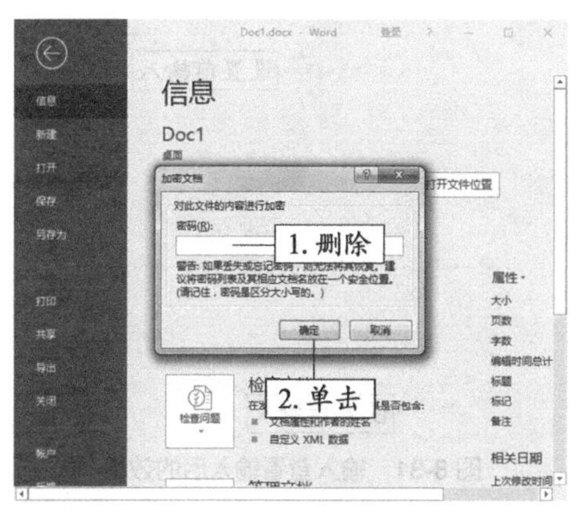

图 8-28　删除密码

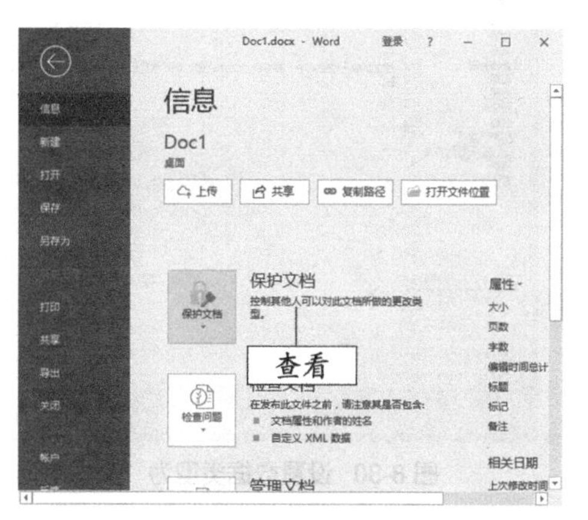

图 8-29　查看文档

8.2 Excel 表格处理技巧

Excel也是办公室人员日常办公中不可缺少的软件，如工资表、库存表、销量统计表、员工信息表等常见表格，都可以通过Excel办公软件来进行制作与处理分析。下面介绍一些使用Excel的常用技巧，帮助办公室人员快速完成表格的制作与编辑。

8.2.1 快速输入身份证号码等特殊数据

众所周知，在Excel中输入身份证号码或其他超过11位长度的数值内容时，Excel会默认以科学计数的方式进行显示，如输入“513701111111116000”就会显示为“513701E+17”。设置单元格格式即可解决该问题。

1．设置为“文本”数据格式再输入

在Excel中选择需要输入身份证号码的单元格或单元格区域，单击鼠标右键，在弹出的快捷菜单中选择“设置单元格格式”命令，打开“设置单元格格式”对话框。在“数字”选项卡的“分类”列表框中选择“文本”选项，单击 确定 按钮即可，如图8-30所示。选择设置后的单元格，输入15位或18位身份证号码即可看到单元格左上角有一个绿色的小三角形，且身份证号码能够正常显示，如图8-31所示。

在“分类”列表框中选择“自定义”选项，然后在“类型”列表框中选择“@”选项，也可以实现身份证号码的输入功能。

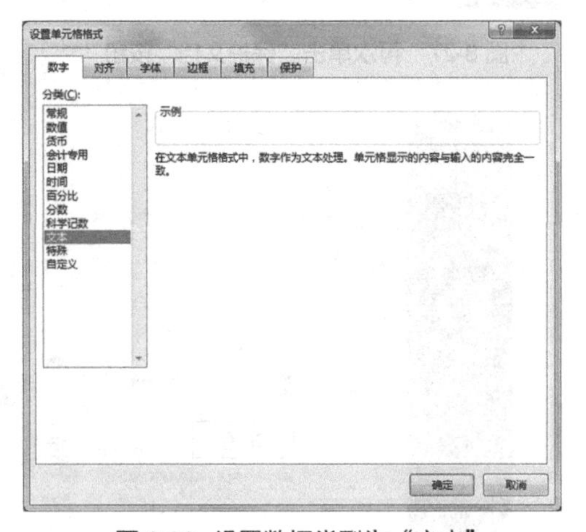

图8-30 设置数据类型为“文本”

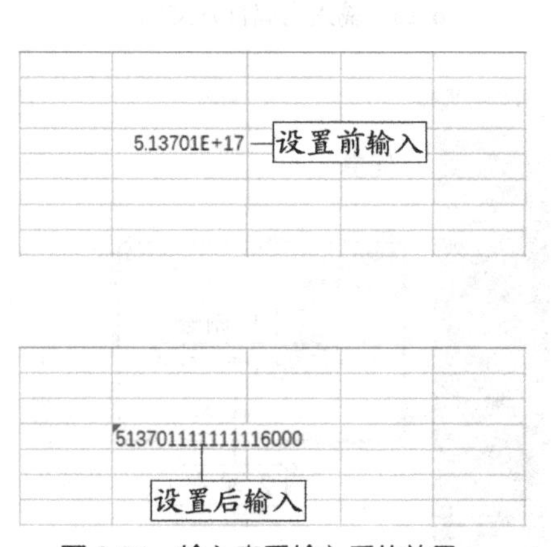

图8-31 输入查看输入后的效果

2．利用单引号“'”输入

选择单元格，在输入身份证号码前先输入一个英文单引号“'”，然后再输入身份证号码，即可将输入的数字自动转换为文本，如图8-32所示。

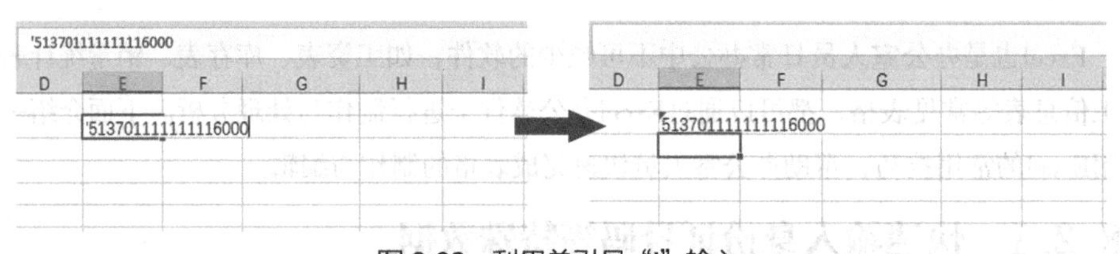

图8-32 利用单引号“'”输入

上述两种方法都必须是在未输入身份证号码之前先进行单元格格式的设置或先输入“'”才有效。

8.2.2 快速输入相同或有规律的数据

办公室人员需要在表格中输入大量相同的内容或有规律的数据时，可以通过一些简单的技巧来进行数据的快速输入，以提高数据录入的速度。

1. 快速输入相同的数据

如果要在多个单元格中输入相同的数据，可分为在连续的单元格中输入和在不连续的单元格中输入两种情况。下面分别介绍输入方法。

◆ **在连续的单元格中输入相同数据：** 在Excel中需要输入数据的起始单元格中输入需要的数据。将鼠标指针移动到该单元格的右下方，当其变为+形状时，按住鼠标左键向上、下、左或右拖动，到达目标单元格后松开鼠标左键，此时鼠标指针移动过程中所经过的单元格中就输入了与起始单元格相同的数据，如图8-33所示。

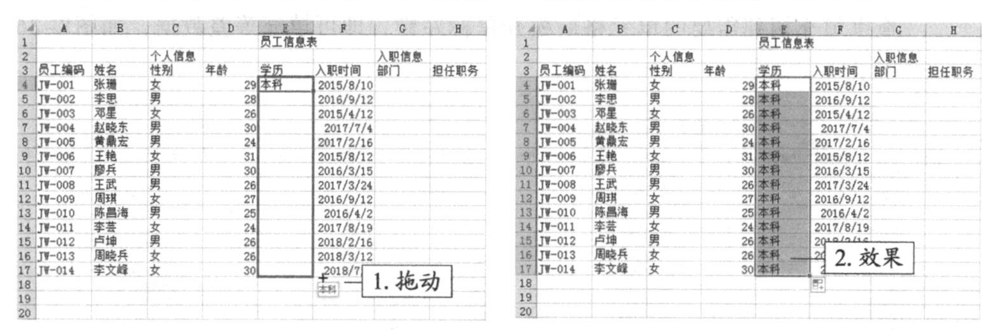

图 8-33 在连续的单元格中输入相同数据

◆ **在不连续的单元格中输入相同数据：** 按住【Ctrl】键不放，单击需要输入相同数据的单元格，并将其选中，然后在最后选择的单元格中输入需要的数据，按【Ctrl+Enter】组合键即可在所有选中的单元格中输入相同的数据，如图8-34所示。

图 8-34 在不连续的单元格中输入相同数据

2. 快速输入有规律的数据

对于一些要经常输入的有规律的数据，如员工编号、代码等数据，手动录入不仅慢，还容易出错，而利用Excel的自动填充功能就可以高效快速地进行数据的输入。下面介绍一些常见的规律性数据的填充方法，主要包括填充等差为“1”、指定差值两种方法。

◆ **快速填充等差为“1”的规律数据**：在单元格中输入等差数据的第1个数字，按住【Ctrl】键不放，在单元格的右下方按住鼠标左键，拖曳填充柄到需要的单元格位置后松开鼠标左键，即可填充差值为1的等差数据。如果数据前面有汉字或英文字符，如“dxkj001”等，在第1个单元格中输入后，直接在单元格的右下方按住鼠标左键，拖曳填充柄到需要的单元格位置后松开鼠标左键，便可填充等差为“1”的序列数据，如图8-35所示。

◆ **填充指定差值的等差数据**：在第1个单元格中输入等差数据的第1个数字，在第2个单元格中输入第2个数字。选择这两个单元格，在单元格的右下方按住鼠标左键，拖曳填充柄到需要的单元格后松开鼠标左键，即可填充等差数据，如图8-36所示。

图 8-35　快速填充等差为“1”的规律数据　　图 8-36　填充指定差值的等差数据

8.2.3　快速设置和清除单元格样式

办公室人员在制作电子表格的过程中，可以通过Excel自带的功能来快速设置单元格样式；当不需要时，还可以将其清除。

◆ **快速设置单元格样式**：选择需要设置样式的单元格，在【开始】→【样式】组中单击“单元格样式”按钮，在打开的下拉列表中选择一种样式应用即可，如图8-37所示。

◆ **快速清除单元格样式**：在制作完成表格内容后，如需要更改其中一些单元格的样式，可先将原有的样式清除，再设置新样式。在Excel中选择需要清除样式的单元格或单元格区域，选择【开始】→【编辑】组，单击“清除”按钮，在打开的下拉列表中选择“清除格式”选项即可，如图8-38所示。

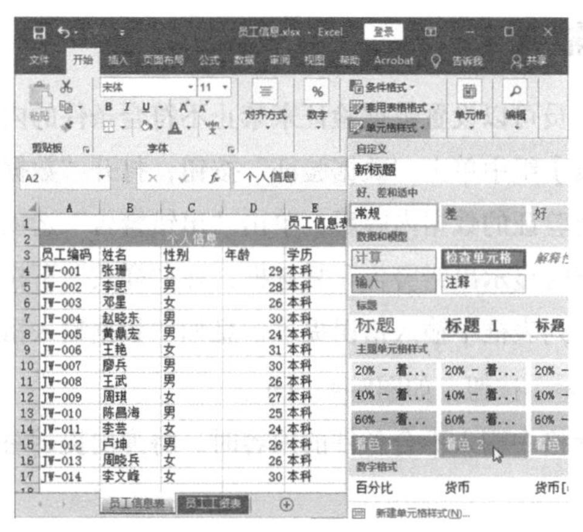

图 8-37　快速设置单元格样式

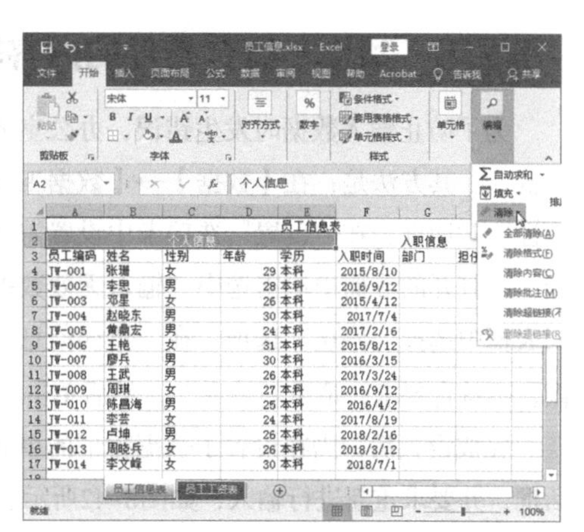

图 8-38　快速清除单元格样式

8.2.4　自制下拉菜单快速输入性别

办公室人员在Excel中录入人员信息时，经常需要输入性别。此时，办公室人员可以通过自制下拉菜单的方法快速进行性别的选择输入，以提高输入效率，并保证数据的正确。设置下拉菜单快速输入性别的具体操作如下。

步骤01 选择需要输入性别数据的单元格区域，在【数据】→【数据工具】组中单击“数据验证”按钮。

步骤02 打开“数据验证”对话框，在“设置”选项卡下的“允许”下拉列表框中选择“序列”选项，在“来源”文本框中设置数据来源，这里可直接输入“女，男”，表示该序列有两个值，分别是“女”和“男”，如图8-39所示。

步骤03 单击  按钮，返回Excel工作表中选择单元格，单击单元格右侧的下拉按钮，在打开的下拉列表中即可直接选择性别信息进行输入，如图8-40所示。

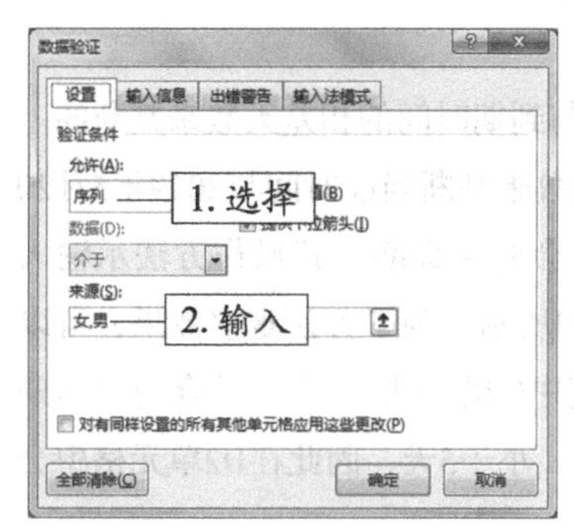

图 8-39　设置数据序列和来源

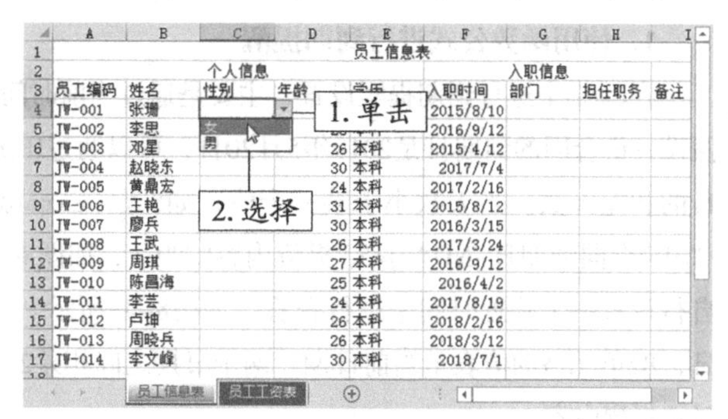

图 8-40　查看数据输入效果

8.2.5 禁止不符合条件的内容输入

为了防止输入数据时发生错误，办公室人员可以设置数据验证来禁止不符合条件的内容输入。其方法是：在【数据】→【数据工具】组中单击“数据验证”按钮，打开“数据验证”对话框，在“设置”选项卡中设置需要验证的数据内容后，单击“出错警告”选项卡，在打开的界面中单击选中“输入无效数据时显示出错警告”复选框，在“样式”下拉列表框中选择“停止”选项，在“错误信息”列表框中输入错误提示信息如“数据输入错误，不符合要求，请重新输入”，然后单击 确定 按钮，如图8-41所示。

完成设置后，当在设置了数据验证的单元格中输入不合条件的内容时，将弹出提示对话框，并要求重新进行输入，如图8-42所示。

图 8-41 设置出错警告

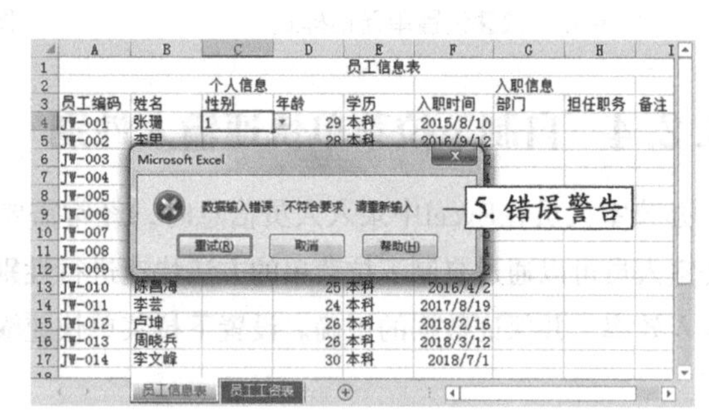

图 8-42 查看出错效果

8.2.6 自动提醒到期合同

办公室人员在日常办公中，为了保证各项工作的正常推进，经常需要提醒领导快到期的内容，如合同到期日、应收账款到期日、员工生日等。此时，办公室人员就可以通过Excel来进行自动提醒设置，主要包括函数公式提醒和条件格式提醒两种方法，下面分别进行介绍。

1. 使用函数公式进行到期提醒

在Excel中进行到期提醒设置，主要是通过当前时间与到期时间的相差天数来判断的。假设一份合同的到期日是2019年5月20日，可以通过IF函数来判断当前时间与2019年5月20日的相差天数。当天数小于某一个值，如5天，Excel就会开始提醒。其操作方法示输入“=IF(合同到期日-NOW()<5,"提醒内容","")”，如图8-43所示。为了方便观察效果，可以自行设置一个临近时间来进行查看，如图8-44所示。其中C2单元格的值就是合同的到期日，B2单元格的值表示当前日期，两个日期之间相差2天，小于5天，因此在D2单元格中会显示提醒内容。

=IF(C2-NOW()<5,"紧急！！到期提醒！","")

B	C	D	E
	合同到期日	到期提醒	
	2019年5月20日		

图 8-43　到期提醒的计算方法

=IF(C2-B2<5,"紧急！！到期提醒！","")

B	C	D	E
当前日期	合同到期日	到期提醒	
2019年5月18日	2019年5月20日	紧急！！到期提醒！	

图 8-44　自行设置日期观察提醒效果

2．使用条件格式进行到期提醒

在Excel中，办公室人员还可以通过设置单元格的条件格式来使单元格的样式发生变化从而达到提醒的目的，如设置自动提醒到期合同的单元格以高亮显示，其具体操作如下。

步骤01 启动Excel，在工作表中输入图8-45所示的内容。然后选择C2单元格，单击【开始】→【样式】组中的“条件格式”按钮，在打开的下拉列表中选择“新建规则”选项。

步骤02 打开“新建格式规则”对话框，在“选择规则类型”列表框中选择“使用公式确定要设置格式的单元格”选项，在下方的“为符合此公式的值设置格式”文本框中输入公式，这里输入“=C2-B2<=5”（在实际操作中，B2的值应该为NOW()），然后单击 格式(F)... 按钮，如图8-46所示。

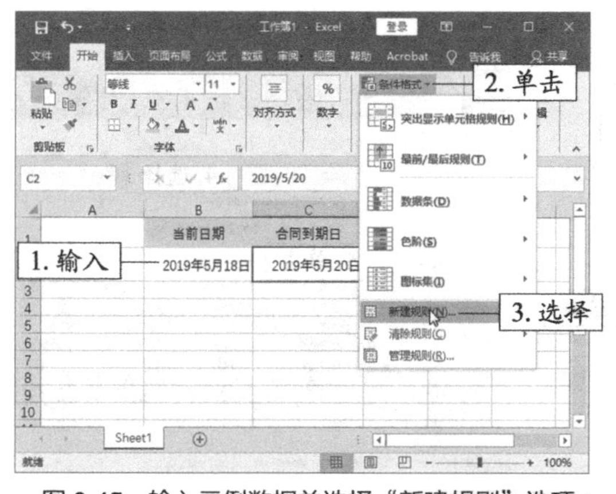

图 8-45　输入示例数据并选择“新建规则”选项

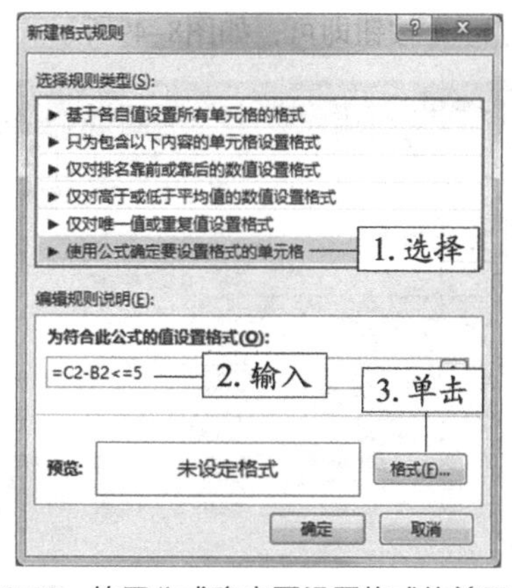

图 8-46　使用公式确定要设置格式的单元格

步骤03 打开“设置单元格格式”对话框，单击“填充”选项卡，然后在“背景色”栏中选择需要填充的单元格颜色。这里选择“红色”选项，最后单击 确定 按钮，如图8-47所示。

步骤04 返回“新建格式规则”对话框，单击 确定 按钮，返回Excel电子表格。此时即可看到C2单元格以红色底纹高亮显示，如图8-48所示。办公室人员即可通过该单元格的状态来判断合同是否即将到期。

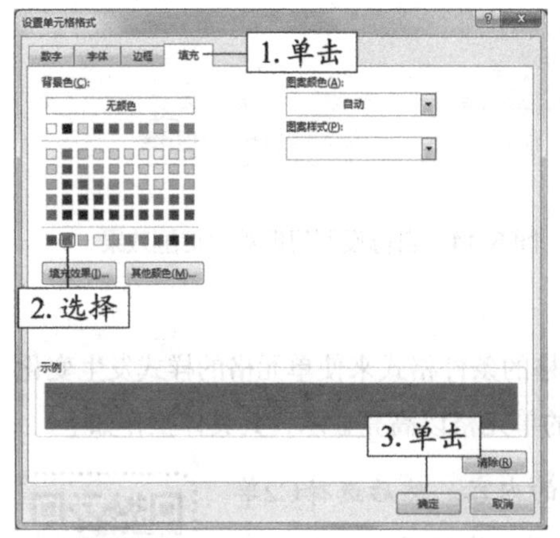

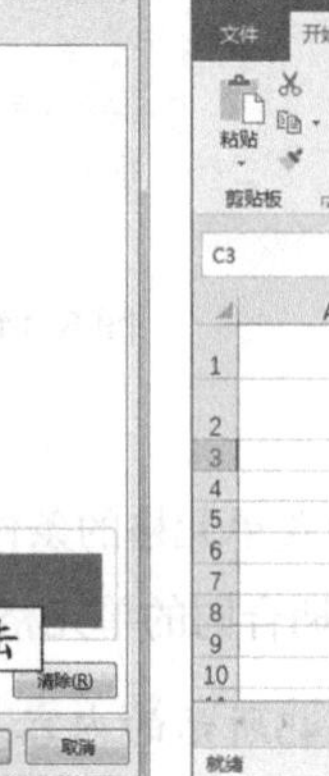

图 8-47　设置符合条件的单元格格式　　图 8-48　查看显示效果

8.2.7　快速查找重复数据

办公室人员在Excel中可以通过条件格式快速查找重复数据并将其显示出来。其方法是：在工作表中选择需要进行查找的单元格区域，在【开始】→【样式】组中单击“条件格式”按钮，在打开的下拉列表中选择“突出显示单元格规则”选项，在子列表中选择“重复值”选项，打开“重复值”对话框，在其中设置有重复值的单元格的显示格式，单击 确定 按钮即可，如图8-49所示。

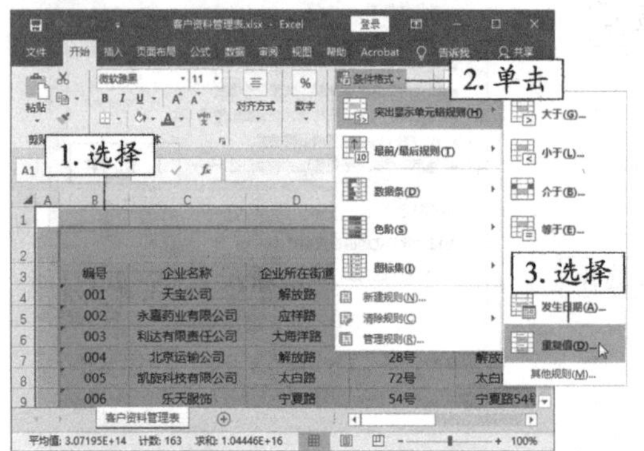

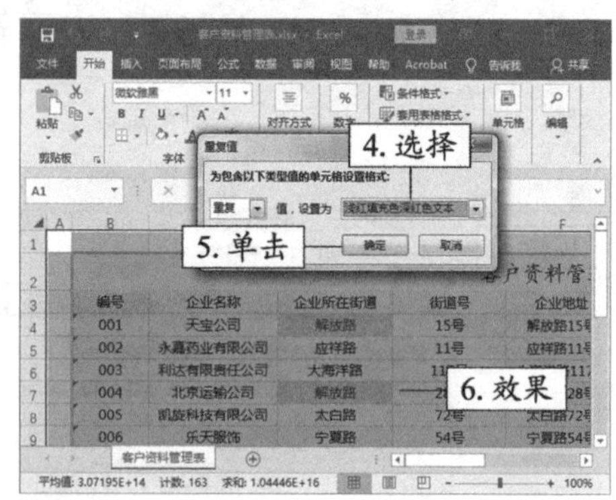

图 8-49　快速查找重复数据

8.2.8　排序混乱的多表格数据合并

在实际办公过程中可能会出现需要将多个表格的数据合并到一个表格中的情况。如表1包含员工部门、员工姓名、员工编码信息，如图8-50所示；表2包含员工部门、员工姓名、员工工资信息，如图8-51所示。两个表格中的数据排序不同，人数相同。现在要求合并表1和表2，在表1的基础上新增员工工资数据，将表2中排序混乱的员工工资数据添加到

表1中，使其与每个员工的数据一一匹配。合并后的表1一共包括员工编码、员工姓名、员工部门、员工工资4项数据。

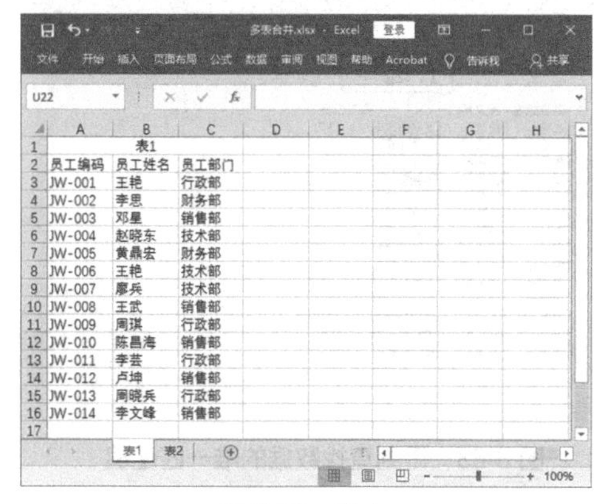

员工编码	员工姓名	员工部门
JW-001	王艳	行政部
JW-002	李思	财务部
JW-003	邓星	销售部
JW-004	赵晓东	技术部
JW-005	黄鼎宏	财务部
JW-006	王艳	技术部
JW-007	廖兵	技术部
JW-008	王武	销售部
JW-009	周琪	行政部
JW-010	陈昌海	销售部
JW-011	李芸	行政部
JW-012	卢坤	销售部
JW-013	周晓兵	行政部
JW-014	李文峰	销售部

图 8-50　表 1

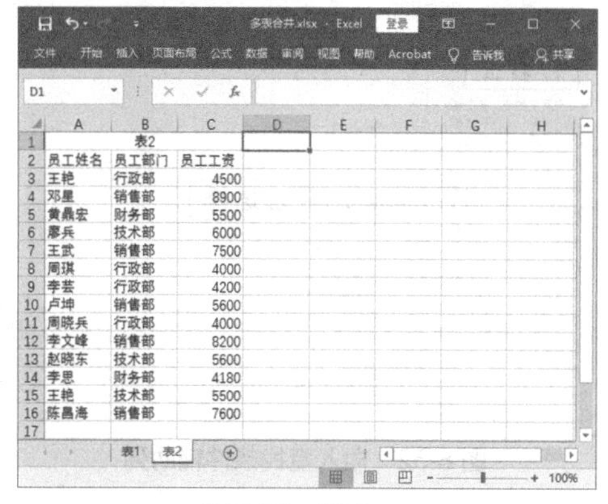

员工姓名	员工部门	员工工资
王艳	行政部	4500
邓星	销售部	8900
黄鼎宏	财务部	5500
廖兵	技术部	6000
王武	销售部	7500
周琪	行政部	4000
李芸	行政部	4200
卢坤	销售部	5600
周晓兵	行政部	4000
李文峰	销售部	8200
赵晓东	技术部	5600
李思	财务部	4180
王艳	技术部	5500
陈昌海	销售部	7600

图 8-51　表 2

在遇到这种问题时，办公室人员就可以通过VLOOKUP函数来进行数据的筛选匹配。VLOOKUP函数是Excel中最为常用的数据查找与引用函数之一，在实际办公中的应用非常广泛。其语法结构为：VLOOKUP(lookup_value, table_array, col_index_num, [range_lookup])。简单地进行理解，就是：VLOOKUP（要查找的值、要在其中查找值的区域、区域中包含返回值的列号、精确匹配或近似匹配，指定为 0/FALSE 或 1/TRUE）。办公室人员在使用该函数进行数据的查找与引用时，需要保证要查找的值是唯一的，如员工编号。但在表2中没有员工编号这一数据，因此，需要通过其他数据来进行查找，如员工姓名。但员工姓名可能会出现重复，如“王艳”这个名字在行政部和技术部都有，因此，需要通过多个字段的组合来进行查找值（lookup_value）的确定。这里查找字段为：员工姓名+员工部门。其具体操作如下。

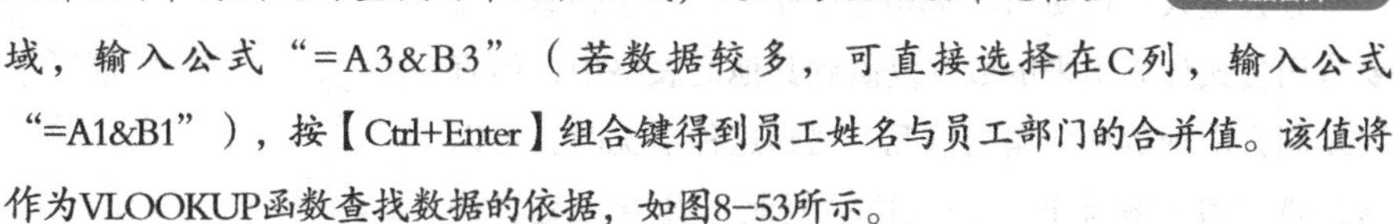

步骤01 切换到“表2”工作表，在C列上右击，在弹出的快捷菜单中选择“插入”命令，在员工工资数据前添加一列查找条件辅助列，如图8-52所示。

步骤02 选择C列中需要进行查找的单元格区域，这里为C3:C16单元格区域，输入公式“=A3&B3”（若数据较多，可直接选择在C列，输入公式“=A1&B1”），按【Ctrl+Enter】组合键得到员工姓名与员工部门的合并值。该值将作为VLOOKUP函数查找数据的依据，如图8-53所示。

步骤03 切换到“表1”工作表，在D2单元格中输入“员工工资”。选择D3单元格，输入公式“=VLOOKUP(B3&C3,表2!C:D,2,0)”，按【Ctrl+Enter】组合键在表2的C列和D列数据区域中查找，将与表1的“员工姓名+员工部门”的值相匹配的员工工资数据引用到D3单元格，如图8-54所示。公式中的2即表示返回C列和D列中的第2列，即员工工资数据。

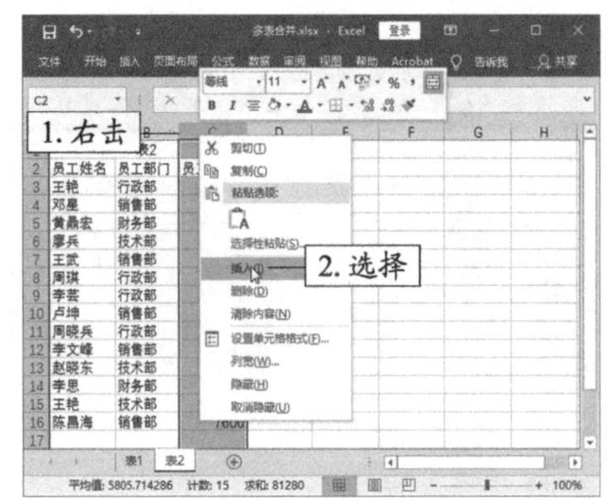

图 8-52 插入查找条件辅助列

图 8-53 得到查找数据的唯一匹配值

步骤04将鼠标指针放在D3单元格的右下角，拖动填充柄到D16单元格进行公式的复制，完成员工工资数据的查询与匹配操作，如图8–55所示。

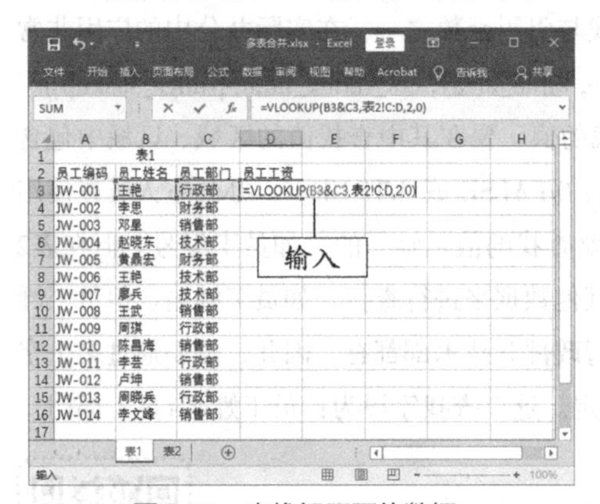

图 8-54 查找相匹配的数据

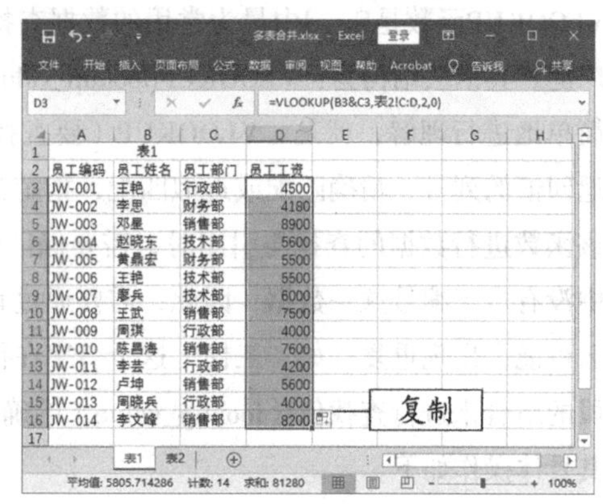

图 8-55 复制公式

8.2.9 复制计算好的公式值

办公室人员在使用Excel电子表格的过程中，有时需要将用公式计算出来的数据复制到其他的表格中，但直接复制会出现数据出错的情况。遇到这种情况时，可以通过选择性粘贴来进行公式值的复制。其方法是：按【Ctrl+C】组合键复制需要的公式值，在目标单元格位置右击，在弹出的快捷菜单中选择“选择性粘贴”命令，打开“选择性粘贴”对话框，单击选中“数值”单选项，单击确定按钮即可，如图8–56所示。

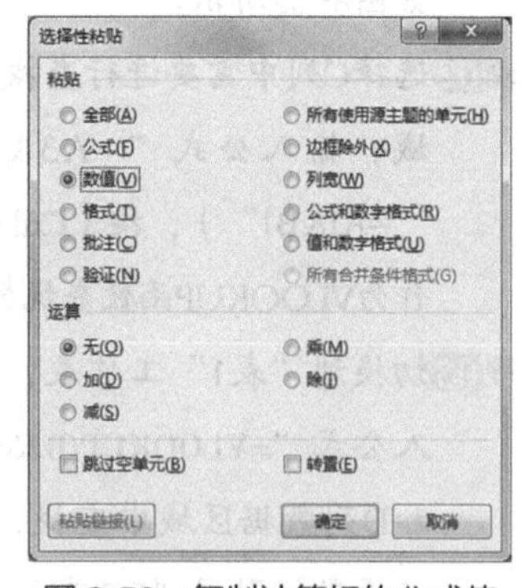

图 8-56 复制计算好的公式值

8.2.10 数据透视表的使用

当需要进行大量数据的快速合并与比较时，办公室人员可通过数据透视表来进行。数据透视表是一种交互式报表，可以对同类型的数据进行合并显示，并使其以合计值、最大值、平均值等不同的计算方式进行数据显示，以更好地帮助办公室人员进行数据分析。以“部门费用统计表”为例，将其按照部门进行数据的合并比较，其具体操作如下。

步骤01 打开“部门费用统计表.xlsx”工作簿（素材\第8章\部门费用统计表.xlsx），在【插入】→【表格】组中单击“数据透视表”按钮，如图8-57所示。

步骤02 打开“创建数据透视表”对话框，在“请选择要分析的数据”栏的“表/区域”文本框中设置数据透视表的数据源，这里设置为A2:I18单元格区域。然后在“选择放置数据透视表的位置”栏中单击选中“新工作表”单选项，单击 确定 按钮，如图8-58所示。

图 8-57 单击“数据透视表”按钮

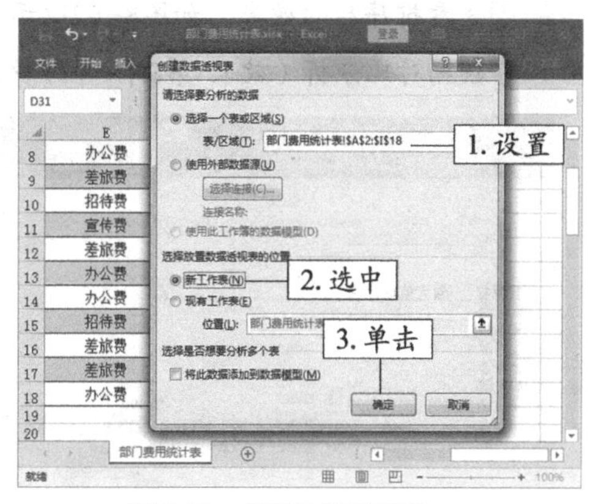

图 8-58 创建数据透视表

步骤03 此时将创建一个空白的数据透视表。在“数据透视表字段”任务窗格中的“选择要添加到报表的字段”列表框中，将“所属部门”字段拖动到“行”列表框中，将“入额”“出额”“余额”拖动到“值”列表框中，此时数据透视表将按照所属部门进行数据的合并比较，如图8-59所示。

步骤04 使用相同的方法，可以添加需要查看的数据。也可以改变数据透视表的默认数据计算方法。在带有“求和项”的单元格上单击鼠标右键，在弹出的快捷菜单中选择“值汇总依据”命令，在子菜单中可选择其他的汇总方式，如选择“最大值”命令，如图8-60所示。

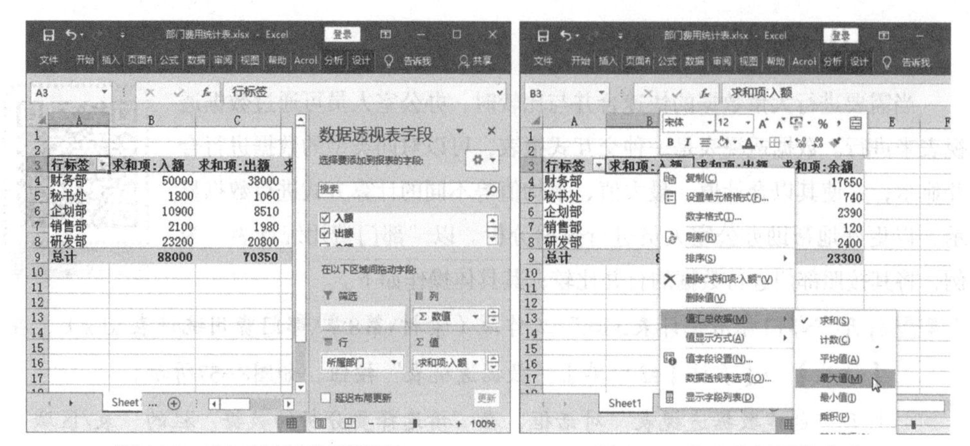

图 8-59　添加数据透视表数据　　　　图 8-60　改变数据汇总方式

步骤05 在任意数据上单击鼠标右键，在弹出的快捷菜单中选择“排序”选项，在子菜单中可设置数据的排序方式，如选择“升序”命令，如图8-61所示。

步骤06 查看排序后的效果，如图8-62所示。然后保存工作簿完成数据透视表的创建和数据对比分析（效果\第8章\部门费用统计表.xlsx）。

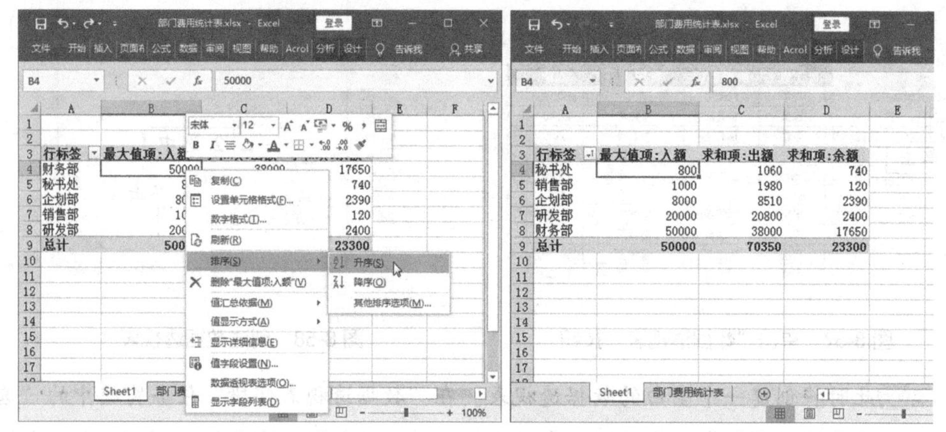

图 8-61　透视数据排序　　　　图 8-62　查看最终效果

8.3 PPT 演示文稿制作技巧

PowerPoint（以下简称为PPT）是除Word、Excel外的另一常用办公软件。办公室人员通过它可以制作各种类型的演示文稿，如年终总结、会议报告、流程图示等。办公室人员在使用PowerPoint的过程中，需要掌握以下技巧，才能更高效地制作演示文稿，提高演示文稿的专业性和美观度。

8.3.1 寻找合适的PPT模板、素材

办公室人员在制作PPT前，应该先寻找合适的PPT模板和素材，以提高制作PPT的效率。PPT模板是专用于进行PPT设计的，模板中已经设计好了幻灯片的版式、页面的布局方式、字体样式、图表演示和页眉页脚等多种格式，可以为办公室人员提供更加清晰的制作思路和更严谨的逻辑结构。不管是PPT模板，还是文字、图形、图片等PPT中常用的素材，一般都可以通过以下两种方法来获得。

- **自己制作：**办公室人员通过自己的能力来进行素材的制作，包括PPT模板设计、图形绘制和图片拍摄等。这种方法要求办公室人员具有较高的图形图像设计能力，能够通过设计来体现自身风格和能力，否则会浪费大量的时间，降低制作效率。
- **网络下载：**互联网的高速发展，为办公室人员提供了更轻松地获取PPT模板和素材的方法。在网站上下载PPT模板、文字和各种高质量图片，办公室人员能够轻松得到效果非常出色的素材。但这种方法也有自身的短板，那就是日益严格的版权管控问题。除非是没有版权或明确可以商用的素材，否则下载后，就不能用在商业上。

8.3.2 PPT字体、字号搭配技巧

同样的一组设计，换不同的字体、字号呈现的效果反差会非常大，因此办公室人员在设计PPT时还应结合演示主题、场景、风格等因素进行字体、字号的搭配。

1. PPT字体搭配

字体看似有很多，实质上可将其分为衬线字体与无衬线字体两类。

- **衬线字体：**衬线字体可以看作艺术化的字体。这种字体的笔画粗细不一，细节复杂，比较注重文字与文字的搭配与区分。宋体、楷体、隶书、华文新魏、粗倩体等是PPT制作中常用的衬线字体。图8-63为使用宋体作为幻灯片的标题和副标题的示例。
- **无衬线字体：**无衬线字体与衬线字体相反，笔画没有明显的装饰和粗细差别，是一种机械的、统一的线条。无衬线字体的文字细节简洁，字与字的区分不明显，更注重段落与段落、文字与图片的配合与区分。黑体、幼圆、微软雅黑、中等线、超粗黑、中黑等常见的无衬线字体，都具有简洁现代、商务感强烈的特点，非常适合在电子屏幕下阅读，所以在PPT中使用得非常广泛。图8-64为使用微软雅黑字体作为标题和正文的示例。

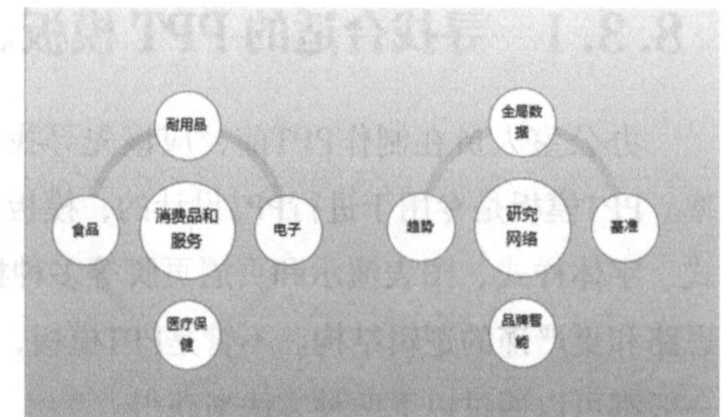

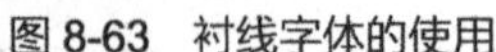
图 8-63 衬线字体的使用

图 8-64 无衬线字体的使用

2．PPT字号设置

为了保证演示PPT时，观众能够准确地理解内容，就要确保演示文稿中的文字能够被观众清晰地看到。由于演示文稿的演示场地，观众年龄、视力以及观看距离等因素的不同，文字字号的设置也就不同。在PPT的默认设置中，标题字号为44号，一级文本为32号，二级文本为28号……共有5级文本。虽然级别多，但建议最多用到二级文本就可以了。下面提供了3种方法来确定PPT字号的搭配。

- ◆ 将幻灯片缩小到66%的大小，如果仍能看清楚幻灯片上的文字，那么观众也可以看清楚。
- ◆ 站在演示厅最后一排的位置，确认后排观众也能看清楚幻灯片上的文字，那么这个字号就比较合适。
- ◆ 把观众中观众的最大年龄除以2，就是建议采用的幻灯片字号。

对于大多数演示文稿来说，幻灯片正文字号不小于18号，就能满足演示文稿的一般需求。

8.3.3 PPT 颜色搭配技巧

PPT制作效果是否美观，在很大程度上取决于颜色搭配的好坏。办公室人员在进行PPT制作时，要熟练掌握颜色搭配的技巧，这样才能增加演示文稿的美观性和专业性。

1．整体颜色不超过3种

一般情况下，工作型PPT的风格是专业、严谨的，此类幻灯片的整体颜色搭配最好不要超过3种。颜色太多不仅给人花哨轻浮的感觉，还会使观众失去阅读的兴趣，不利于信息的传递。当然，对于一些特定的行业（如广告传媒、创意设计等），设计PPT时应用的颜色可能超过3种，但其使用的颜色仍然是有规律的。

2．明确主色、辅色和点缀色

办公室人员在制作PPT时，要明确制作所需颜色的主色、辅色和点缀色。主色、辅色和点缀色之间有严格的面积相对关系，一旦确定下来，PPT中的每张幻灯片都应该遵循这种关系，否则就会显得杂乱无章。

◆ **主色：**在幻灯片中占据主角地位的颜色，称为主色。主色的特点是面积最大，主宰整体画面的色调。不同的主色的色相、饱和度和亮度，能够给观众带来不同的感觉。

◆ **辅色：**辅色最主要的作用是突出主色，其次是用于过渡、平衡色彩、丰富色彩层次等。辅色在强调和突出主色的同时，还必须符合设计所需要传达的风格，这样才能最大化体现出辅色的作用和意义。

◆ **点缀色：**点缀色顾名思义就是为了点缀画面而存在的。点缀色可以是一种颜色，也可以是多种颜色，但是不及辅色与主色的作用那么强。点缀色面积最小，起到一种装饰版面并为画面增添丰富效果的作用，例如标题强调、背景线条等。

如图8-65所示，该演示文稿的主色调为蓝色，包括不同亮度的深蓝色和亮蓝色两种；辅色为文字颜色，包括白色和黑色；点缀色为灰色，以图形的样式丰富幻灯片效果。

图 8-65　主色、辅色和点缀色

3．根据Logo进行配色

一个企业若拥有自己的形象视觉体系，如Logo设计、办公室装修设计、宣传画册等，则办公室人员可以在制作PPT时，直接选用公司的VI（企业视觉设计）体系进行搭配，以表达风格的统一。

如图8-66所示，某公司的Logo应用了黑、黄、绿3种颜色。办公室人员可以在图形图像软件中打开Logo图片，如在Photoshop中打开该图片，通过拾色器吸取Logo图片中的主要颜色，如图8-67所示，然后根据需要制作的PPT的主题来确定主色、辅色和点缀色。

图 8-66　公司 Logo

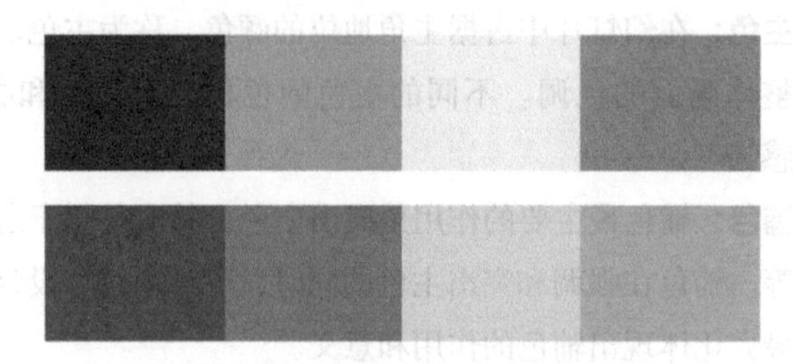

图 8-67　根据 Logo 提取颜色

4. 根据表达主题配色

如果没有固定的配色模板可用，需要自己进行颜色搭配时，PPT所表达的主题就是最重要的配色依据。首先应确定PPT的主色调，一般来说，科技、建筑、信息等适用冷色调（绿、青、蓝）；广告、金融、文化等适用暖色调（红、橙、黄）。当然，这也不是绝对的，办公室人员可根据自己的需要进行搭配。

确定好主色调后，就可以选择不同的配色方法来进行主题色的搭配。常见的主题色搭配方法主要有单色搭配、类似色搭配、互补色搭配3种，下面分别介绍。

◆ **单色搭配：**指同一系列色相相同、饱和度和亮度不同的颜色搭配方法。单色搭配是一种相对安全和谐的配色方法，可以使幻灯片看起来页面简洁，让人觉得非常专业，同时还可以提高制作的效率。如图8-68所示，幻灯片中除黑色、白色外，只有深红色一种颜色。

◆ **类似色搭配：**指色相环中相邻或相近的两个或两个以上的颜色搭配。这种搭配方法颜色之间的差异极其微小，但又比单色搭配更富有变化，不易产生呆滞感。如图8-69所示，该幻灯片使用了3种搭配颜色，即深红色、橙红色、淡红色。

图 8-68　单色搭配

图 8-69　类似色搭配

◆ **互补色搭配：**色相环上相对的两种色彩的搭配即为互补色搭配，如红色和绿色、黑白与其他颜色的搭配。使用互补色搭配时一定要有主次，用色比例和分量要有所差别，最佳搭配方式是将一种颜色作为主色，另一种颜色用于强调。如图8–70所示，该幻灯片中的主色为深蓝色，辅色为淡蓝色和淡红色，这种色彩搭配形成了强烈的对比，可以快速吸引观众的注意力。

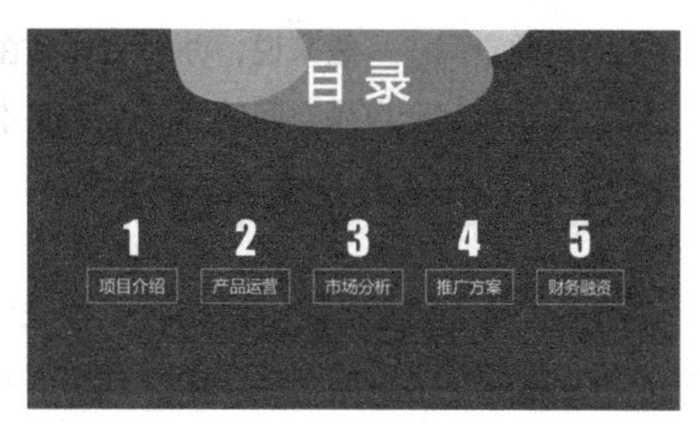

图8-70 互补色搭配

5．文字颜色与背景色的搭配

为了保障幻灯片的背景色不影响内容的识别，文字颜色与背景色之间需要形成一定的对比。如果幻灯片背景色为白色，那么可以选择黑色、蓝色、红色文字进行匹配；如果幻灯片背景色为黑色，则可以选择白色、黄色、橙色文字进行匹配；如果幻灯片背景色为黄色，则可以选择蓝色、黑色、红色文字进行匹配。

8.3.4 PPT图片的选择及使用禁忌

互联网上有许多关于如何获取图片的文章，且推荐了很多可以获得高清大图的下载地址，但这并不代表办公室人员就能找到真正合适的图片。办公室人员在挑选与使用图片时，应该注意以下问题才能得到理想的素材，制作出效果美观的演示文稿。

◆ **选择高分辨率的图片：** 图片的清晰度对PPT效果有很大的影响，特别是对于全图型PPT、产品发布会PPT而言，高清大图更是必不可少的元素。图片的清晰程度由其分辨率决定，因此办公室人员在挑选图片时，一定要选择分辨率很高的图片，以保证在展示演示文稿时，观众能够看到质量好、清晰度高、细节完整的图片。

◆ **图片内容与主题相匹配：** 在高分辨率的前提下，办公室人员在选择图片时还应考虑PPT要讲述的内容，选择与主题内容相匹配的图片，不要让图片显得格格不入。如在制作会议报告PPT时，办公室人员可以选择与办公内容相关的图片，如会议桌、交谈的人物、计算机、笔记本等图片；在制作公司说明或产品发布PPT时，可以选择公司风景图片、公司领导人图片、公司活动图片、产品图片等与表达主题相关的图片。

◆ **忌图片风格不统一：** 除了要与PPT内容匹配统一以外，图片的风格还要与整个PPT的风格保持一定的统一。切忌在冷色调风格的PPT中使用可爱风格的图片，在严肃正式的PPT中使用很个性化的图片。如科技产品发布会PPT，办公室人员在选择图片时就应该尽量选择包含科技感的图片，并适当配以产品样品图，以保证所有图片搭配在一起，体现统一的风格，如简约、高新或创意等。

◆ **忌图片空间太满：** 不管制作什么类型的PPT，都要注意图片不能在幻灯片中占据太满的空间。一般来说，办公室人员在选择图片时都应选择有留白区域的图片素材，而不是完全撑满空间的图片，这样才能方便后期制作PPT。

8.3.5 PPT页面布局

办公室人员在进行PPT制作时，要先明确页面的布局，以让页面兼具易读性和美观性，给观看演示文稿的观众带来舒适感。在商务办公中，PPT页面布局的方法主要包括3种，分别是对称式布局、黄金分割式布局、综合布局，下面分别进行介绍。

1. 对称式布局

对称式布局指将页面按照左右、上下的方式进行对称式划分，划分后，每一部分内容所占页面的面积比例相同。根据划分的方向和形状不同，对称式布局可以分为横向对称、纵向对称、矩阵对称和圆形对称等不同的类型，如图8-71所示。

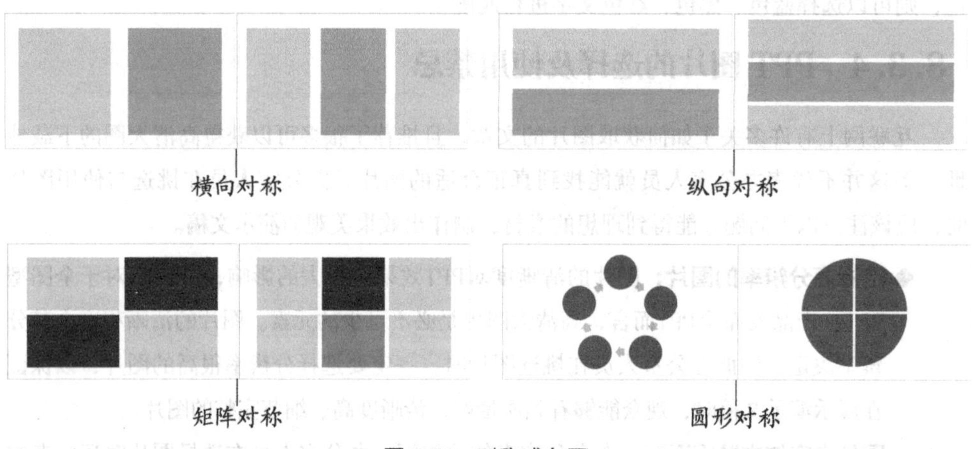

图8-71 对称式布局

2. 黄金分割式布局

黄金分割指将整体一分为二，较大部分与整体部分的面积比值等于较小部分与较大部分的面积比值，其比值约为0.618。这个比例被公认为是最能体现美感的比例，因此被称为黄金分割比。办公室人员在进行PPT页面的布局时，可以使用黄金分割的方法来设置页面中内容的布局方式，主要包括横向分割和纵向分割两种，如图8-72所示。

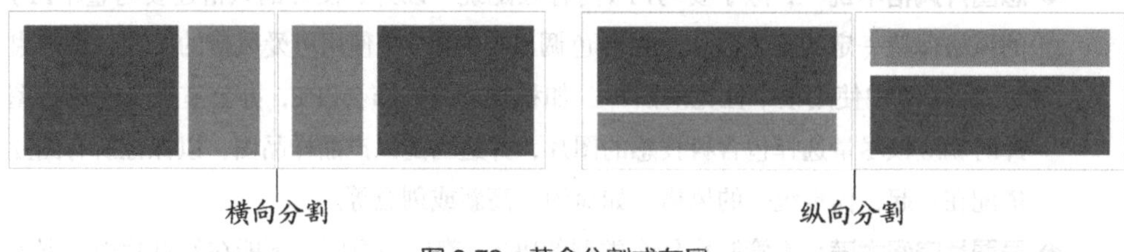

图8-72 黄金分割式布局

3．综合布局

综合布局指灵活结合对称式布局与黄金分割式布局来进行页面的布局，其常见表现形式如图8-73所示。

图 8-73　综合布局

8.3.6　PPT 母版使用详解

PPT母版可以进行幻灯片样式的统一设置，如配色、版式、标题、字体和页面布局等内容的统一设置，最大限度地减少重复编辑操作。当办公室人员需要快速制作页面数量较多、页面版式较为固定的演示文稿时，就可以通过设置母版来提高工作效率。下面新建一个演示文稿，在母版中设置标题、字体、页面布局、页眉页脚等内容，以方便后期制作PPT时快速进行格式的统一。其具体操作如下。

步骤01 新建一个演示文稿，选择【视图】→【母版视图】组，单击“幻灯片母版”按钮，如图8-74所示。

步骤02 进入幻灯片母版视图，在左侧选择第1张“Office主题幻灯片母版”幻灯片。然后在右侧选中母版标题占位符，在【开始】→【字体】组中设置标题文字的样式为：微软雅黑、48、橙色，如图8-75所示。

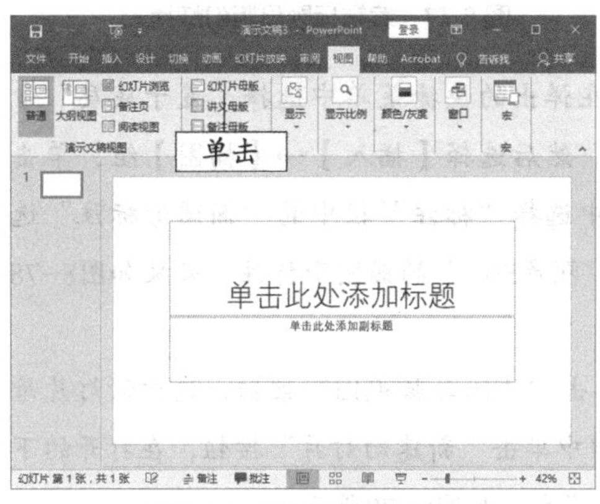

图 8-74　进入母版幻灯片

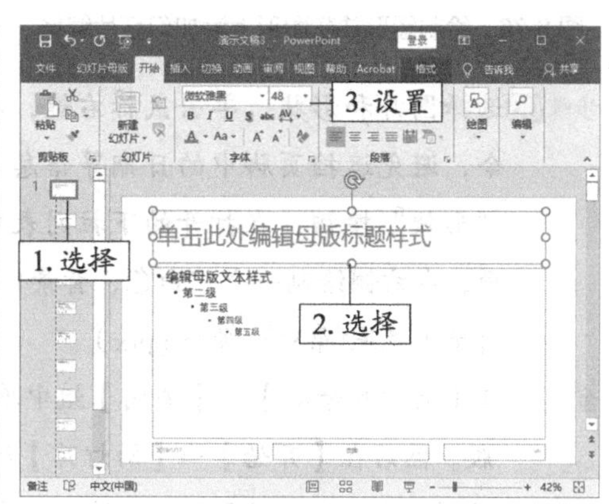

图 8-75　设置标题占位符格式

Office主题幻灯片用于控制幻灯片母版中的所有幻灯片的样式。设置母版样式时，应首先设置该母版幻灯片的样式，以进行标题、字体、页眉页脚格式的统一。然后在此基础上再进行其他母版幻灯片样式的设置，如标题幻灯片、标题和内容幻灯片、节标题版式、两栏内容、比较版式、图片和内容版式、标题和竖排文字版式等。

步骤03在标题占位符左上角绘制矩形，填充为“橙色”，并将其拼接为一个不规则的形状。在页脚底部绘制两个矩形，并分别填充为“橙色”和“黑色，文字1，淡色35%”，然后在其上绘制白色的箭头图形和“白色，背景1，深色15%”的圆形。在圆形内部添加一个文本框，输入“<#>”，并设置字体为“Arail、16”，以显示幻灯片编号。效果如图8-76所示。

步骤04选择第2张标题幻灯片，删除幻灯片中的标题和文本占位符。插入图片“办公.png”（素材\第8章\办公.png），并将其放置在左侧。然后选择【开始】→【绘图】组，单击“下拉”按钮，绘制一个“流程图：数据”图形并进行旋转，使其贴合于图片，效果如图8-77所示。

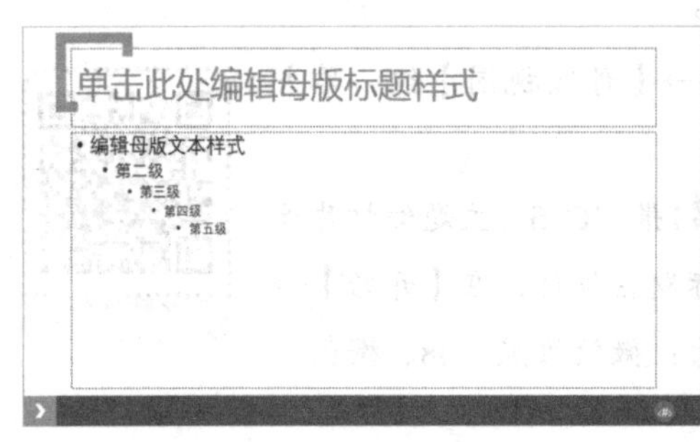

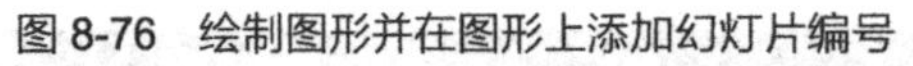
图 8-76 绘制图形并在图形上添加幻灯片编号

图 8-77 编辑标题母版幻灯片

步骤05选择图片和形状，单击鼠标右键，在弹出的快捷菜单中选择“置于底层”命令，避免遮挡页脚中的日期等信息。然后选择【插入】→【插图】组，单击“形状”按钮，在打开的下拉列表中选择“标注”栏中的“椭圆形标注”选项，在右侧绘制一个“白色，背景1，深色50%”的椭圆形标注。效果如图8-78所示（效果\第8章\母版.pptx）。

步骤06在【幻灯片母版】→【关闭】组中单击“关闭母版视图”按钮，退出幻灯片母版。然后在【开始】→【幻灯片】组中单击“新建幻灯片”按钮，在打开的下拉列表中即可选择需要新建的幻灯片样式，如图8-79所示。

图 8-78　添加图片和形状

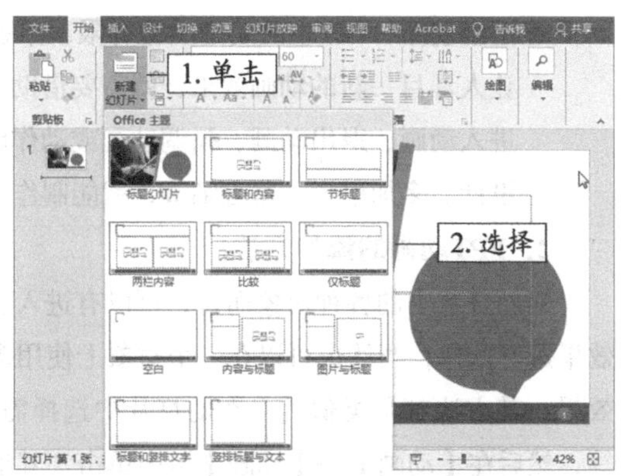

图 8-79　应用设置的幻灯片母版样式

8.3.7　PPT 动画使用策略

动画是PPT区别于其他文档、报告、纸张、信件的关键性因素，可以让PPT充满动态效果，吸引观众眼球，调动现场氛围。在使用PPT中的动画时，需要学会以下策略，才能使动画与PPT中的各元素联结更加紧密，效果更加和谐。

1. PPT动画的使用原则

并不是PPT中的任何元素都需要制作动画，应该在遵循以下原则的基础上，合理考虑实际需求来进行制作。

◆ **宁缺毋滥：** PPT不是专业的动画制作软件，如果为了强调动态效果而添加太多的动画，不仅会增加制作人员的工作量，还会让观众觉得眼花缭乱，分不清PPT表达的重点。特别是对一些极为商业的PPT而言，宁缺毋滥这个法则更应当重视。应该在必要的、需要突出重点的部分添加动画，以起到强调、突出显示等作用。

◆ **突出重点：** 动画的作用不仅是让PPT变得生动形象，更重要的是动画演示能够让观众接收到PPT需要传达的重点内容。因此在设计动画时，一定要遵循突出重点这个法则，有目的地使动画为内容服务，而不单是为了取悦观众。例如要强调今年销售额突破新高，则可以在最高数值处添加强调动画，进一步引导观众发现这个数据的重要性和意义。

◆ **繁而不乱：** 使用一些精美PPT的片头动画或片尾动画，即使一张幻灯片中也可能存在上百个动画效果，整体效果也很不错。反之，一些只有几个动画效果的幻灯片，可能呈现出的动画效果杂乱无章，混乱不堪。究其原因，就是乱用动画的结果。在使用动画时，无论动画数量的多与少，都要秉承统一、自然、适当的理念。动画的使用数量视情况而定，但一定不能不受控制，否则不仅会降低PPT质量，还会让观众反感。

◆ **适当创新：** PPT中的动画类型有限，单独使用起来是非常单调乏味的。要想设计出让人耳目一新的动画效果，就需要借助这些简单的动画进行创新。例如巧妙地组合进入动画、退出动画、强调动画或动作路径动画，并通过触发器、计时等功能进行设计。多加思考、留心细节，就能制作出更加富有新意的动画效果。

2．PPT动画的添加方法

对幻灯片中的各种对象而言，可以有进入、强调、退出或动作路径等多种类型的动画效果进行选择，当然也可以在一个对象上使用多种不同类型的动画。不管是添加哪种动画效果，其方法都是类似的：在幻灯片中选择需要添加动画的对象，如文字、形状、图片等，然后在【动画】→【动画】组中单击“其他”按钮，在打开的下拉列表中选择需要应用的动画，或者自己绘制动作路径即可。PPT的常见动画如图8-80所示。

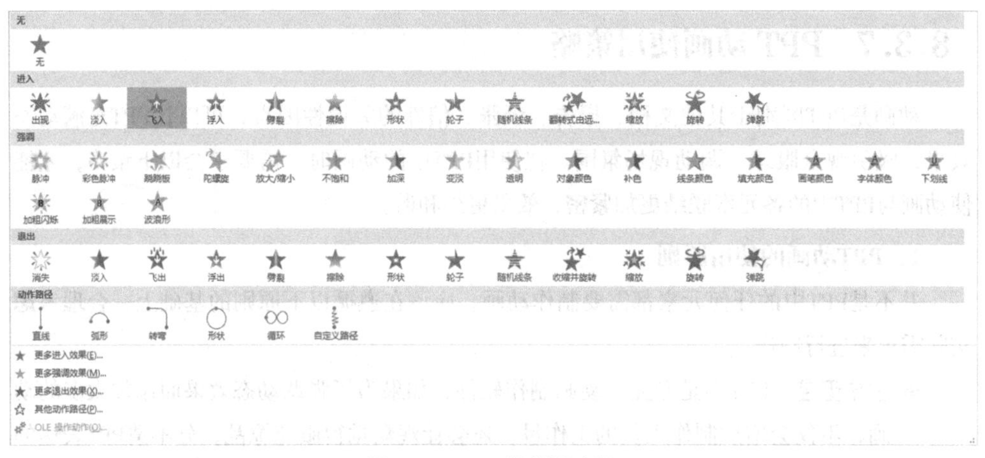

图 8-80　PPT 的常见动画

3．PPT动画的编辑方法

办公室人员在添加动画后，还可以通过设置动画的效果选项、计时和触发器等属性，对动画效果进行编辑，使其在放映时更加自然流畅、生动形象。

（1）效果选项设置

办公室人员通过效果选项，可以设置所选动画的方向、开始与结束状态，以呈现不同的动画效果。当然，不同的动画，对应的效果选项参数可能会有所不同，但设置操作是完全相似的，其方法为：选择添加了动画的对象，在【动画】→【动画】组中单击右下角的“展开”按钮，此时将打开对应动画的效果设置对话框，如图8-81所示，为“飞入”对话框；单击“效果”选项卡，在其中就可对飞入方向、开始与结束状态（平滑或弹跳）、放映时是否有声音、放映后对象的状态等属性进行设置。

（2）计时设置

除了可以在【动画】→【计时】组中控制动画放映的开始时间、持续时间和延迟时间外，在设置动画效果的对话框中也可对计时进行设置。打开添加了某个动画的效果设置对话框，单击“计时”选项卡，即可对计时进行精确设置，如图8-82所示。

图 8-81　效果选项设置

图 8-82　计时设置

（3）触发器设置

所谓触发器，指该动画需要在触发了指定的操作后才能播放。选择动画后，在【动画】→【高级动画】组中单击“触发”按钮，在打开的下拉列表中可选择触发的方式，在打开的子列表中可选择触发的行为，如图8-83所示。除此之外，还可在动画效果的“计时”选项卡中单击触发器(T)按钮，以进一步控制动画，如图8-84所示。

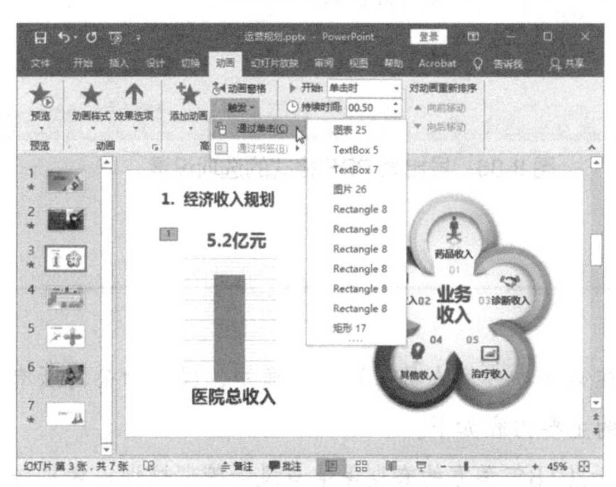

图 8-83　通过“高级动画”组设置触发器

图 8-84　通过“计时”选项卡设置触发器

4．灵活使用动画刷提高制作效率

动画刷是复制动画效果的有效工具，如果需要为对象应用当前演示文稿中已有的某个对象上的动画效果，只需选择该添加了动画的对象，然后单击【动画】→【高级动画】组中的“动画刷”按钮，接着单击需要应用该动画效果的对象即可。如果双击“动画刷”按钮，则可持续为多个对象应用相同动画效果，直到按【Esc】键退出动画复制状态。

8.3.8　导出为 PDF 格式或视频

PPT制作完成后，在放映前可以将其转换为PDF格式或视频，以保护PPT文件不被他人修改，且便于PPT在其他计算机或设备上查看或放映。导出为PDF格式或视频实质是通过“另存为”功能来实现的，其方法是：选择【文件】→【另存为】命令，打开“另存为”对话框，在“保存类型”下拉列表框中选择需要保存的类型，其中“PDF(*.pdf)”选项表示导出为PDF格式；“MPEG-4视频(*.mp4)”“Windows Media视频(*.wmv)”选项表示导出为视频，然后设置文件名称和保存位置即可，如图8-85所示。导出的过程中，还可以在“另存为”对话框中单击 选项(O)... 按钮，在打开的“选项”对话框中进一步设置转换范围、发布选项等参数，图8-86所示为导出为PDF格式的选项设置。需要注意的是：选项设置功能并非每一个格式都有。

图 8-85 保存类型

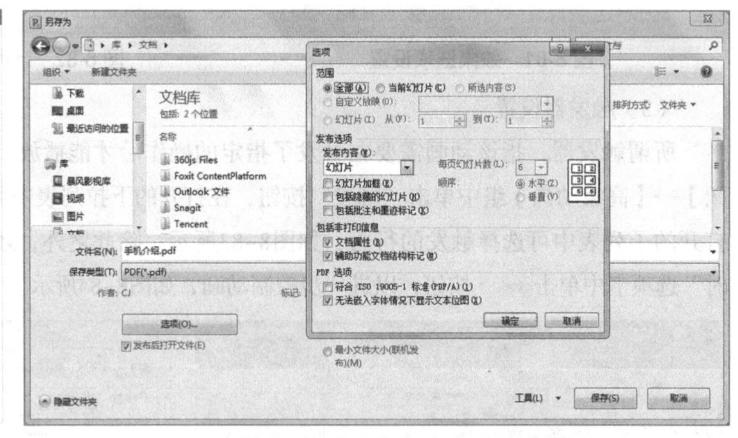

图 8-86 导出为 PDF 格式的选项设置

提高与练习

1．四川××投资管理有限公司现在需要办公室人员拟定一份通知，以告知公司所有员工，近期将开展一次培训工作。通知的主要内容如下。

通知内容：由于与××期货交易所于2018年举办的套期保值与风险管理培训班效果较好，因此将于2019年5月15日在成都再次开展为期30天的培训。培训工作的内容包括：套期保值的基本原理、交易规则及交易策略、开户及财务处理等知识。

报到的具体时间为：2019年5月15日全天。

培训班的授课时间为：2019年5月16日到2019年6月16日。

报到地点为：×××酒店大堂（1017-1116号）。

培训授课地点为：四川省成都市××路88号。

报到所需资料：2寸证件用彩色照两张，用于办理培训证书。

注册培训所需资料：凭汇款底单复印件注册，领取培训资料和发票。

现要求办公室人员在Word中严格按照通知的格式来进行制作，并打印分发给各部门，以传达公司指示。图8-87为根据通知内容拟定的一份通知示例，可供读者参考。

四川××投资管理有限公司

××投资（2019）第3号　　签发人：赵××

各有关部门：

为配合国内商品上市交易，公司与××期货交易所已于2018年举办了套期保值与风险管理培训班，效果较好。为满足不同企业的需求，2019年公司继续与××期货交易所联合举办套期保值与风险管理培训班，培训工作由××公司主办。

2019年第一期实务培训班于5月15日在成都举办。实务培训班针对各企业期货业务操作人员，侧重于讲解套期保值的基本原理、交易规则及交易策略、开户及财务处理等知识，培训时间均为30天，欢迎派员参加。现将有关事项通知如下。

一. 培训时间、报到地点安排

报到时间：2019年5月15日全天。

2019年5月16日至2019年6月16日，培训班授课。

报到地点：×××酒店大堂（1017-1116号）。

二. 注意事项

培训授课地点于四川省成都市××路88号。

截至2019年5月15日前报名并电汇培训费用的人员，注册时凭汇款底单复印件注册，领取培训资料和发票。

报到时请每位学员提供两寸证件用彩色照两张，用于办理培训证书。

四川××投资管理有限公司

2019年5月8日

主题词：培训　期保　通知

抄送：××交易所　××投资各部门

2019年5月8日印发

图8-87　公司通知

2．培训工作完成后，办公室人员还需对培训的成绩进行分析总结，以查看培训的最终效果。员工培训的成绩信息如图8-88所示，要求将这些数据信息录入Excel中，并对数据进行计算和分析。要求如下。

（1）通过自制下拉列表的方式输入部门信息。分数保留小数点后两位。

（2）计算每位员工的总分，并按照总分成绩进行等级评定。其评定规则是：总分大于等于450，评定为优秀；总分在450~350，评定为合格；总分在350以下，评定为不合格。

（3）创建数据透视表分析员工的培训成绩。要求按照部门来分析，查看每个部门不合格、合格和优秀的人数。然后在此基础上创建数据透视图，以进行

姓名	部门	团队	理论	思维	创新	操作
姚姚	销售部	99	86	89	91	87
吴明	技术部	85	91	65	86	90
蔡小凤	销售部	90	75	86	95	77
尉黎	销售部	76	88	73	78	85
刘宋	行政部	92	95	87	91	85
黄莺	技术部	88	86	79	80	92
王爽	技术部	80	71	82	89	86
宏鑫	销售部	85	69	86	82	69
李琳	行政部	78	58	65	78	60
严伟	行政部	90	85	79	84	82
王凤	销售部	81	89	89	78	69
杨金金	销售部	75	75	75	84	78
李玉	销售部	69	92	80	69	73
李林	行政部	76	72	65	82	50
洪森	技术部	83	87	79	69	82
吴鑫	技术部	86	89	80	82	80
陈媛	销售部	84	86	72	80	78
王佳	销售部	70	72	80	78	69

图8-88　员工培训成绩信息

数据的直观展示。

图8-89为根据以上要求录入数据并进行数据计算与分析的示例，可供读者参考。

员工培训成绩表

姓名	部门	团队	理论	思维	创新	操作	总分	等级
姚姚	销售部	[illegible].00	86.00	89.00	91.00	87.00	452.00	优秀
吴明	技术部	85.00	91.00	65.00	86.00	90.00	417.00	合格
黎小凤	销售部	90.00	75.00	86.00	95.00	77.00	423.00	合格
尉黎	销售部	76.00	88.00	73.00	78.00	85.00	400.00	合格
刘宋	行政部	92.00	95.00	87.00	91.00	85.00	450.00	优秀
黄莺	技术部	88.00	86.00	79.00	80.00	92.00	425.00	合格
王爽	技术部	80.00	71.00	82.00	89.00	86.00	408.00	合格
宏鑫	销售部	85.00	69.00	86.00	82.00	69.00	391.00	合格
李琳	行政部	78.00	58.00	65.00	78.00	60.00	339.00	不合格
严伟	行政部	90.00	85.00	79.00	84.00	82.00	420.00	合格
王凤	销售部	81.00	89.00	89.00	78.00	69.00	406.00	合格
杨金金	销售部	75.00	75.00	75.00	84.00	78.00	387.00	合格
李玉	销售部	69.00	92.00	80.00	69.00	73.00	383.00	合格
李林	行政部	76.00	72.00	65.00	82.00	50.00	345.00	不合格
洪森	技术部	83.00	87.00	79.00	69.00	82.00	400.00	合格
吴鑫	技术部	86.00	89.00	80.00	82.00	80.00	417.00	合格
陈媛	销售部	84.00	86.00	72.00	80.00	78.00	400.00	合格
王佳	销售部	70.00	72.00	80.00	78.00	69.00	369.00	合格

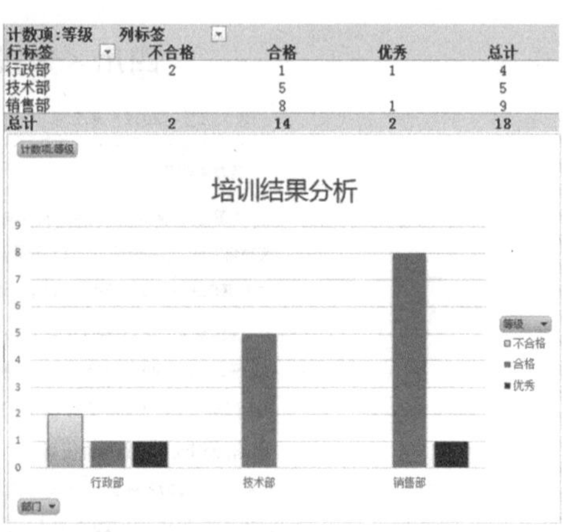

计数项:等级	列标签			
行标签	不合格	合格	优秀	总计
行政部	2	1	1	4
技术部		5		5
销售部		8	1	9
总计	2	14	2	18

图 8-89　员工培训成绩分析

3. 根据前文的培训通知和成绩信息表，制作一个总结PPT，以说明本次培训的情况与结果。图8-90为参考示例，可供读者参考。

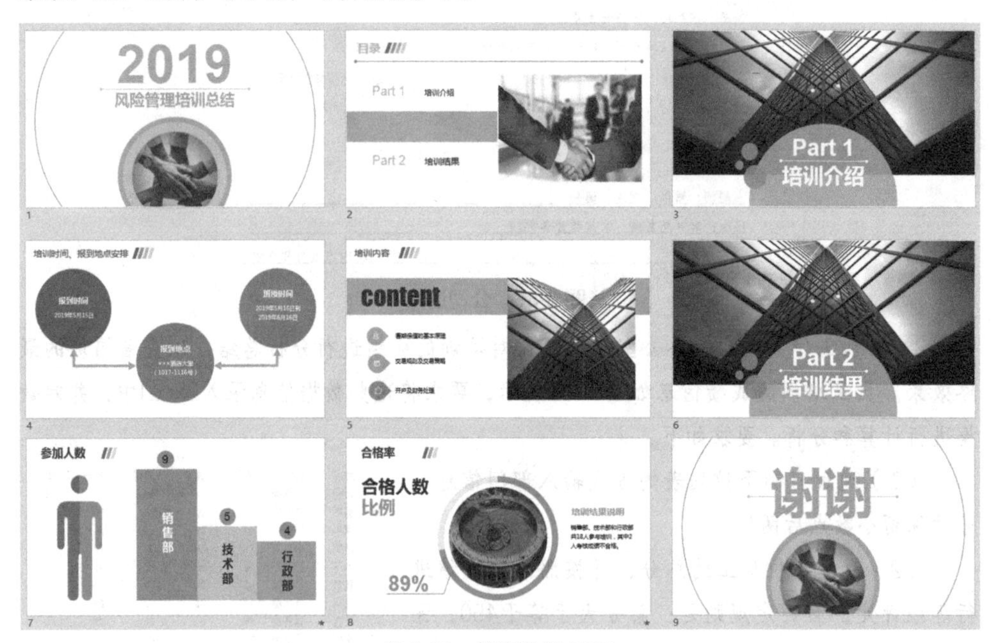

图 8-90　培训总结 PPT

第 9 章

使用其他办公工具与软件：多方位提升工作能力

除了用于进行办公文件制作的Office办公软件外，办公室人员在日常办公中还会用到其他的办公工具与软件，如笔记管理软件、PDF文件管理软件、压缩与解压软件、图像处理软件，以及云盘、百度脑图、秀米、腾讯文档等一系列在线工具。本章将详细介绍这些工具与软件的使用方法，帮助办公室人员更好地完成日常工作，提高工作的效率和质量。

9.1 笔记管理软件

办公室人员在日常办公时，经常需要做记录，如会议、日程、办公室采购清单、资料等，此时就需要一款笔记管理软件来对这些信息进行分类记录与管理。印象笔记是一款专门的笔记管理与分享软件，可以用于进行会议记录、名片管理、购物清单制作、旅行计划记录、策划和项目管理记录，以及课堂笔记的拍摄记录等。下面介绍使用该软件记录并管理笔记的方法，为办公室人员日常办公提供更加简便的操作。

9.1.1 添加笔记

当需要记录重要事项时，办公室人员可使用印象笔记添加笔记。下面以添加工作日志笔记为例，讲解添加笔记的方法。其具体操作如下。

步骤01 启动印象笔记，在其工作界面中直接单击【新建笔记】按钮，如图9-1所示。

步骤02 打开新建笔记界面，在其中输入笔记的标题、标签和正文内容，并根据需要设置内容的格式，如图9-2所示。

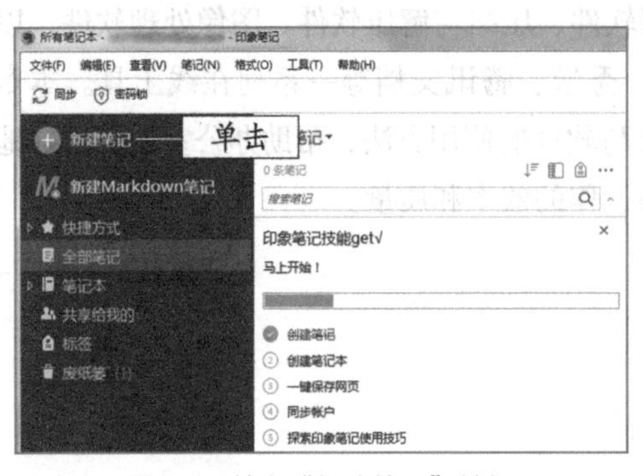

图9-1 单击“新建笔记”按钮

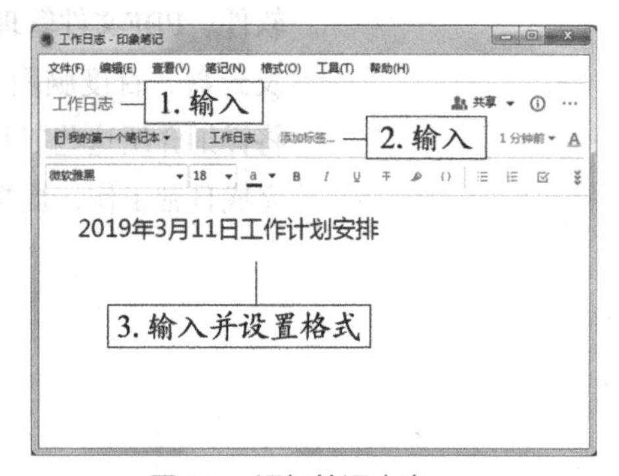

图9-2 添加笔记内容

小提示：在印象笔记工作界面中选择【文件】→【新建笔记】命令，在弹出的子菜单中可选择新建不同类型的笔记，如手写笔记、录音笔记、拍照笔记和截屏笔记等。

步骤03 选择【格式】→【插入表格】命令，如图9-3所示，可在笔记中添加表格。在该菜单中，还可进行其他的格式设置，如字体、段落、样式、插入水平线、待办事项、超链接等。

步骤04 打开“插入表格”对话框，在“行数”和“列数”数值框中输入需要的表格行列数，单击【确定】按钮，如图9-4所示。

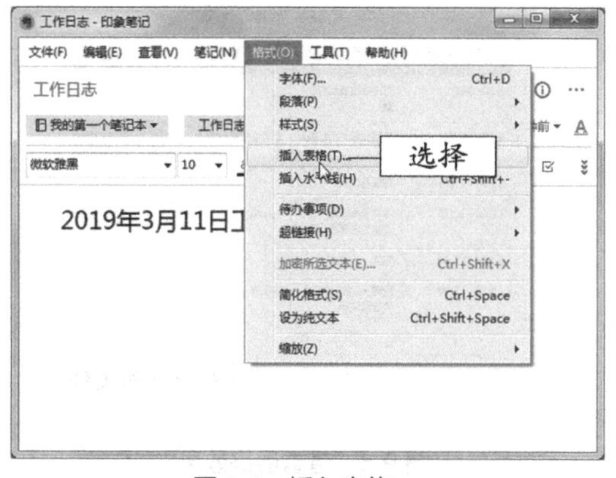

图 9-3　插入表格

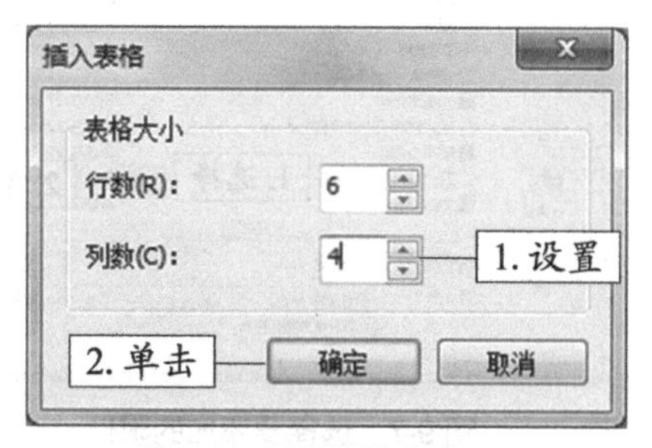

图 9-4　设置表格参数

步骤05在表格中输入工作日志的具体内容，然后单击单元格右上角的“下拉”按钮。在打开的下拉列表中可设置单元格的格式，如设置单元格背景、匹配笔记宽度、单元格对齐等，如图9–5所示。

步骤06若需要添加表格内容，可在单元格中单击鼠标右键，在弹出的快捷菜单中选择“插入上行”“插入下行”“插入左列”或“插入右列”命令进行添加。添加行并设置单元格格式的效果如图9–6所示。

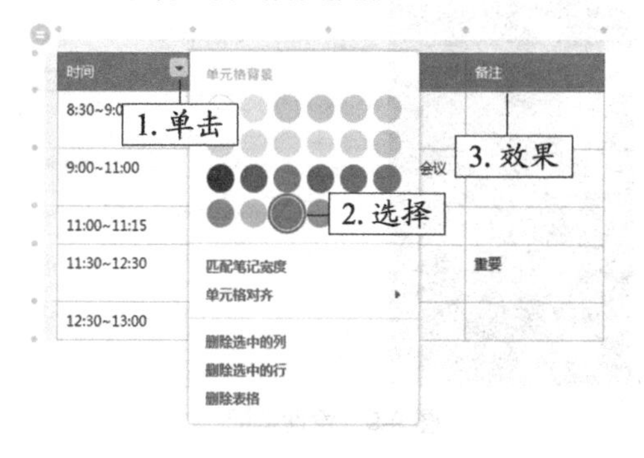

图 9-5　设置单元格格式

时间	工作内容	地点	备注
8:30~9:00	打扫会议室和办公室		
9:00~11:00	公司领导共3人会谈	公司主楼第一会议室	非常重要
11:00~11:15	整理会议室		
11:30~12:30	陪同公司经理、办公室主任享用午餐	×××餐厅2楼	重要
12:30~13:00	午休		
13:30~17:00	整理会议资料并制作办公文档	办公室	重要

图 9-6　添加行并设置单元格格式

步骤07若需要添加较多的内容，不方便在笔记中直接书写，可选择【文件】→【附加文件】命令，打开“打开”对话框。在其中选择需要添加的附加文件，单击按钮进行添加，如图9–7所示。

步骤08返回笔记添加界面，可看到已添加的附加文件，效果如图9–8所示。关闭该界面即可同步保存笔记。

图 9-7　选择要添加的附件

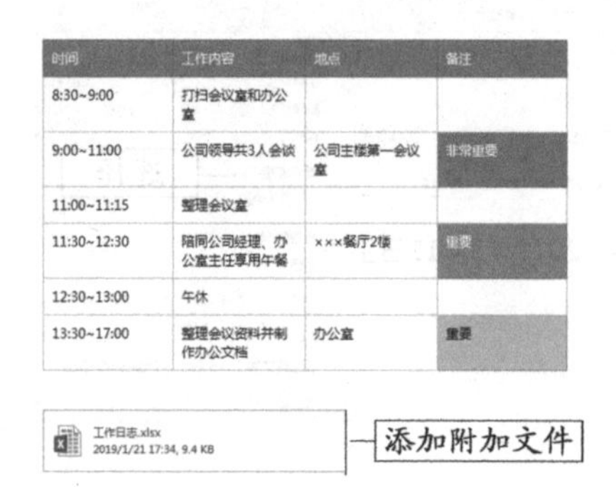

时间	工作内容	地点	备注
8:30~9:00	打扫会议室和办公室		
9:00~11:00	公司领导共3人会谈	公司主楼第一会议室	非常重要
11:00~11:15	整理会议室		
11:30~12:30	陪同公司经理、办公室主任享用午餐	×××餐厅2楼	重要
12:30~13:00	午休		
13:30~17:00	整理会议资料并制作办公文档	办公室	重要

图 9-8　查看最终效果

小提示

印象笔记是一款广受用户欢迎的效率软件和知识管理工具，不仅能在计算机中使用，还能通过手机、平板电脑、网页等多种途径和平台实现同步操作，可帮助办公室人员简化工作，提高工作效率。

9.1.2　管理笔记

办公室人员添加笔记后，还可对笔记进行管理，以更好地进行日常办公。在印象笔记的工作界面中选择“全部笔记”选项，在右侧需要进行管理的笔记上单击鼠标右键，在弹出的快捷菜单中选择对应的命令即可进行相应的管理工作，主要包括打开笔记、打印笔记、导出笔记、保存附件、演示、共享、复制笔记链接、复制笔记、移动笔记、创建笔记副本、添加标签和删除笔记等，如图9-9所示。

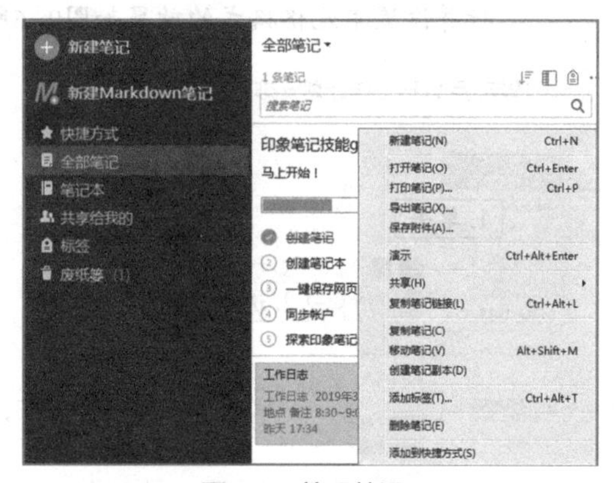

图 9-9　管理笔记

小提示

在印象笔记工作界面左侧的“笔记本”选项上单击“添加”按钮，可新建笔记本，将笔记按照不同主题放到笔记本中，以更好地进行笔记管理。

9.2　PDF 文件管理软件

办公室人员在日常工作中发送或接收的文件大多都是PDF格式的。这是因为PDF格式的文件所占用的内存空间少，便于进行网络传输，同时，还能保证内容不被他人随意修改，保证文件内容和格式的正常显示，方便查看。在使用PDF文件的过程中，最为常用的功能是添加批注和将PDF文件转换为Word文件，下面分别进行介绍。

9.2.1 添加文件批注

办公室人员在办公过程中查看PDF文件时，若对文件内容有异议或需要添加修改意见和回复，可以以批注的形式进行操作，实现边读边写的功能，以提高文件收发双方的工作效率。在计算机中安装了PDF阅读器即可打开PDF文件。这些阅读器的功能基本类似，下面以Adobe Acrobat Pro为例进行讲解。其方法为：打开需要添加批注的PDF文件，选择需要添加批注的内容或在需要添加批注的位置单击鼠标定位插入点。然后单击工具栏中的 注释 按钮，在打开的下拉列表中选择“添加附注”选项，在打开的“附注”列表框中输入批注内容即可，如图9-10所示。

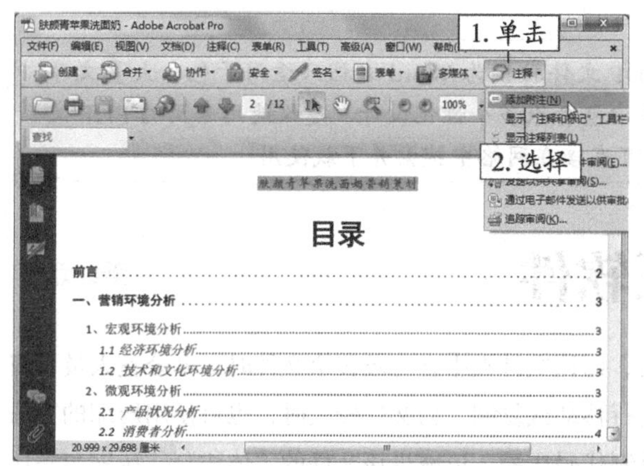

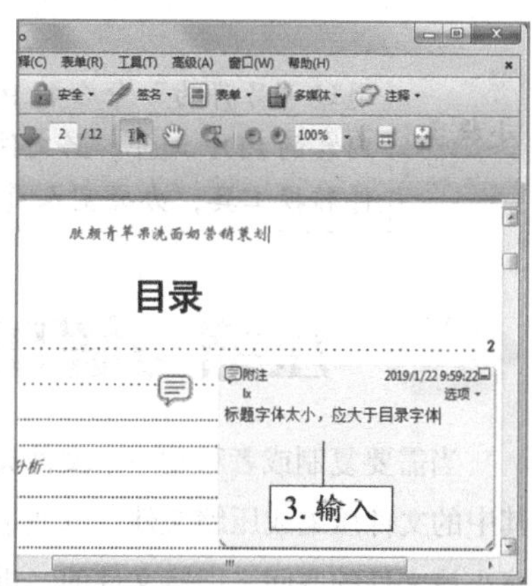

图 9-10 添加文件附注

在“注释”菜单中选择“添加附注”命令，也可添加批注。若需要回复批注，可在文件中的批注图标上单击鼠标右键，在弹出的快捷菜单中选择“回复”命令进行回复。

9.2.2 将 PDF 文件转换为 Word 文档

当接收到同事或工作伙伴发送的PDF文件后，办公室人员需要在此文件的基础上进行内容的修改、添加时，可以将PDF文件转换为Word文档，以通过Word办公软件进行文件内容的编辑，实现高效办公。通过PDF阅读器可以很方便地将PDF文件转换为Word文档，其方法是：打开PDF文件，选择【文件】→【另存为】命令，打开“另存为”对话框，在“文件名”文本框中设置保存的名称，在“保存类型”下拉列表框中选择“Microsoft Word文档（*.doc）”选项，然后单击 保存(S) 按钮即可，如图9-11所示。

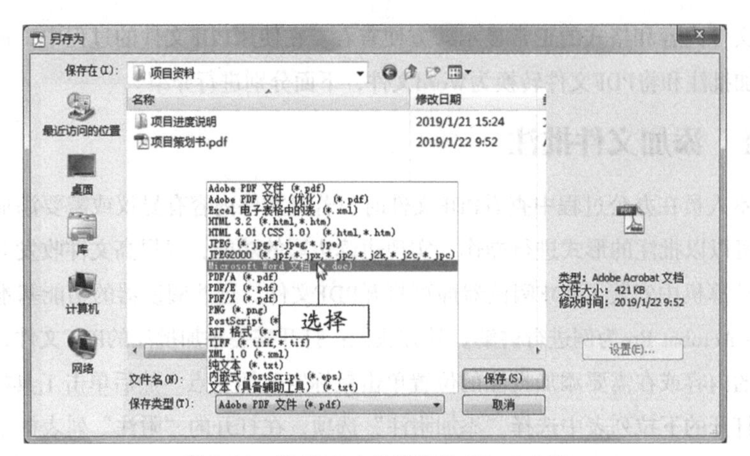

图 9-11　将 PDF 文件转换为 Word 文档

通过“另存为”命令将 PDF 文件转换为 Word 文档只适用于包含大量文字内容的 PDF 文件。若文件中包含很多个性化设计，建议使用专用的 PDF 文件转换工具，办公室人员可直接在网络中搜索并下载使用。

9.3 压缩与解压软件

当需要复制或者移动一个文件夹，而该文件夹中含有较多个文件时，办公室人员可将其中的文件压缩成压缩文件，以便进行移动或复制。当文件较大时，也可使用压缩的方法缩小该文件的空间，即将文件的二进制代码压缩，以减少该文件的“体积”。压缩与解压文件是日常办公中较为常用的操作，下面以WinRAR为例，讲解文件压缩与解压的方法。

9.3.1 压缩文件

创建压缩文件指将计算机中的多个文件或文件夹压缩成一个文件，即生成一个压缩包。完成创建后原有的多个文件夹将保留在原来位置，办公室人员也可以手动将源文件删除。在计算机中安装WinRAR软件后，办公室人员可以直接在文件所在位置右击快捷菜单快速进行压缩操作，其具体操作如下。

步骤01 选择需要压缩的多个文件，单击鼠标右键，在弹出的快捷菜单中选择“添加到压缩文件”命令，如图9-12所示。

步骤02 打开“压缩文件名和参数”对话框，单击 浏览(B)... 按钮，在打开的“查找压缩文件”对话框中设置文件的保存路径和保存名称，完成后单击 保存(S) 按钮，如图9-13所示。

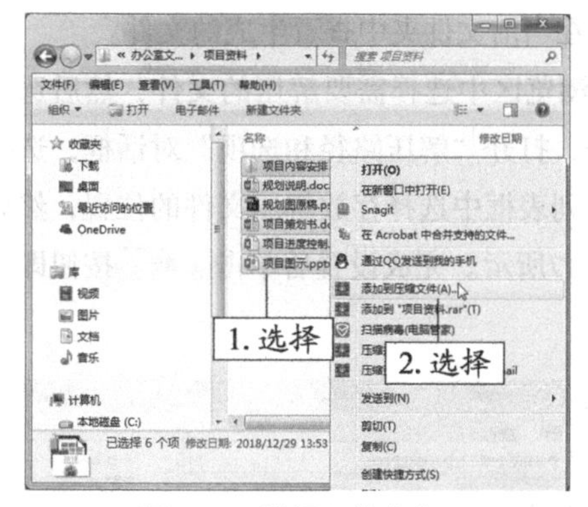

图 9-12 选择压缩命令

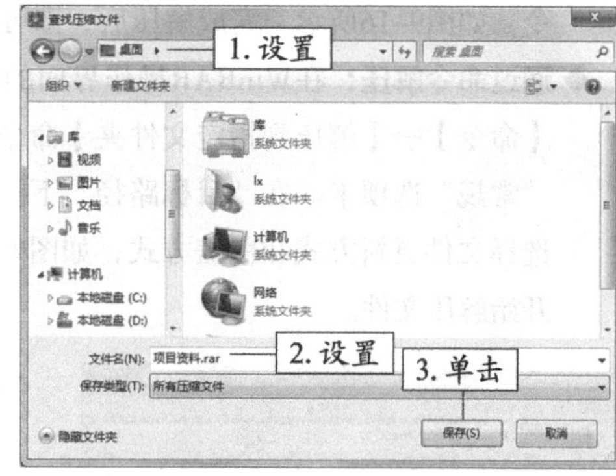

图 9-13 设置压缩文件的保存路径和保存名称

步骤03返回“压缩文件名和参数”对话框，在其中设置压缩文件格式、压缩方式等参数后，单击 确定 按钮，如图9-14所示。

步骤04WinRAR将自动进行压缩，压缩完成后打开文件的保存路径，即可看到压缩后的文件，如图9-15所示。

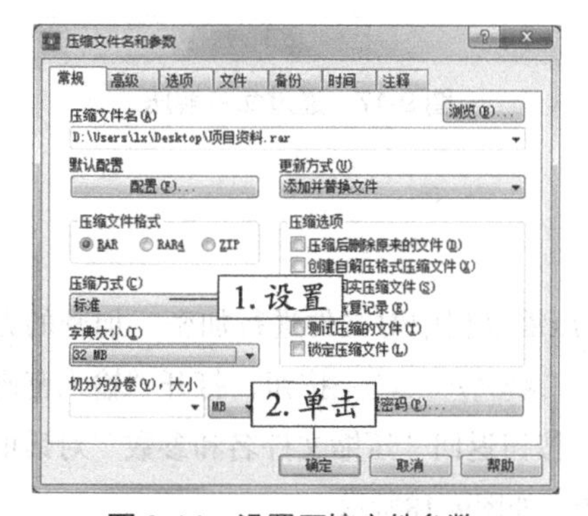

图 9-14 设置压缩文件参数

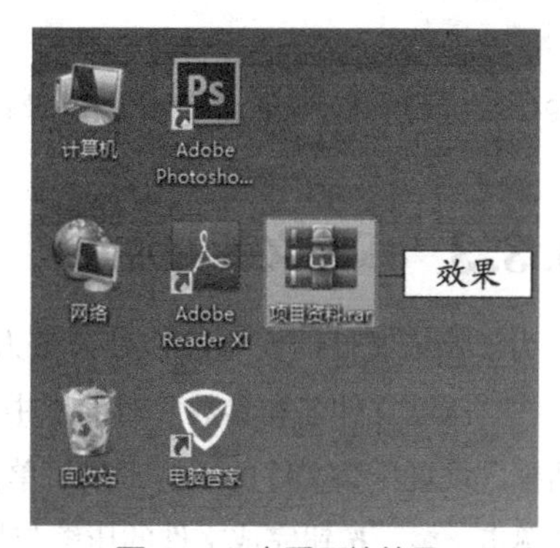

图 9-15 查看压缩效果

小提示 启动 WinRAR，选择要压缩的文件所在的路径，选择【命令】→【添加文件到压缩文件中】命令，打开“压缩文件名和参数”对话框，设置压缩文件的文件名称、格式和相关选项后，单击 确定 按钮，也可进行压缩操作。

9.3.2 解压文件

通常把后缀名为“.zip”或“.rar”的文件叫作压缩文件或压缩包，这样的文件不能直接使用，需要对其进行解压。解压文件的操作方法与压缩文件有相似之处，同样可以使用命令和单击鼠标右键打开快捷菜单进行解压。

◆ **通过单击右键打开快捷菜单解压：** 首先打开压缩文件所在文件夹，然后在需要解压的文件上单击鼠标右键，在弹出的快捷菜单中选择“解压到当前文件夹”命令，如图9-16所示。完成解压后，即可在当前文件夹中查看生成的文件。

◆ **通过命令解压：**在WinRAR操作界面的浏览区中选择需要解压的文件，然后选择【命令】→【解压到指定文件夹】命令，打开“解压路径和选项”对话框，选择“常规”选项卡。在“目标路径”下拉列表框中选择存放解压文件的位置，然后选择文件更新方式和覆盖方式，如图9-17所示。完成设置后单击确定按钮即可开始解压文件。

图 9-16　通过单击鼠标右键打开快捷菜单解压

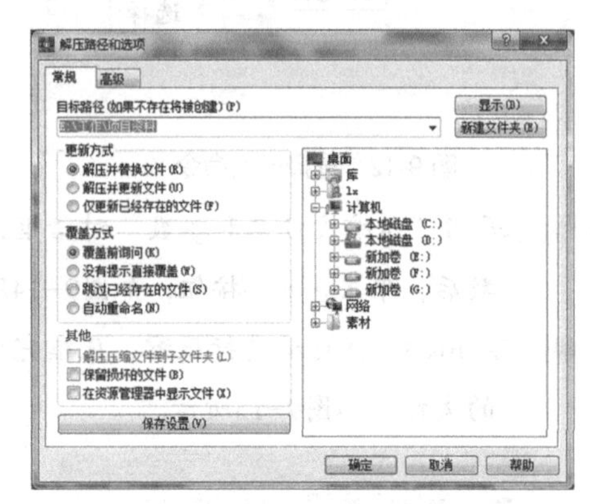

图 9-17　通过命令解压

9.3.3　压缩文件并加密

为了保证文件的安全性，办公室人员可在压缩过程中对文件进行加密。加密的方法是：在“压缩文件名和参数”对话框中单击设置密码(P)...按钮，打开“输入密码”对话框，设置压缩文件的压缩密码后单击确定按钮返回“压缩文件名和参数”对话框，继续单击确定按钮完成文件的压缩与加密操作，如图9-18所示。

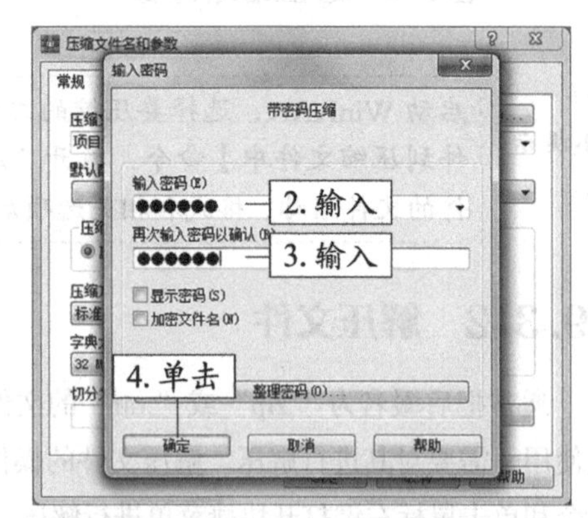

图 9-18　压缩文件并加密

9.4 图像处理软件

办公室人员在日常办公的过程中，还需要对图像进行简单的处理，如去除图像背景、添加图像边框、添加公司Logo、调整图像色彩、修复图像瑕疵等。常用的图像处理软件有很多，如专业图像处理软件Photoshop、CorelDRAW等，快速图像处理软件美图秀秀、光影魔术手等。由于办公室人员对图像处理的需求较为简单，使用一些简单、快速上手的图像处理软件就能完成其操作，因此，本小节主要以美图秀秀为例进行介绍。

9.4.1 去除图像背景

办公室人员在日常办公时，有时需要去除图像背景，以制作更加丰富的组合图像，或将背景透明的图片作为背景使用。在美图秀秀中去除图像背景的方法很简单，其具体操作如下。

步骤01 安装并启动美图秀秀，在其工作界面中单击“抠图”选项卡，然后单击 打开图片 按钮，选择需要打开的图片，返回美图秀秀工作界面中即可选择不同的方式来去除背景。这里选择“自动抠图”选项，如图9-19所示。

图 9-19　打开素材并选择抠图方式

步骤02 打开“自动抠图”界面，将鼠标指针移动到图像中，当鼠标指针变为✎形状时，拖动鼠标指针在要抠图的区域上画线。此时，美图秀秀将自动对画线区域进行背景去除处理。达到预期效果后单击 完成抠图 按钮即可，如图9-20所示。

步骤03 在打开的对话框中单击 完成 按钮，返回美图秀秀工作界面，单击右上角的保存按钮将其保存为PNG格式，即可得到去除背景后的最终效果，如图9-21所示。

图 9-20　自动抠图　　　　图 9-21　查看效果

除了自动抠图外，还可通过手动抠图来去除图像背景。这种方法需要沿着图像中需保留区域的轮廓进行绘制，可以得到更加精美的效果。

9.4.2　添加图像边框

为图像添加边框的操作很简单，办公室人员只需在美图秀秀中单击“边框”选项卡，打开需要添加边框的图像，在工作界面左侧选择需要添加的边框类型，打开对应的边框对话框，在对话框右侧选择需要的边框样式，并进行边框的编辑即可。添加文字边框的效果如图9-22所示。

图 9-22　添加文字边框

9.4.3 添加公司Logo

为了保证图像版权，避免他人盗用，办公室人员可以为图像添加公司Logo、公司名称等常见水印信息。在美图秀秀中可以为多张图片批量添加水印，其方法是：在美图秀秀首页中选择“批处理”选项，下载并启动美图秀秀批处理工具，在其中打开需要添加公司Logo水印的多张图片，单击右侧的 水印 按钮，如图9–23所示。打开“水印”对话框，单击 导入水印 按钮导入公司Logo，将其作为水印添加到图像中。然后在下方设置公司Logo的大小、旋转和透明度等参数，在不影响原图像效果的基础上，添加Logo进行标识，设置完成后单击 确定 按钮即可，如图9–24所示。

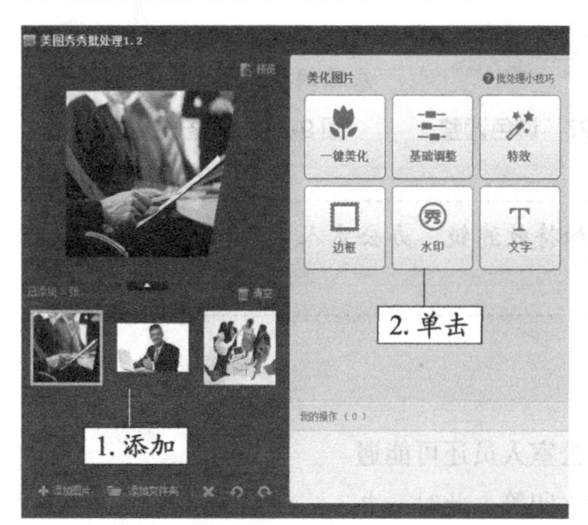

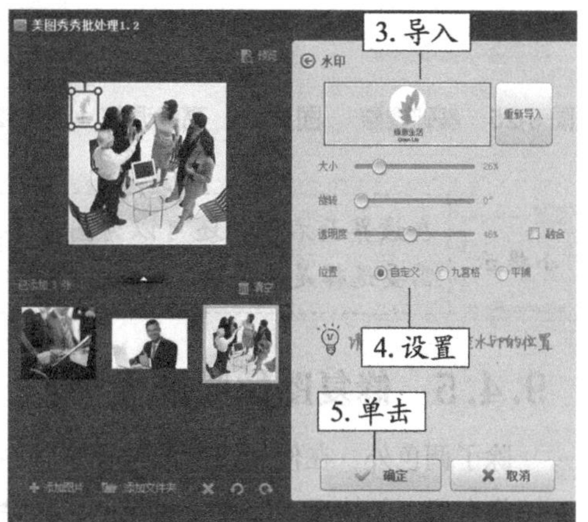

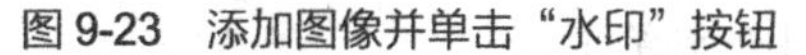
图 9-23　添加图像并单击“水印”按钮　　图 9-24　设置公司 Logo 水印参数

小提示

若需要添加公司名称等文字型水印，办公室人员可以在美图秀秀工作界面中直接单击“文字水印”选项卡，在打开的界面中输入文字并设置文字水印的角度、透明度、颜色等参数即可。

9.4.4 调整图像色彩

若图像颜色不符合需要，办公室人员可以使用美图秀秀进行色彩调整。在美图秀秀中打开需要处理的图像，单击“美化图片”选项卡，在打开的界面中可选择“基础”“高级”和“调色”3个选项进行颜色调整。

- **基础调整：** 主要是对图像的亮度、对比度、饱和度和清晰度进行调整。如图9–25所示，左右拖动参数滑块即可调整。
- **高级调整：** 主要是对图像进行智能补光或高光、暗影的调整。如图9–26所示，左右拖动参数滑块即可调整。
- **调色调整：** 主要是对图像的色相进行调整，也可单独进行青、红、紫、绿、黄、蓝等色彩调整。如图9-27所示，左右拖动参数滑块即可调整。

使用不同调整方法调整同一图像后的效果如图9-28所示。

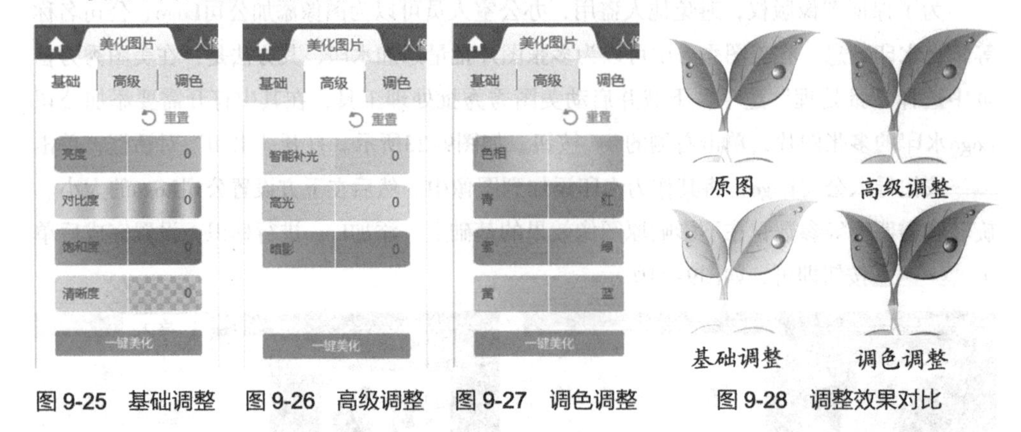

图 9-25　基础调整　图 9-26　高级调整　图 9-27　调色调整　图 9-28　调整效果对比

在该界面右侧，还可以为图像添加特效滤镜，办公室人员可根据实际办公需要选择是否添加。

9.4.5　修复图像瑕疵

除了调色外，在使用图像的过程中，办公室人员还可能遇到图像有瑕疵的情况，需要去除污迹、抹除水印等。此时，办公室人员可以通过美图秀秀“美化图片”选项卡中的画笔工具来进行修复，如图9-29所示，包括涂鸦笔、消除笔、取样笔、局部马赛克、局部彩色笔、局部变色笔、背景虚化和魔幻笔8种工具。其中，消除笔和取样笔在修复图像瑕疵中的应用最为广泛，下面主要介绍这两种工具的使用方法。

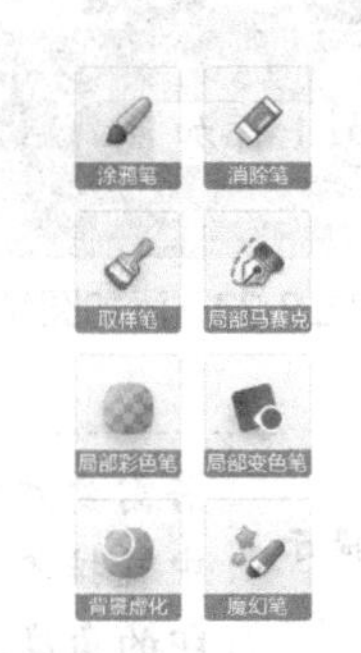

图 9-29　画笔工具

◆ **消除笔：** 主要用于清除图像中不需要的部分。其使用方法是：先打开需要修复的图像，在“美化图片”选项卡左下角选择“消除笔”选项，打开“消除笔”对话框；再在左侧拖动滑块设置画笔的大小，然后在图像中拖动鼠标指针进行涂抹，擦除图像中不需要的区域。图9-30擦除了图像中不需要的眼镜，以便在图像左侧输入文字。

◆ **取样笔：** 主要是通过在图像中某一区域进行取样，以取样部分的内容来覆盖需要修复的有瑕疵的部分。它比消除笔的修复功能更完善，能更好地保留原始图像的细节。其使用方法与消除笔类似，先打开需要修复的图像，在“美化图片”选项卡左下角选择“取样笔”选项，打开“取样笔”对话框；再在左侧设置取样笔的大小和透明度，然后在图像中需要取样的位置单击进行取样，将鼠标指针移动到需要修复的位置，拖动鼠标指针进行涂抹，即可将取样处的图像复制到目标位置，如图9-31所示。在修复过程中，可单击 重新取样 按钮进行多次取样，以达到更好的修复效果。

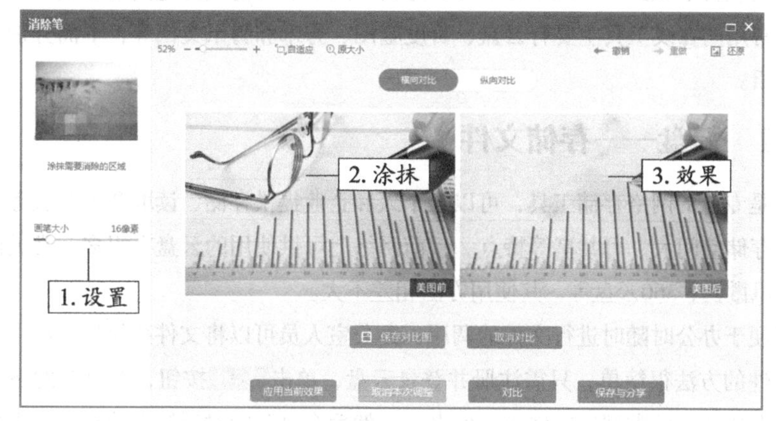

图 9-30　消除笔

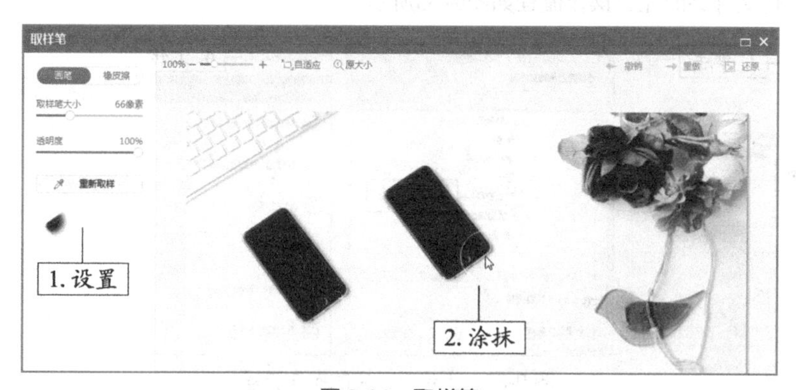

图 9-31　取样笔

灵活结合这两种工具，可以很好地处理图像中的瑕疵，在保持原图像细节的前提下，完善并修复图像内容。将原图像中的手机、蜡烛等素材进行修复处理后的效果如图9-32所示。

图 9-32　修复图像前后的效果

9.5 好用的在线工具及其功能推荐

除了将软件下载到计算机中使用外，办公室人员还可直接通过网络在线工具来进行辅助办公。常用的在线工具主要有云盘、百度脑图、秀米和腾讯文档等，下面分别对这些工具进行介绍。

9.5.1 云盘——存储文件

云盘是专业的网络存储工具，可以为个人和企业提供存储、读取和下载服务，具有安全保密、存储空间大、可共享等特点。目前网络上可供使用的云盘有很多，常见的有百度网盘、腾讯微云、360云盘等，其使用方法相差不大。

为了便于办公时随时进行文件的调用，办公室人员可以将文件存储到云盘中。在云盘中存储文件的方法很简单，只需注册并登录云盘，单击 上传 按钮，在打开的下拉列表中选择需要上传的文件类型（文件或文件夹），然后在打开的对话框中选择需要上传的文件即可。上传文件夹的完整操作流程如图9-33所示。

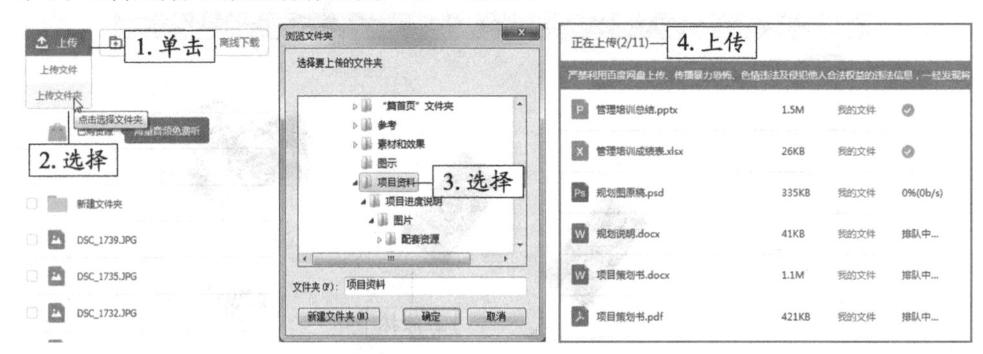

图 9-33　上传文件夹的操作流程

小提示

若需要使用云盘中存储的文件，可单击选中文件前的复选框，再单击 下载 按钮进行下载，下载完成后即可在当前设备中进行查看和编辑。

9.5.2 百度脑图——制作思维导图

脑图又叫思维导图，是将思维形象化的一种图示方法。在日常办公中，脑图常用于表示主题关系的层级，通过主题关键词、图像、颜色等进行主题关系的区别与联接，以协助办公室人员更好地进行办公。思维导图在日常办公中的运用很广泛，如工作规划制定、问题分析解决、项目管理、头脑风暴、会议纪要、知识管理等。在实际运用中，办公室人员要注意思维导图的内容不能太多，范围过大或层级过深反而会影响思维导图的直观性。

制作思维导图的方法很简单，但前期要明确思维导图的中心主题，根据中心主题来拆解内容，并划分每一层级的内容，然后以此类推。百度脑图可以帮助办公室人员很方便地制作出思维导图。下面以制作周工作计划思维导图为例进行讲解，其具体操作如下。

步骤01 登录百度脑图，单击 新建脑图 按钮进入思维导图创建页面。单击“外观”选项卡，在第1个下拉列表框中选择思维导图的类型，如图9-34所示。

步骤02 在第2个下拉列表框中选择思维导图的主题样式，如图9-35所示。

步骤03 在页面中间选择思维导图，输入中心主题内容，如“一周计划”。然后单击“思路”选项卡，单击 插入下级主题 按钮添加下一层级，如图9-36所示。

步骤04 输入下一层级的内容，然后单击 插入同级主题 按钮添加同级主题，如图9-37所示。

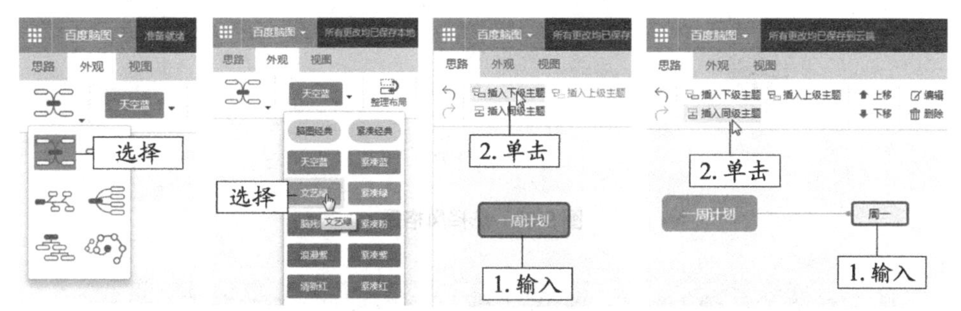

图 9-34 设置类型 图 9-35 设置样式 图 9-36 添加下级主题 图 9-37 添加同级主题

步骤05 使用相同的方法添加其他同级主题，并依次添加下级主题。主题输入完成后，可在工具栏中为主题添加备注、设置优先级和完成进度，最后，思维导图效果如图9-38所示。

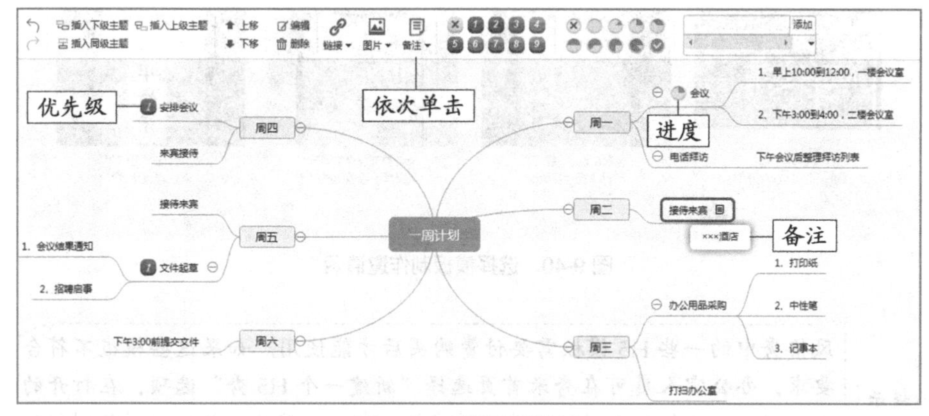

图 9-38 思维导图效果

9.5.3 秀米——制作电子邀请函

秀米是一个提供图文排版和H5海报制作的在线工具，可以帮助办公室人员进行文章内容美化、排版，并通过丰富的原创模板素材制作精美的电子微刊、电子贺卡、电子邀请函等日常办公常用的信函。其方法是：注册并登录秀米，在首页的“H5秀制作”栏中选择“挑选风格秀”选项，如图9-39所示；打开“风格秀”页面，在其中选择需要制作的信函类型，如邀请函，秀米将自动筛选出符合条件的风格模板；选择一个符合要求的模板即可使用该模板来制作邀请函，如图9-40所示。

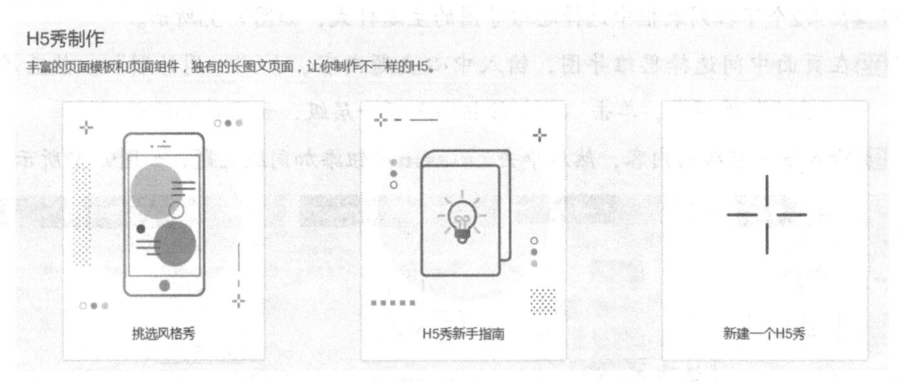

图 9-39 选择风格秀

图 9-40 选择模板制作邀请函

风格秀中的一些H5模板需要付费购买后才能使用。如果这些模板不符合要求，办公室人员可在秀米首页选择“新建一个H5秀”选项，在打开的页面中自行进行电子邀请函的页面背景、文字、图片和其他素材的制作和编辑。

9.5.4 腾讯文档——多人在线办公

腾讯文档是一款支持多人随时随地在线协作办公的文档工具，办公室人员可以在其中新建在线文档、在线表格，或者导入已经编辑好的文档或表格，进行编辑并分享给他人。在日常办公中办公室人员使用腾讯文档主要可以进行以下几个操作。

◆ **新建在线文档或表格：**登录腾讯文档，在腾讯文档首页左上角单击新建按钮，在打开的下拉列表中选择需要新建的类型即可，主要包括“新建在线文档”“新建在线表格”“新建在线收集表”和“新建文件夹”选项，如图9-41所示。新建在线文档或表格时，办公室人员可选择腾讯文档提供的各种模板来进行编辑，以提高工作效率，如图9-42所示。

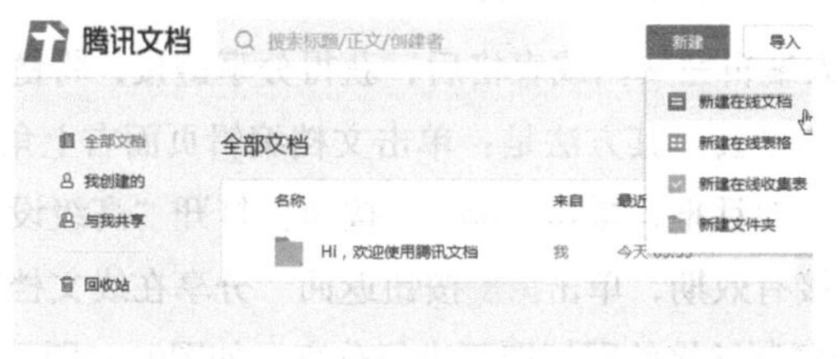

图 9-41　选择类型

图 9-42　选择模板

◆ **导入文档或表格：**腾讯文档支持导入Word文档和Excel电子表格。在其首页左上角单击“新建”按钮，在打开的下拉列表中选择“导入”选项，选择需要导入的文档或表格即可将事先制作好的文档或表格添加到腾讯文档中进行查看和编辑，如图9-43所示。

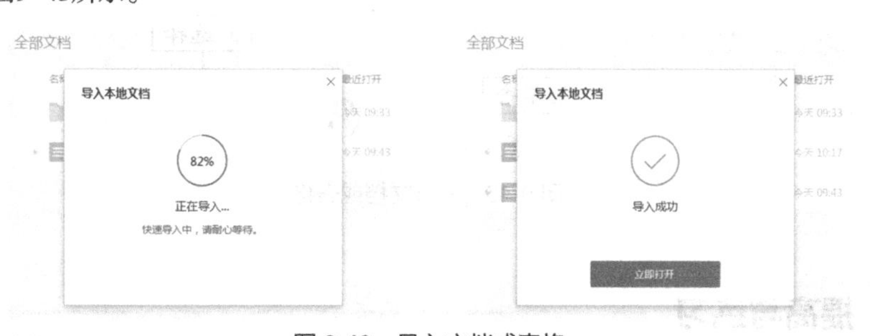

图 9-43　导入文档或表格

◆ **邀请多人协作办公：**除了文档创建人可以在腾讯文档上自行办公外，腾讯文档还提供了多人协作办公功能，文档创建人可以邀请QQ/TIM好友、微信好友或文档群组成员进行多人办公。其方法是：单击文档编辑页面右上角的“邀请他人一起协作”按钮，在打开的列表框中的“文档权限”栏中设置文档的权限，包括“私密文档”“指定人”“获得链接的人可查看”“获得链接的人可编辑”4个选项，然后单击邀请成员一起协作按钮，打开“选择好友”对话框，在其中选择需要协作办公的人员，单击完成按钮即可，如图9-44所示。

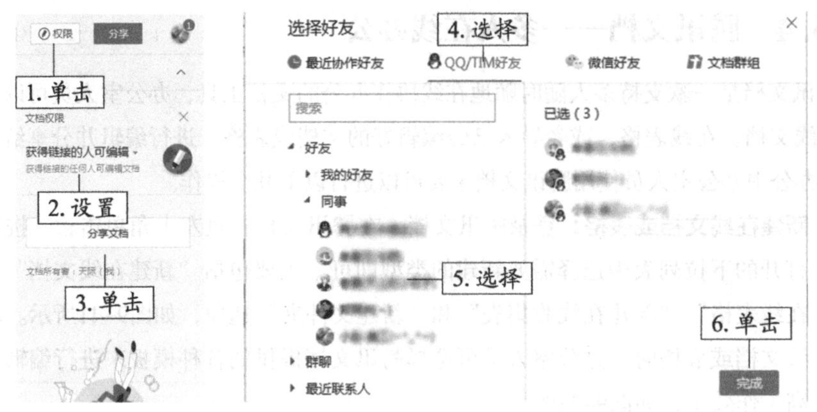

图 9-44　邀请多人协作办公

◆ **分享文档或表格：**文档创建人编辑完文档或表格后，获得分享链接，将链接分享出来，才能让其他人一起参与办公。其方法是：单击文档编辑页面右上角的分享按钮，打开“分享在线文档”对话框，单击＋更多高级设置按钮，打开“高级设置”对话框，在其中设置文档的链接有效期，单击完成按钮返回“分享在线文档”对话框，在其中选择QQ、微信或复制链接的图标即可进行分享，如图9–45所示。

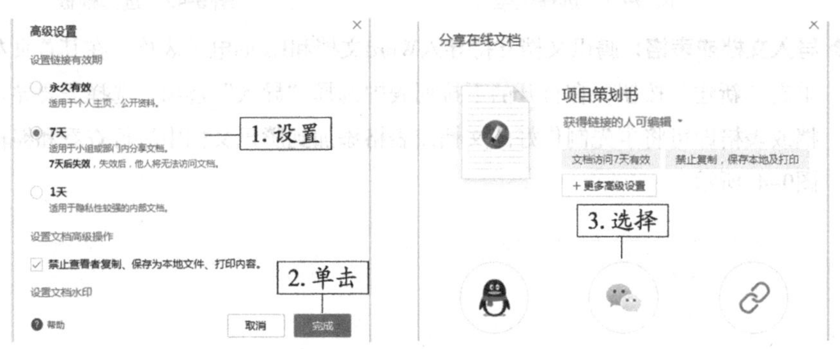

图 9-45　分享文档或表格

提高与练习

答案解析

1．练习使用印象笔记来添加笔记，并进行笔记的管理。

2．练习使用PDF阅读器进行PDF文件的操作，如添加批注、导出为Word文档等。

3．练习使用WinRAR压缩与解压软件进行文件的压缩、解压与加密压缩。

4．练习使用美图秀秀来进行办公图片的处理，如添加公司Logo、去除图片背景等。

5．练习使用百度脑图来制作思维导图，将其导入腾讯文档中并分享给同事进行协作办公。

第10章

使用办公设备：办公室工作的“硬”技能

掌握了办公自动化的软件技能和工具操作方法后，办公室人员还需要了解并掌握办公设备的使用与维护方法，主要包括打印机、扫描仪、传真机、复印机、多功能一体机、投影仪等设备的使用与维护。本章将详细介绍这些办公设备，帮助办公室人员掌握其使用和维护方法。

10.1 打印机的使用

打印机是日常办公中重要的输出设备之一，主要用于将计算机处理后的结果输出到纸张上。使用者可通过简单的操作，利用打印机把制作好的各种类型的文档适时地输出到纸张或其他介质上，从而便于文档在不同场合传送、阅读和保存。

10.1.1 打印机的分类

办公中常用的打印机主要有喷墨打印机和激光打印机两种。下面分别对这两种打印机的外观和性能进行介绍，加深办公室人员对它们的了解。

1. 喷墨打印机

喷墨打印机是一种经济型非击打式的高品质打印机，是一种性价比较高的能够输出彩色图像的输出设备。喷墨打印机因其强大的彩印功能和较低的价格，在现代办公领域颇受青睐。喷墨打印机的特点是体积小、操作简单方便、工作噪声低和打印成品分辨率高，其外观如图10–1所示。喷墨打印机的工作原理是：将墨水喷到纸张上形成点阵图像。喷墨打印机主要由喷头和墨盒、清洁单元、小车单元和送纸单元4部分组成，其结构如图10–2所示。

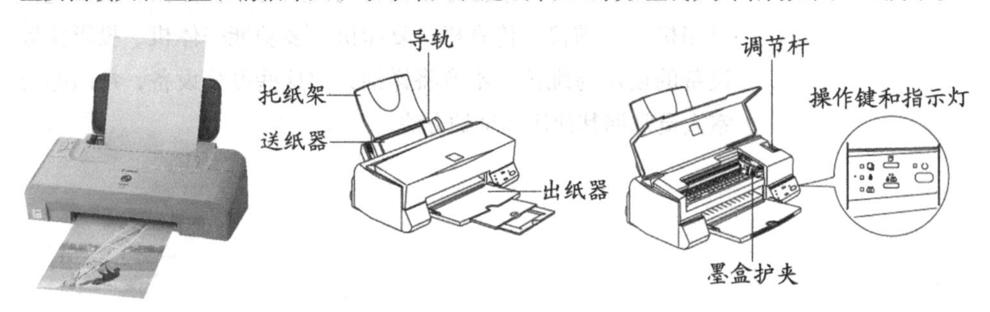

图 10-1 喷墨打印机外观　　图 10-2 喷墨打印机结构

2. 激光打印机

与喷墨打印机不同，激光打印机是使用硒鼓粉盒里的碳粉形成图像。激光打印机分为黑白激光打印机和彩色激光打印机，顾名思义，这两种打印机是分别用于打印黑白和彩色页面的。彩色激光打印机的价格比喷墨打印机贵，成像原理也比喷墨打印机更加复杂，彩色激光打印机相对于喷墨打印机的优势在于它的技术更成熟、性能更稳定、打印速度更快、输出质量更高，彩色激光打印机的外观如图10–3所示。

图 10-3 彩色激光打印机外观

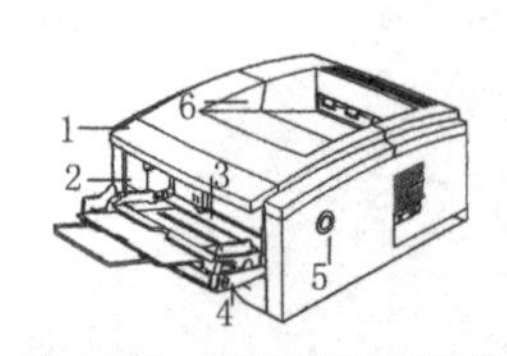

图 10-4 激光打印机结构

激光打印机主要由4部分构成，如图10–4所示。其中1为控制面板，2、3、4为纸盒和纸盒托盘部分，5为打印机电源开关按钮，6为出纸盘。

10.1.2 打印机的使用方法

在日常办公中，使用打印机时需要掌握的操作主要包括安装打印机和添加纸张等。

1. 安装打印机并使用

受办公场地的限制，在实际办公过程中，企业不会为每台计算机单独连接一个打印机。因此，办公室人员经常需要连接网络打印机，其实质是通过访问已共享的本地打印机来进行计算机与打印机的连接。在计算机中安装了打印机驱动程序后，即可进行打印机的安装与使用，其具体操作如下。

步骤01 在控制面板中选择“查看设备和打印机”选项，打开“设备和打印机”对话框。在其中单击鼠标右键，在弹出的快捷菜单中选择“添加打印机”命令，打开“添加打印机”对话框，选择“添加网络、无线或Bluetooth打印机”选项，单击 下一步(N) 按钮，如图10-5所示。

步骤02 此时，系统将自动搜索局域网中的打印机，在搜索结果中选择所需打印机，单击 下一步(N) 按钮，如图10-6所示。

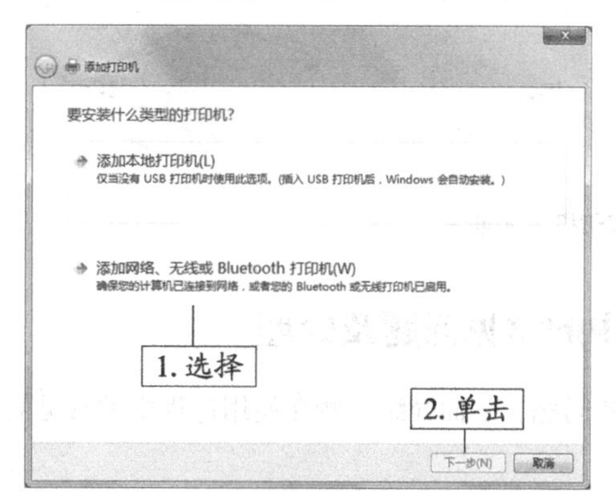

图 10-5 选择打印机类型

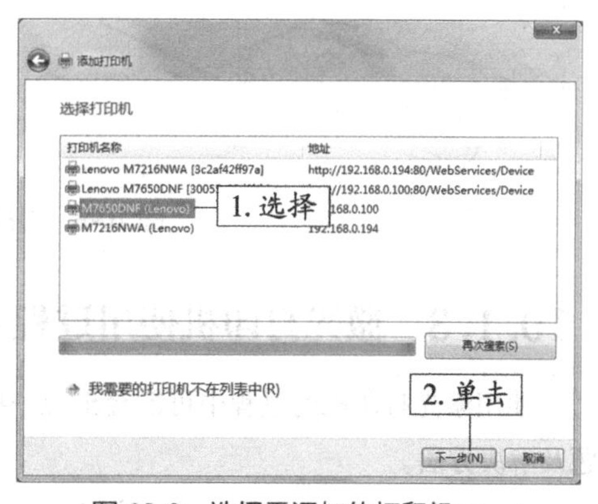

图 10-6 选择需添加的打印机

步骤03 系统将自动连接网络打印机，并下载安装打印机驱动程序。完成后单击 下一步(N) 按钮，在打开的对话框中设置打印机名称，再单击 下一步(N) 按钮，如图10-7所示。

步骤04 设置是否共享打印机，完成后继续单击 下一步(N) 按钮，完成打印机的添加。单击 完成(F) 按钮结束操作，如图10-8所示。

步骤05 返回“设备和打印机”对话框中便可看到已经添加的网络打印机。在打开的文档中选择【文件】→【打印】命令，即可使用打印机进行文档的打印操作。

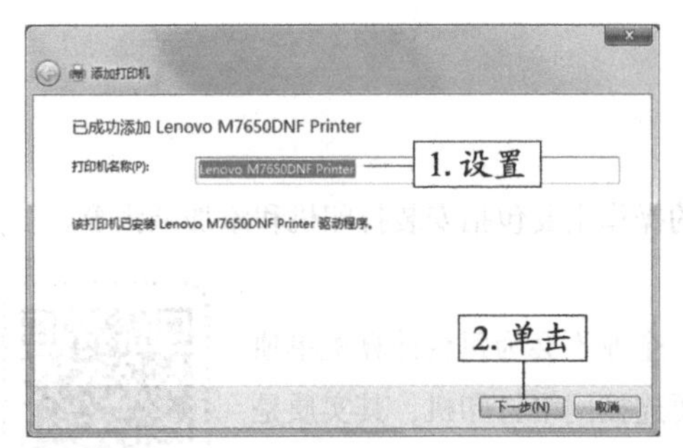

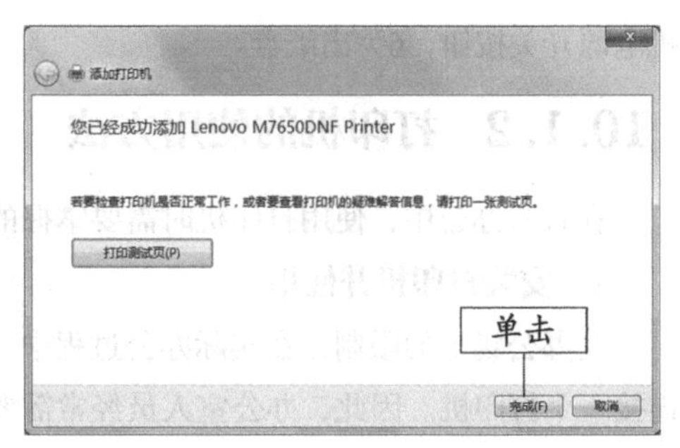

图 10-7　设置打印机名称　　　　图 10-8　完成打印机安装

2. 为打印机添加纸张

在使用打印机打印文档的过程中，若出现纸张不够的情况，直接在打印机纸盒中放入纸张，打印机就会在打印时自动从其中获取。添加纸张的方法为：将纸盒从设备中完全拉出，按下导纸释放杆，然后滑动导纸板以适合新放入的纸张的大小，并确保导纸板牢固地插入插槽中；再将纸张放入纸盒中，确保纸张的厚度在最大纸张限量标记之下，将纸盒装回设备中，确保其完整地置于打印机中。打印机添加纸张的详细过程如图10–9所示。

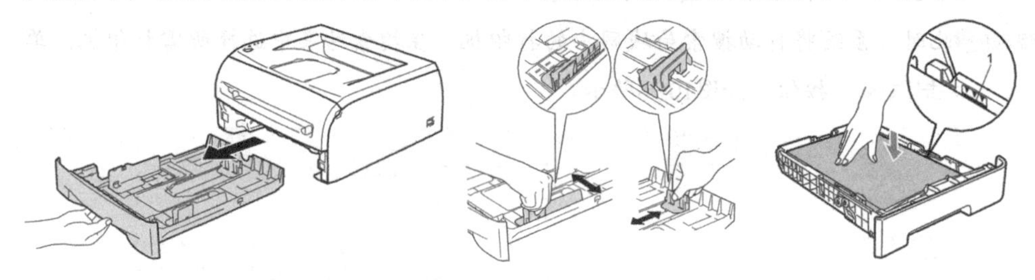

图 10-9　为打印机添加纸张

10.1.3　激光打印机使用过程中的常见问题及处理

使用激光打印机的过程中可能会出现一些问题，下面介绍一些在使用过程中的常见问题及解决方法。

- **卡纸**：打印机出现卡纸故障时，先打开打印机的前盖，如果能够看到卡住的纸张，使用适当的力量将纸张取出；如果纸张被卡在更深处，取出硒鼓单元和碳粉盒组件，按下蓝色锁杆并将碳粉盒从硒鼓单元中取出，然后拖出卡住的纸张。
- **打印字迹偏淡**：首先取出碳粉盒轻轻摇动，然后装上查看打印效果是否有改善。如果仍旧偏淡，则应该更换碳粉盒。
- **出现白色条纹、斑马纹或漏点**：出现这种情况主要是因为打印机的喷嘴堵塞、碳粉耗尽或色彩混合。若碳粉耗尽，可取出硒鼓单元及碳粉盒组件，重新更换碳粉盒。若为其他，可取出打印机的碳粉盒，使用洁净、柔软、干燥的无绒抹布或纸巾擦拭碳粉盒的电子触点、碳粉盒托架上的电子触点和碳粉盒上的喷嘴。

10.2 复印机的使用

复印机是一种将已有文件快捷生成多个备份的办公设备，在复印证件、文件时经常用到。下面主要介绍复印机的操作步骤、保养方法和使用过程中的常见问题及处理等内容。

10.2.1 复印机的操作步骤

复印机的操作步骤都是类似的，下面使用柯尼卡美能达C754数码复印机复印一份文件，其具体操作如下。

步骤01 打开复印机下前门，按主电源开关，将其设置为“丨”状态，如图10-10所示。

步骤02 关闭复印机下前门，控制面板中的电源按钮会发出黄光；当电源按钮变成蓝光时，表明复印机已做好准备并可以使用，如图10-11所示。

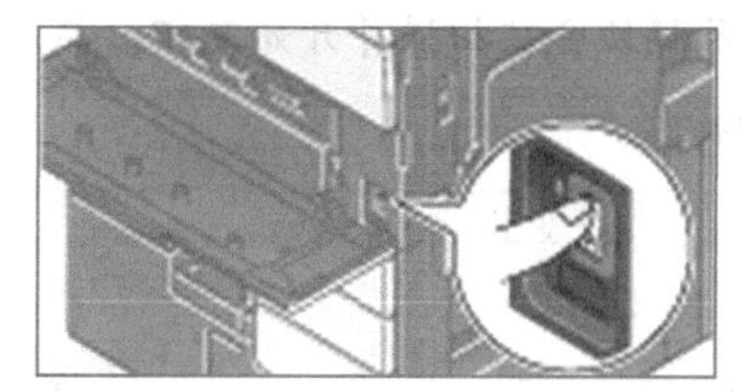

图 10-10 打开主电源开关

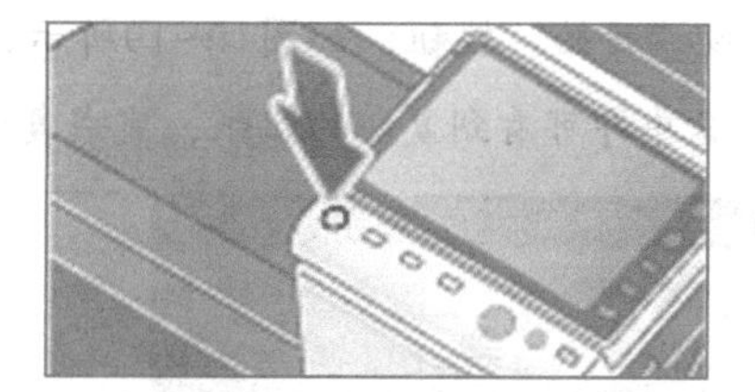

图 10-11 显示电源按钮状态

步骤03 打开ADF（自动输稿器）至20°或更大倾斜度位置，把原稿顶部朝向本机的后侧放置，并使原稿与刻度左后侧的标记对齐，如图10-12所示，然后关闭ADF。

步骤04 拉出纸盒，如图10-13所示，注意不要触碰胶片。

步骤05 将横向导板滑动到适合所装入纸张尺寸的位置，如图10-14所示。

图 10-12 装入原稿

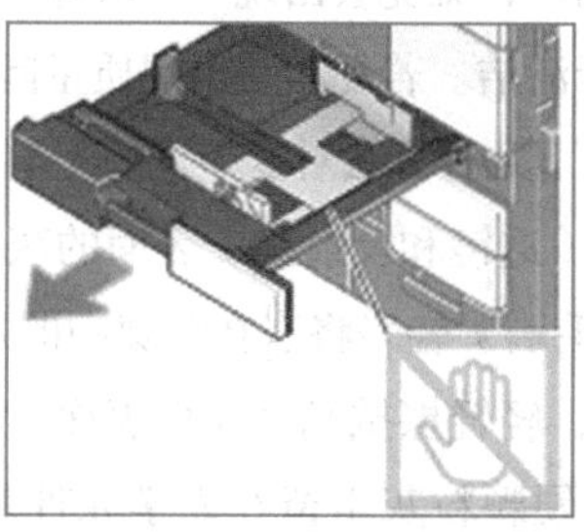

图 10-13 拉出纸盒

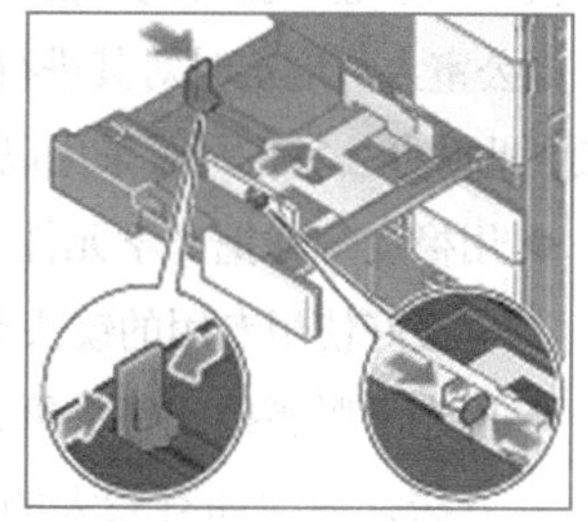

图 10-14 调整位置

步骤06 将纸张装入纸盒，使要复印的一面朝上，如图10-15所示，然后关闭纸盒。

步骤07 在控制面板的菜单按钮中按下“复制”按钮，如图10-16所示。

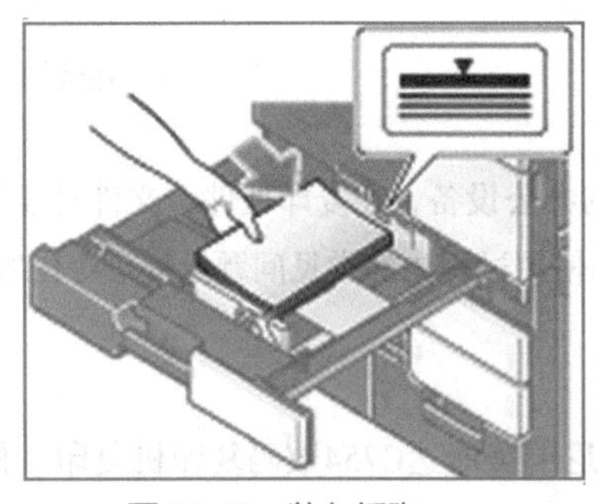
图 10-15 装入纸张

图 10-16 选择操作

步骤08控制面板屏幕中将显示复印的相关设置，如图10-17所示，这里选择默认的设置。

步骤09使用数字键盘输入复印份数，如图10-18所示。也可以通过滑动控制面板屏幕，触摸输入复印份数。

步骤10按“开始”按钮，如图10-19所示，原稿便会被扫描并开始复印。然后在出纸盒中即可看到复印的稿纸，完成复印操作。

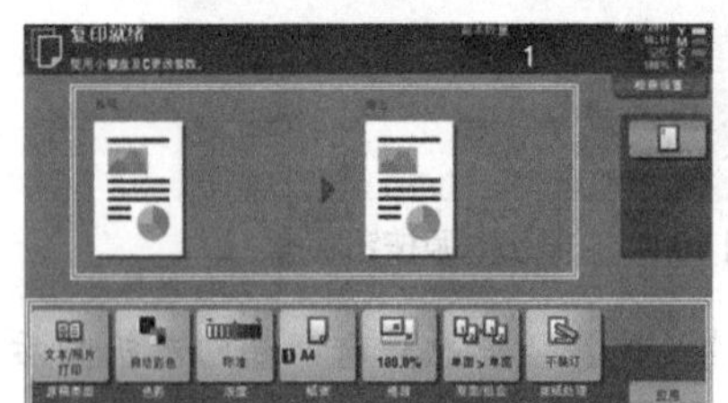
图 10-17 复印设置

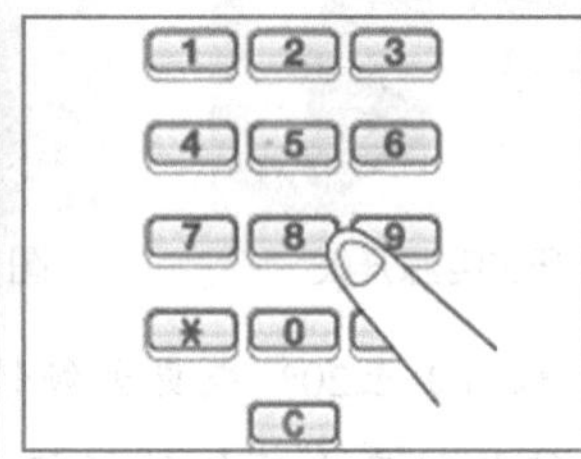

图 10-18 输入复印份数

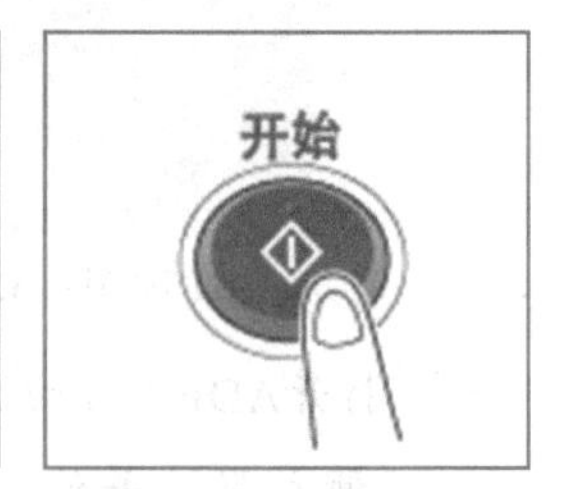

图 10-19 开始复印

10.2.2 复印机的保养方法

复印机经过一段时间的使用后，难免会出现一些故障。为避免复印机出现故障影响使用，办公室人员应定时对其进行清洁。若复印品出现质量问题，一般是因为复印机受到了污染，此时办公室人员可采用以下几种方法对复印机的光学系统进行清洁。

◆ 用橡皮气球把光学元件（透镜和反射镜）表面的灰尘及碳粉吹去，也可用软毛刷（最好使用专用的镜头毛刷）轻轻将嵌在缝隙中的灰尘刷去。

◆ 用光学脱脂棉或镜头纸，轻轻擦拭光学元件表面。如果表面较脏，则不能使用该方法，因为如有较大的硬颗粒灰尘留在光学元件表面，擦拭反而会损伤光学元件。此时必须使用橡皮气球将灰尘完全吹去后才能擦拭。

◆ 光学元件表面如果有油污和手指印等污迹，可用光学脱脂棉蘸少量清洁液擦洗。

10.2.3 复印机使用过程中的常见问题及处理

办公室人员在日常使用复印机的过程中，可能会遇到各种各样的问题。其中，碳粉不足和卡纸是最为常见的问题，办公室人员可以通过简单的操作来快速解决问题，保证日常工作的正常开展。

1. 碳粉不足

当碳粉不足时办公室人员应及时添加碳粉，以保证复印机正常工作。解决复印机碳粉不足问题的具体操作如下。

步骤01 打开前盖，如图10-20所示。然后将固定拨杆扳起，如图10-21所示。

步骤02 推开拨杆，然后轻轻拉出碳粉瓶托架。向后压碳粉瓶，将瓶头抬起，然后取出碳粉瓶，如图10-22所示。

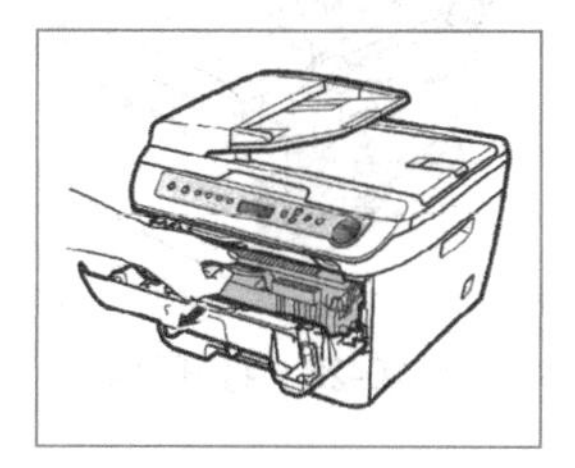

图 10-20 打开复印机前盖

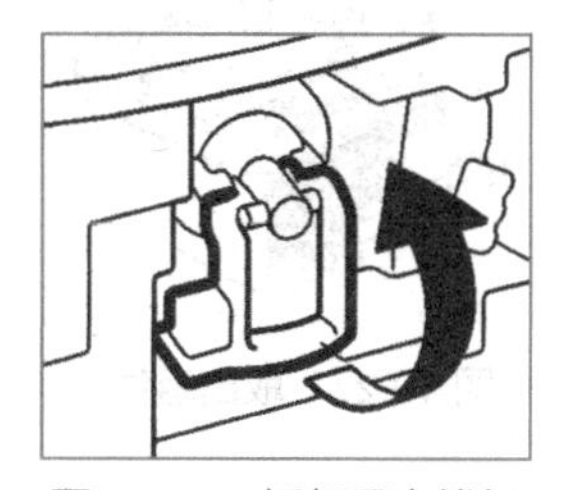

图 10-21 扳起固定拨杆

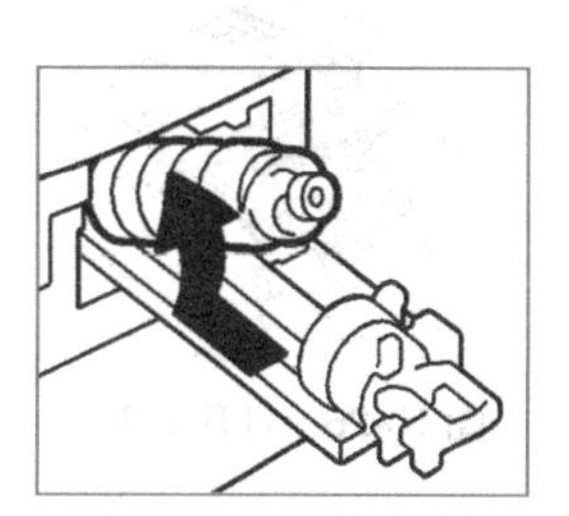

图 10-22 取出碳粉瓶

步骤03 水平拿住新的碳粉瓶，摇动几次后去掉保护盖，如图10-23所示。

步骤04 将碳粉瓶放到碳粉瓶架上，然后向前拉瓶头，如图10-24所示

步骤05 按下固定拨杆，然后合上机器前盖即可，如图10-25所示。

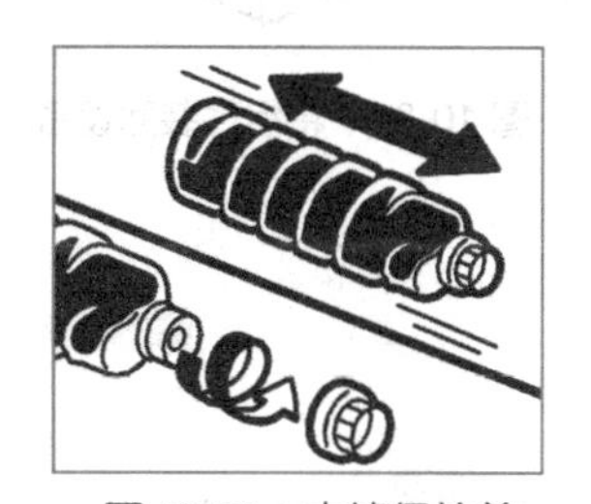

图 10-23 去掉保护盖

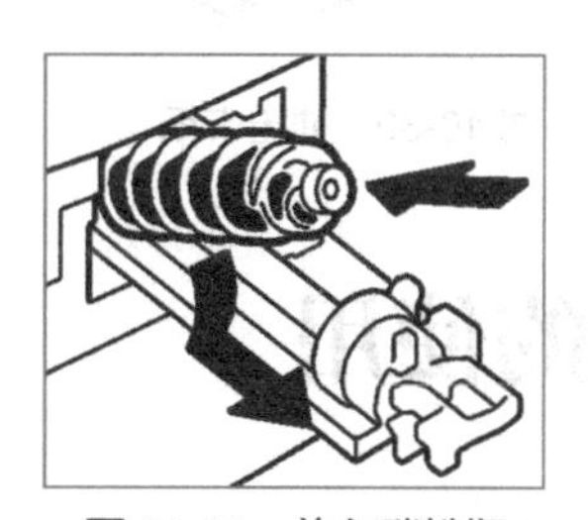

图 10-24 放入碳粉瓶

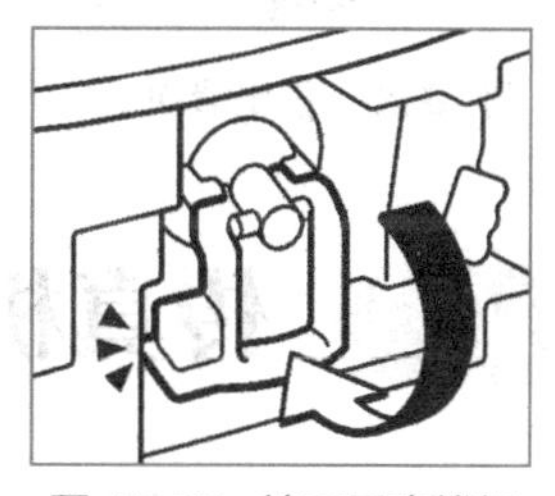

图 10-25 按下固定拨杆

碳粉在存放时要注意避开火源，避免阳光直射。废弃的碳粉瓶不能直接暴露在阳光下，否则有碳粉瓶燃烧的危险。添加碳粉时要注意，碳粉不能重复使用，且应使用设备推荐的碳粉，以避免出现故障。

2. 卡纸处理

卡纸是复印机使用过程中的常见故障，卡纸时复印机将停止工作，同时“卡纸”指示

灯将闪烁。要处理卡纸现象，首先要确定卡纸的位置。下面介绍卡纸的处理方法，具体操作如下。

步骤01 打开前盖，如图10-26所示。取出硒鼓单元及碳粉盒组件，如图10-27所示。

步骤02 打开后盖，如图10-28所示。然后将滑块朝身体方向拉出，打开后部斜槽盖，如图10-29所示。

步骤03 将卡住的纸从定影单元中抽出。如果不能轻松地抽出纸张，则需先用一只手按下蓝色滑块，另一只手轻轻将纸张抽出，如图10-30所示。

步骤04 合上后盖，然后将硒鼓单元及碳粉盒组件装回设备中，如图10-31所示，最后合上前盖即可。

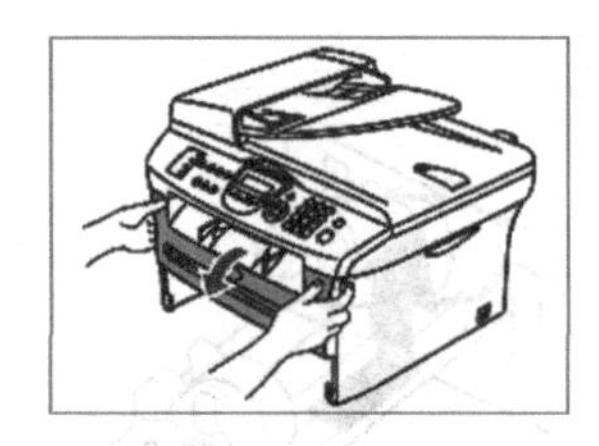

图 10-26　打开前盖

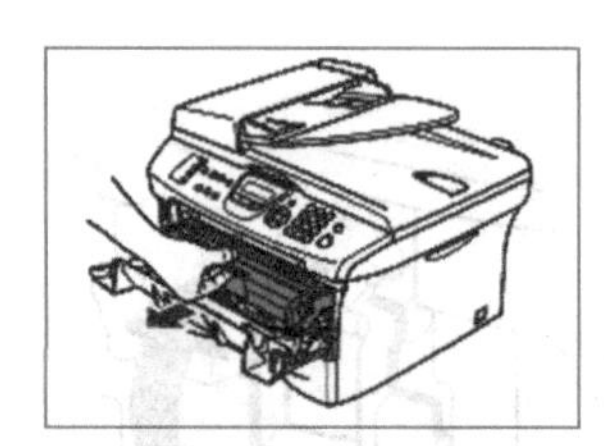

图 10-27　取出组件

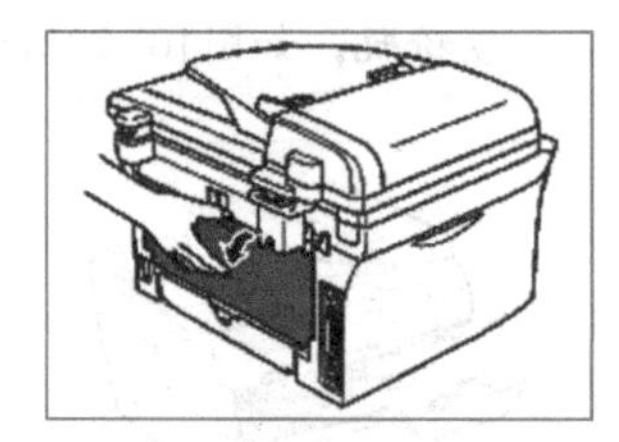

图 10-28　打开后盖

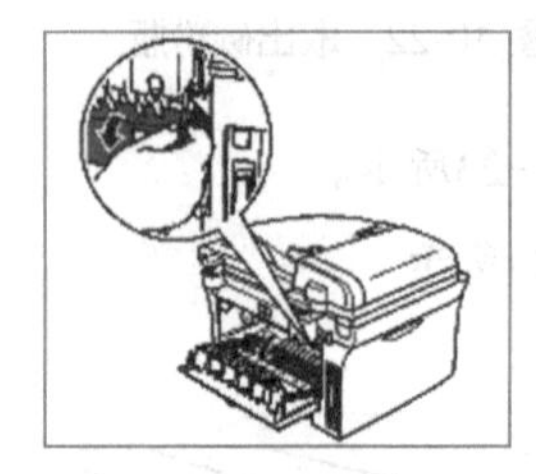

图 10-29　拉出滑块

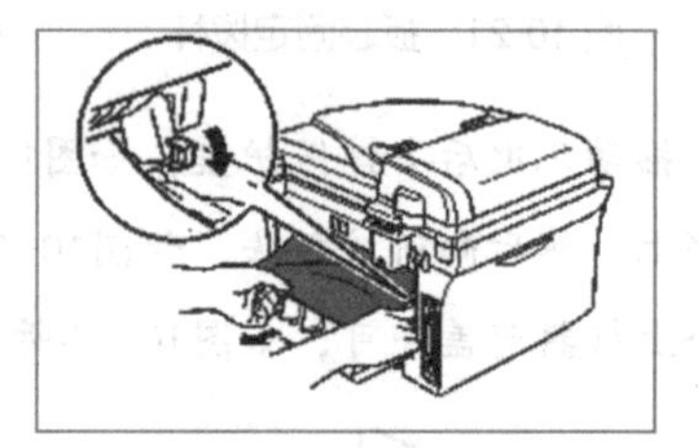

图 10-30　抽出卡纸

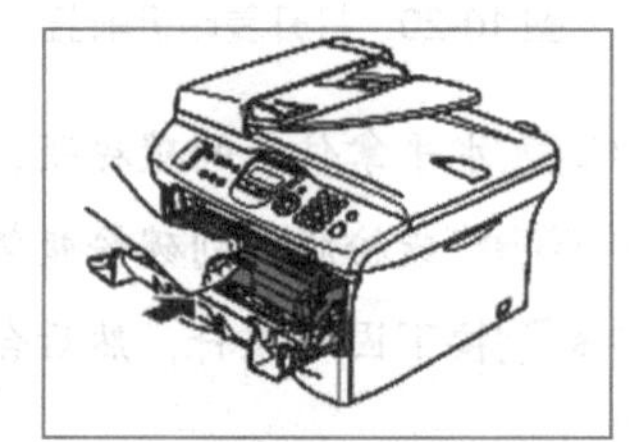

图 10-31　将组件装回设备

10.3 传真机的使用

传真机是现代图像通信设备的重要组成部分，它是目前唯一采用公用电话网传送并记录图文真迹这一技术手段的设备。传真通信是把记录在纸上的文字、图表和相片等静止的信息变换成电信号，经传输线路传递到接收方，使接收方获得与发送原稿相似的内容的通信方式。其组成部分如图10-32所示。

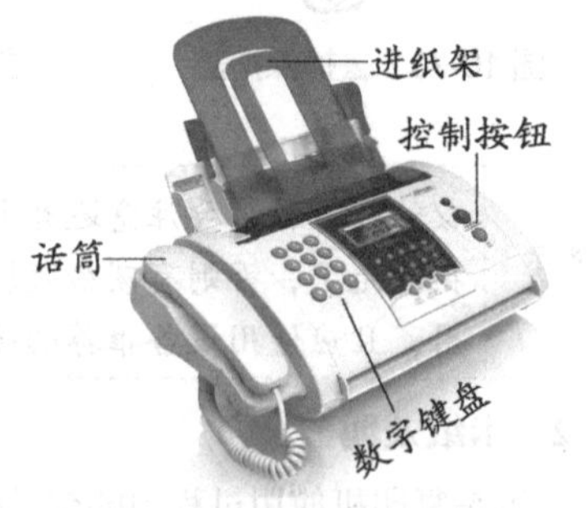

图 10-32　传真机组成部分

10.3.1 传真机的使用方法

用传真机传送文件主要包括发送文件和接收文件，下面分别介绍。

1. 发送文件

安装好传真机后就可以发送文件了，主要包括以下两个步骤。

◆ **在传真机中放入要发送的文件：**将要发送的文件正面朝下放入纸张入口（在发送时，应把先发送的文件放置在最下面），如图10-33所示。

◆ **拨号进行发送：**拨打接收方的传真号码，要求对方传输一个信号，当听到从接收方传真机传来的传输信号（一般是“嘟”的一声）时，在“操作面板”中按下“开始”键，如图10-34所示。

图 10-33　放入要传送的文件

图 10-34　拨号要求对方发送一个传输信号

2. 接收文件

己方在听到电话铃响后，拿起话筒，对方会要求发送一个信号，此时按“开始”键发送信号。对方发送传真数据后，传真机将自动接收传真文件。传真机接收文件的方式主要有4种，具体内容如下。

◆ **电话优先：**电话铃响起时，拿起话筒，传真机发现收到的是传真而不是电话时，会给出“请放下电话开始接收”或“开始接收”等语音提示，然后系统自动开始接收传真。若电话无人接听，传真机将自动转为接收传真模式开始接收传真。

◆ **传真优先：**当对方选择自动发送传真时，电话铃响3声后传真机就会自动接收传真；当对方选用手动发送传真时，电话铃第2次响3声后传真机自动接收传真。

◆ **传真专用：**电话铃响1声后传真机开始自动接收传真。此方式在接收传真时还可向外拨打电话，但不能接听电话，也不能使用电话录音功能。同时可用此方式设置只接收电话簿上登记的用户发来的传真，可防止收取垃圾传真，还可用此方式设置指定时间段响铃或不响铃接收。

◆ **传真录音：**电话铃响2声后电话接通，开始播放录音留言，录音留言播放完毕后传真机自动切换为传真接收模式或电话录音模式。

10.3.2 传真机的清洁管理

为了延长传真机的使用寿命，保证传真质量，有效地发挥传真机的作用，办公室人员要做好传真机的清洁管理工作，主要包括以下几个方面的内容。

◆ **保持机器表面清洁：**使用传真机时应注意保持机器表面的清洁，外壳及其他部件一般可用干布擦拭，切勿使用苯或稀释液擦拭。

◆ **做好记录头清洁：**传真机的记录头洁净是传真效果的重要保证，因此应注意经常清洁记录头。清除灰尘时，应先切断电源，打开操作面板，取出记录纸，然后用干净的软布蘸酒精轻轻擦拭记录头和记录头盖。若传真机刚接收了大量文件，记录头可能发热，此时不能马上进行清洁工作，以免损坏记录头。

◆ **定期清洁传真机内部：**经过一段时间的使用后，传真机的原稿滚筒和扫描仪上会累积灰尘，最好每半年清洁一次。原稿滚筒可使用干净的软布或蘸酒精的纱布进行清洁；扫描仪部分由于在传真机内部，需要使用特殊的清洁工具，切不可直接用手或布、纸进行擦拭。

10.3.3 传真机使用过程中的常见问题及处理

在使用传真机的过程中，会出现卡纸、传真纸出现白线、传真字号变小等问题，下面对这些问题的解决方法进行介绍。

◆ **传真机卡纸：**卡纸问题是传真过程中最容易出现的问题。当出现这种问题时，办公室人员可以调动传真机中的可动部件，将卡住的纸张整张取出。切忌胡乱拉扯，因为要保证纸张的完整，防止碎纸块残留在传真机内。

◆ **传真期间纸张出现白线：**出现这种现象的原因一般是，热敏头断丝或者记录头上沾有异物，可采取更换断丝或清除异物的方式来进行解决。

◆ **传真期间纸张变为全白：**出现这种现象需要根据传真机的类型来进行解决。若为喷墨式传真机，可能是因为传真机的喷嘴头被堵，可对喷嘴进行更换或更换墨盒。若为热感式传真机，可能是因为记录纸安装错误或者使用的纸张含有化学药剂，出现这种情况只需重新安装记录纸或更换高质量的纸张即可。

◆ **传真字号变小：**这是传真机的压缩功能所导致的，关闭传真机省纸功能或将传真机恢复至出厂设置可解决这个问题。

10.4 扫描仪的使用

扫描仪是一种捕获图像并将其转换为计算机可以显示、编辑、储存和输出的数字信号的数字化输入设备。在办公过程中，办公室人员经常需要将一些发票、印有公章的文件或其他文档扫描为图片格式，将其保存或发送给同事或客户查看。下面详细介绍扫描仪的使用方法。

10.4.1 扫描仪的操作步骤

将计算机连接扫描仪并安装驱动程序后，即可开始对所需文件进行扫描，然后办公室人员可以将扫描结果保存到计算机中。虽然不同品牌的扫描仪扫描界面有差异，但其工作方式和操作方法是相似的。下面对扫描仪的操作步骤进行介绍。

◆ **放置扫描文件：**打开扫描仪盖，将要扫描的文件放在文件台内，需要扫描的面朝下，将文件抚平，盖上扫描仪盖，固定文稿。

◆ **选择扫描模式：**按下扫描仪的电源按钮启动扫描仪，在计算机的“开始”菜单中选择扫描仪选项，打开扫描仪软件的扫描对话框，选择扫描模式，如全自动模式。

◆ **设置扫描参数：**打开扫描模式设置对话框，在其中可设置分辨率、去杂点或颜色翻新等参数。设置的分辨率越高，图像越清晰，扫描时间越长。

◆ **设置保存位置：**完成参数设置后，设置扫描文件在计算机中的保存位置，主要包括扫描文件的保存路径、保存名称和保存格式。

◆ **开始扫描：**最后在扫描对话框中单击“扫描”按钮开始扫描文件。扫描完成后将生成扫描文件的预览图。扫描文件将被保存到之前设置的保存位置，如果没有设置文件保存位置，扫描文件将被默认保存在“我的文档”中。

10.4.2 扫描仪的使用注意事项

办公室人员在使用扫描仪的过程中要注意以下事项，以维持扫描仪的正常寿命。

◆ **不要经常插拔电源线和扫描仪连接计算机的接头：**经常插拔电源线和扫描仪连接计算机的接头，会造成电源线和连接处接触不良，导致电路不通。

◆ **不要中途切断电源：**当扫描完一幅图像后，扫描仪的扫描部件需要一部分时间从底部归位。所以最好等到扫描部件完全归位后，再切断电源，否则容易损坏部件。

◆ **放置物品时要一次定位准确：**放置物品时要一次定位准确，不要随便移动，以免刮花扫描仪的玻璃。更不要在扫描的过程中移动物品。

◆ **不要在扫描仪上面放置物品：**有些使用者常将一些物品放在扫描仪上面，时间长了，扫描仪的塑料遮板因中空受压将会变形，影响使用。

◆ **长久不用时请切断电源：**当长久不用时，如果一直连接电源会，扫描仪的灯管就会一下亮着。由于扫描仪灯管也是消耗品，所以建议使用者在长久不用时切断电源。

◆ **机械部分的保养：**长时间使用扫描仪后，要拆开盖子，用浸有缝纫机油的棉布擦去镜组两条轨道上的油垢。擦净后，再将适量的缝纫机油滴在传动齿轮组及皮带两端的轴承上面，这样可以减少扫描仪的噪声。

10.4.3 扫描仪使用过程中的常见问题及处理

扫描仪在使用过程中，可能会出现一些问题，下面介绍扫描仪使用过程中的常见问题及其处理方法。

◆ **扫描速度太慢：**可能是因为设置的扫描分辨率太高、添加了特效或计算机内存和硬盘容量偏小。查看设置并进行修改或换用高配置的计算机进行扫描即可解决该问题。

◆ **扫描图像模糊：**可能是因为设置的扫描分辨率太低、扫描仪玻璃板上有污迹、扫描图片没有放平整、漏光，或计算机的分辨率、显卡驱动程序有问题，可逐一排查进行解决。

◆ **扫描的图像有条纹：**若出现竖条纹，可能是因为扫描仪镜头或上罩“基准白”有污迹，可清理污迹和灰尘进行解决。若出现其他样式的条纹，可能是因为扫描仪数据线接触不良、扫描仪内部的传动皮带老化，这种情况就需要进行检修。

◆ **文字识别效果不佳：**如果扫描仪具有OCR（快速识别文字内容）功能，但识别的文字有很多错误或无法识别时，可能是原稿质量不佳、扫描模式为黑白、扫描分辨率太低（一般不低于300dpi）、稿件倾斜、原稿字迹不清楚等问题造成的，可逐一进行排查，以加强文字深度识别效果。

10.5 多功能一体机的使用

多功能一体机是集传统打印、复印、扫描等功能于一身的设备（有些还兼具传真功能，不同的一体机其功能可能有所差别），已逐步取代单独的复印设备。常见的多功能一体机如图10-35所示，具有打印和复印的功能，在办公中被广泛应用，其中打印部分与打印机相同。下面主要介绍其复印功能。

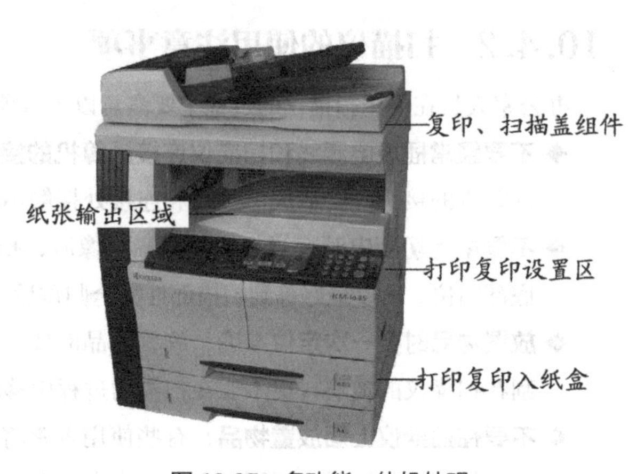

图 10-35 多功能一体机外观

10.5.1 使用一体机复印文件

使用一体机的复印功能可以快捷地复制出多份文件，其方法为：将复印机电源线连接好，开机进行预热，当操作面板上的指示灯由红色变为绿色时，预热完成；在复印机纸盒中装入纸张，如图10-36所示；打开盖板，将要复印的文件放在原稿台上，注意对准定位标志，如图10-37所示；盖上盖板，在数字键盘上按下数字按键设置复印数量，然后按“开始”按键，即可开始复印；按下控制面板中的“暂停”键可暂停复印，再次按下“暂停”键可继续复印。

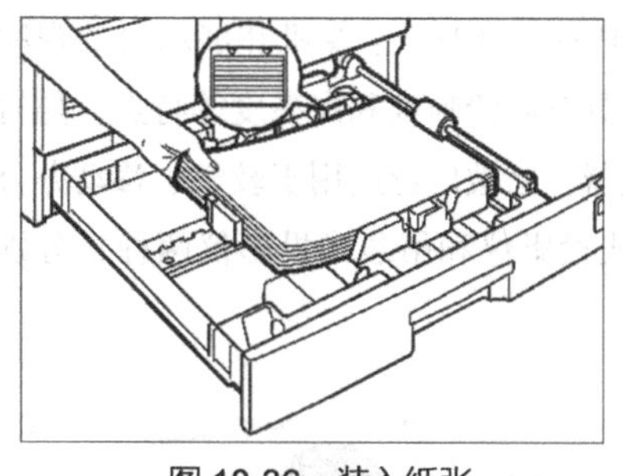

图 10-36 装入纸张

图 10-37 放置复印文件

10.5.2 多功能一体机的清洁

办公室人员应定期进行清洁一体机，以保证其正常工作。清洁多功能一体机分为3个步骤，具体内容如下。

◆ **清洁纸盒：** 先关闭设备电源，再用柔软的无绒干布擦去设备外部的灰尘；然后取出纸盒，用无绒干布擦拭纸盒内外部的灰尘。

◆ **清洁搓纸辊：** 用无绒干布擦拭设备内部的搓纸辊。

◆ **清洁平板扫描器：** 抬起原稿盖板，用柔软的无绒湿布清洁白色塑料表面和其下方的平板扫描器玻璃。

10.5.3 多功能一体机使用过程中的常见问题及处理

卡纸是多功能一体机复印过程中常见的故障。当发生卡纸时一体机将停止工作，同时“卡纸”指示灯将闪烁。其处理方法是：打开后盖，然后将滑块朝身体方向拉出，打开后部斜槽盖，如图10–38所示；将卡住的纸张从中抽出，如果不能轻松地抽出卡住的纸张，需先用一只手按下蓝色滑块，另一只手轻轻将卡住的纸张抽出，如图10–39所示，最后合上后盖。

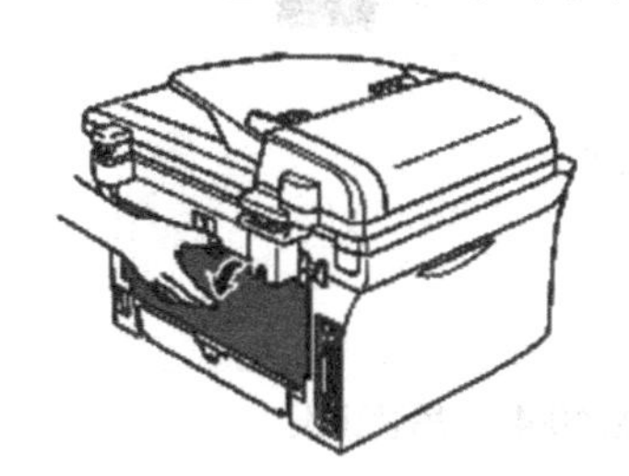

图 10-38 打开后部斜槽盖

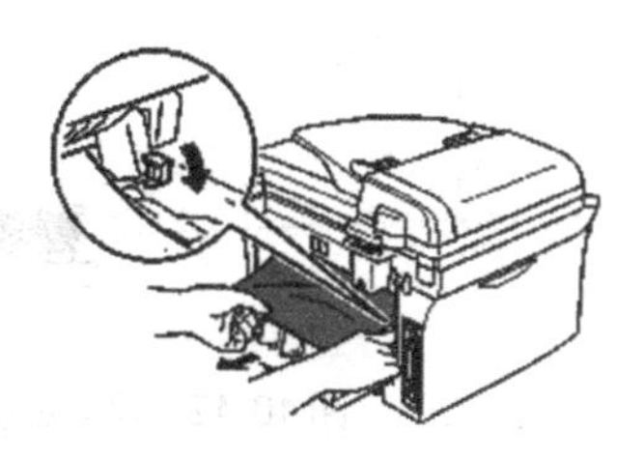

图 10-39 抽出卡纸

10.6 投影仪的使用

投影仪是用于放大显示图像的装置。它采用先进的数码图像处理技术，配合多种信号输入输出接口，无论是计算机的RGB信号，还是DVD、VCD、录像机和展示台的视频信号，都能转换成高分辨率的图像投在大屏幕上，并具有高清晰度和高亮度等特点。随着数码技术的迅猛发展，投影仪作为一种高端的光学仪器，已被广泛应用于教学、移动办公、讲座演示和商务活动中。投影仪一般可分为便携式投影仪和吊装式投影仪两种，分别如图10–40和图10–41所示。

图 10-40 便携式投影仪

图 10-41 吊装式投影仪

10.6.1 投影仪的投影方式及安装

投影仪的投影方式有多种，主要有桌上正投、吊装正投、桌上背投和吊装背投4种，其中桌上正投和吊装正投是办公过程中使用频率非常高的投影方式。不论使用哪种方式进行投影，都必须对投影的角度进行适当的调整。所以办公室人员首先可将投影仪安装好，使其正对投影屏幕，再通过投影仪的操作面板上的按键，调整投影角度和投影画面的大小。

◆ **桌上正投：**投影仪位于屏幕的正前方，如图10–42所示，桌上正投是放置投影仪最常用的方式，投影仪安装快速并可移动。

◆ **吊装正投：**投影仪倒挂于屏幕正前方的天花板上，如图10–43所示。

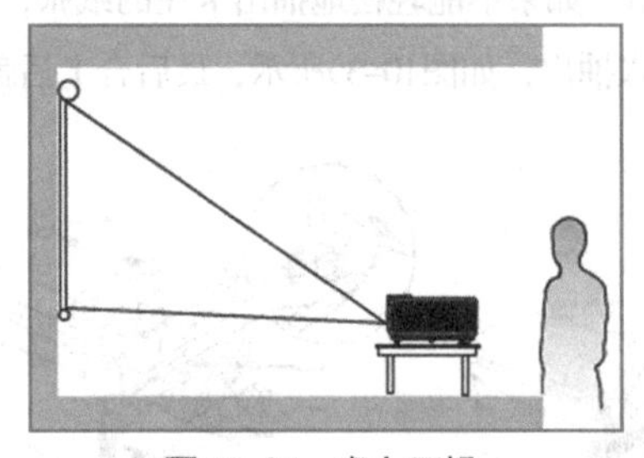

图 10-42 桌上正投

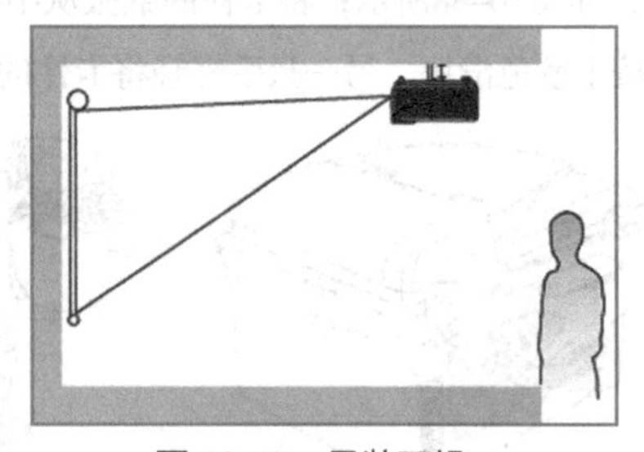

图 10-43 吊装正投

◆ **桌上背投：**投影仪位于屏幕的正后方，如图10–44所示。此安装位置需要一个专用的投影屏幕。

◆ **吊装背投：**投影仪倒挂于屏幕正后方的天花板上，如图10–45所示。此安装位置需要一个专用的投影屏幕和投影仪天花板悬挂安装套件。

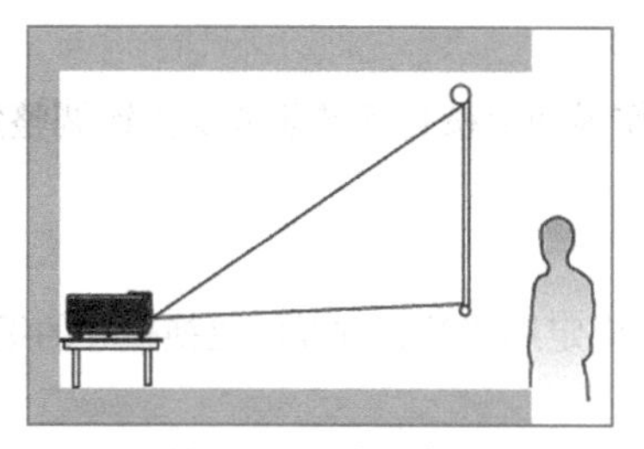

图 10-44　桌上背投

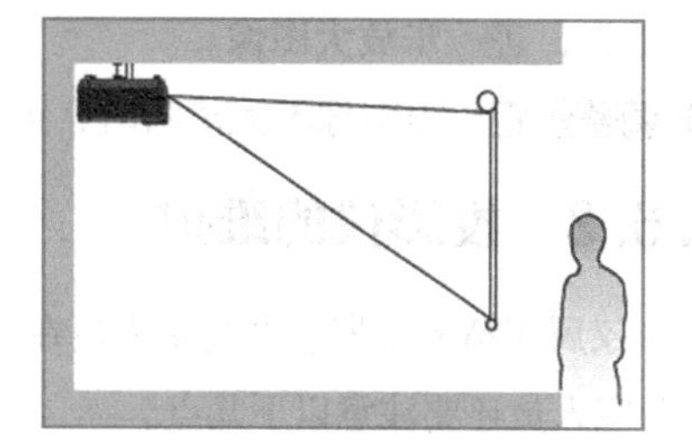

图 10-45　吊装背投

办公室人员在安装投影仪时要注意镜头和屏幕之间的距离和屏幕的大小，距离和大小不同，投影仪设置的数值也有相应变化，实际操作中应根据需要进行调整。

10.6.2　投影仪的使用方法

将投影仪连接到计算机上，即可将计算机中的画面投射到投影屏幕上。办公室人员在使用时，可按照如下几个步骤进行投影仪的操作。

◆ **开启投影仪：**连接设备，当指示灯亮起时，表示投影仪进入待机状态，按下开机键。

◆ **调节投影仪位置：**使投影仪与投影屏幕垂直（不能垂直时可稍微调整角度，投影仪与投影屏幕形成的角度最大为10°），同时按投影仪上的调节按键，调整投影仪高度，如图10-46所示。

◆ **输入投影：**切换所连接的设备向投影仪输出信号，根据计算机类型的不同，可能需要按下某个功能键（通常为【Fn】键或【F7】、【Fx】键）来切换计算机的信号输出，如图10-47所示。

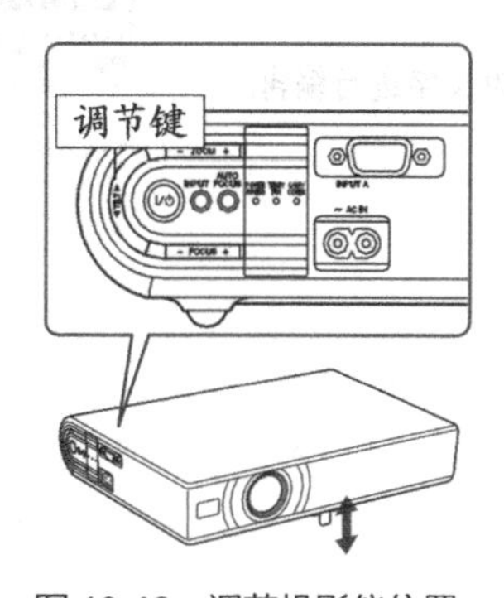

图 10-46　调节投影仪位置

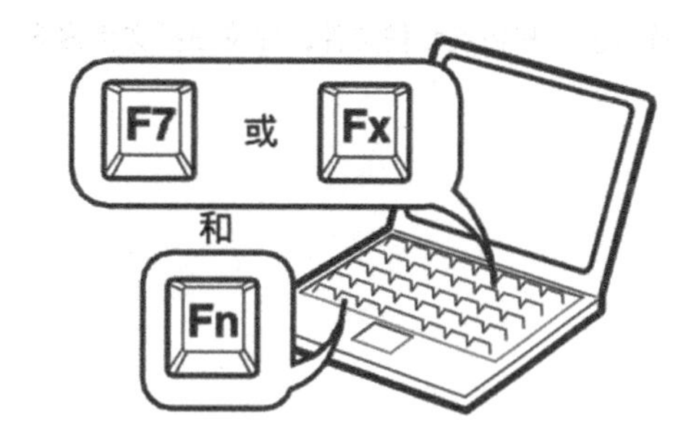

图 10-47　输入投影

◆ **调整图像尺寸：**在操作面板上按【Wide】键可以放大投影尺寸，按【Tele】键可以减小投影尺寸。在适当情况下，办公室人员可将投影仪移至离投影屏幕更远的地方，进一步放大图像。

◆ **调整焦距：**当图像不太清晰时，可在操作界面上按自动调焦或变焦键调整焦距。

10.6.3 投影仪的维护

投影仪属于精密仪器，办公室人员在使用时应定期清洁，并及时更换损坏的组件。同时，办公室人员还要注意以下几点。

◆ 对未使用的投影仪，应将其反射镜盖上，遮住放映镜头；短期内不使用的投影仪还应加盖防尘罩；长期不使用的投影仪应放入专用箱内，以尽量减少灰尘。

◆ 切勿用手触摸放映镜和正面反射镜。若光学元件有污物和尘埃，可用橡皮气球吹风除尘，或用镜头纸和脱脂棉擦拭光学元件。螺纹透镜积垢较多时，只能拆下用清水冲洗，不得使用酒精等有机溶剂清洗。

◆ 投影仪工作时，要保证散热窗口通风流畅，散热风扇不工作时绝对不能使用投影仪。连续放映时间不宜过长（应不超过1小时），否则箱体内的温度过高会烤裂新月透镜和螺纹透镜。另外，不可长时间待机，不用投影仪时应及时关闭电源。

◆ 投影仪中的溴钨灯灯丝受热后若受到震动容易损毁。当投影仪开始工作时，应尽可能减少搬动投影仪，忌剧烈震动。若要搬动投影仪则应先关机，待灯丝冷却后再搬动。

提高与练习

1. 练习使用多功能一体机来复印员工身份证，然后打印员工入职登记表。要求对身份证进行双面复印。

2. 练习使用投影仪来放映工作计划演示文稿。

3. 练习使用传真机来向合作商发送合同。

4. 练习使用扫描仪扫描文件，并将扫描文件内容转化为文字进行编辑。

第 3 篇
文书写作篇

第11章

日常办公类文书：文书写作轻松起步

无论在普通单位的办公室还是机关的办公室工作，都会涉及文书写作，这也是办公室人员写作技能的一个重要表现。本章将对办公文书中常见的公文写作基础和不同类型的公文写作方法进行介绍，帮助办公室人员打下公文写作的基础。

11.1 公文写作基础

公文，是公务文书的简称，是各个部门、机关、单位、企业和组织在公务活动中，按照特定的格式、经过一定的处理程序，形成和使用的书面材料和文件。利用公文，可以传达党和国家的方针政策，公布法规和规章，指导、布置和商洽工作，请示和答复问题，报告、通报和交流情况等。

11.1.1 办公室公文的语言要求

办公室公文的写作同样需要遵循公文写作的要求。办公室公文不像文学作品一样需要创造性的写法，只要准确、规范、简练、明白、直接、平实就好。

1．准确

准确指在不产生歧义、容易理解的前提下，公文语言表达准确，用词恰当，最好是除了这个词之外，其他的词都不如其贴切、圆满。

（1）分清词性

办公室人员要想用词准确，首先要分清词性，如动词、名词、形容词等，避免误用。具体到公文写作而言，办公室人员主要应注意以下六点。

◆**名词不可误作动词：**如“改善孩子们读书、写字、算术的环境”。“算术”是名词，这里误作为动词使用，在“算术”前面加一个“做”字即可解决问题。

◆**动词不可误作形容词：**如“在对外开放过程中，沿海和内地是分别的”。“分别”是动词，这里误作为形容词使用，不知道是想说明沿海和内地是有区别的，还是想说明沿海和内地分别怎么样。如果是前者，在“分别”前面加上“有”字即可解决问题。

◆**形容词不可误作动词：**如“没有明确到病根”，“明确”是形容词，这里误作为动词使用，导致语句不通顺。解决此问题，只需在“明确”后面加上一个真正的动词“认识”即可。

◆**名词不可误作形容词：**如“他工作很模范”，“模范”是名词，这里误作为形容词使用，将其改为真正的形容词就能解决此问题，如将“模范”改为“敬业”。

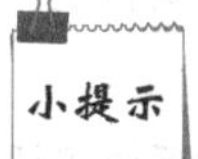

为保证语句想要表达的意图不变，可以重新调整语句，如“在工作上他是大家的模范榜样”等。对公文而言，意图不变是很有必要的，不可因怕麻烦而简单更改词语，导致改变了原句想要表达的意图。

◆**形容词不可误作名词：**如“为社会主义精神建设带来了高昂”。“高昂”是形容词，这里误作为名词使用，只需在后面加上“的士气”即可。

◆**副词不可误作形容词：**如“他做过一度军校教员”。“一度”是副词，用在这里明显语句不通。可改为“一次”，或将“一度”提到“做过”之前。

（2）辨明词义

辨明词义，目的是要选用最恰当、最贴切的词语，这一点对于公文语言表述的准确性而言极为重要。汉语语义丰富，用于表达某一事物的同义词很多。由于同义词的含义非常接近而又有着细微的差别，因此办公室人员更加要重视所选词语是否表达准确。具体来看，选词要注意以下六点原则。

◆**轻重不同：** 主要指语气的轻重不同。如“称道”和“称奇”，前者是称述、称赞；后者是称赞奇妙。“称奇”比“称道”的语义更重。如，“没想到他失去了双手，竟能凭双脚完成这样一篇优秀的文章，实在是一件令人啧啧称奇的事情。”这里就应该用“称奇”加强语气。

◆**范围不同：** 主要指词义覆盖的范围不同。如“目前”和“日前”，前者指说话的时候；后者指几天前。如，“河道被洪水冲毁，目前仍在抢修当中。”这里应该使用“目前”来强调修复工作的急迫。

◆**适用对象不同：** 主要指适用对象有上下、内外之分。如“馈赠”和“捐赠”，前者是赠送礼品；后者是赠送物品给国家或集体。如，“中国26年来接受联合国捐赠粮食的历史画上了句号。”这里用“捐赠”更为准确。

◆**感情色彩不同：** 主要指褒义词、中性词、贬义词的感情色彩不同。如“臆造”和“编造”，前者指凭主观的想法编造，是贬义词；后者指把资料组织排列起来。如，“在改革开放的新形势下，我们仍然要从实际情况出发，从中探索出固有的而不是臆造的规律。”这里应该使用贬义词“臆造”，来和“固有”形成对比。

◆**行动角度不同：** 主要指主动和被动的不同。如“受权”和“授权”，前者是接受；后者是授给别人。如，“就此事件，我社受权发表声明。”这里是接受国家或上级委托有权利做某事的意思，因此应该用“受权”。

◆**人与物不同：** 主要指某些词语只适用于人，不适用于物。如“感到”和“遇到”，前者只适用于人；后者可以用于人或物。如，“我省今年遭受严重水灾，农业生产遇到极大的困难。”这里只能用“遇到”一词，而不能用“感到”。

2．规范

公文是用来处理公务的，具有强制力和约束力，这种强制力和约束力表现在语言上，就是规范。规范主要表现在使用书面语言和使用公文专用语两个方面。

◆**使用书面语言：** 公文的语言讲求庄重严肃，一般情况下不能使用口语、歇后语等语言，只能用规范化的书面语言，特别是命令、指示、决议等指令性、法规性很强的文件。如形容农民的收入变高，不能说“像芝麻开花节节高一样，一年比一年更高”，而是用更书面的“收入年年增加”。

◆**使用公文专用语：** 在长期的公务实践中，已逐渐形成了一套常用的公文专用语，并且这套公文专用语已基本趋于规范，且使用位置相对固定，在公文语言中占有重要地位，如“妥否，请批示”“特呈函，盼予函复”等公文专用语。

3．简练

公文的针对性、时效性极强，因此它的拟制和处理都需要快速度、高效率地进行。所以，公文语言表达的简练对公文来说也十分重要。

◆**简化结构：**公文语言的简练，首先是语言结构简单。一般是单句多，复句少；短句多，长句少。如，“任何人不得非法拦截军车。军队的行动任何人不得干预。如果有人不听劝告，后果自负。”这一段话就是由3个单句组成的，一句一层意思，简单明了。

◆**杜绝堆砌：**公文语言的表达需要极为准确、直接，因而也必须极为简练。不能为了卖弄文采，将一些华丽的词语堆砌在一起，否则不仅会浪费双方的时间，可能还会影响文章主题的表达，妨碍对公文的迅速办理。

◆**避免重复：**公文写作中需要避免在词语和语义两个方面的重复。如“新种的成熟比旧种早熟十天”。主语部分的“成熟”与谓语部分的“熟”就用词重复了。例如，“他们不可以也不应该阻止我们的前进”中的“不可以”和“不应该”就属于语义重复。

◆**去除赘余：**指将去掉后完全不会影响语义的多余的词语去除。例如，“我们预先有计划有准备地把八个场地都清理干净”。“计划”“准备”必然在事前，“预先”在这里就显得多余了，应该删去。

4．明白

公文写出来首先得让受文机关看懂，这就要求把事情说清楚，语言表达明白。只有语言表达清楚明白，受文机关才能看懂。语言表达不明白，公文内容就无法得到落实，也就达不到发文目的。

◆**语言表达无歧义：**指用词不要产生歧义。如果词语组合起来有几种意思，就很难让人明白公文真正想要表达的意思。例如“妇女在法律上已经平等”，本来是想说“妇女与男子在法律上平等”，但字面上的意思是妇女之间在法律上是平等的，省略了部分内容，就将这句话的意思完全改变了，这就是因为语言表述不全而产生的歧义。

◆**用词易懂：**公文中所使用的词语得让人一看就懂，这样受文机关才好理解公文想要表达的意思。因此公文中最好使用常用词，不乱用词、不生造词，例如用“躐等”表示越级就没有达到用词易懂这一要求。

5．直接

公文是为满足某种实际需要而制发的，且公文必须在现实中发挥作用，因此这就决定了公文语言表达必须直接。无论是记叙、说明还是议论，都必须开门见山，直截了当，让受文机关直接了解到公文的目的。

◆**语意直接：**指一句话或一段话所表达的意思要直接，不要迂回很久才道出本意。如想往南走却不直言，而是说往其他方向走不好，这种迂回的写法就很拖沓无用。

◆**词义直接：**指要使用词语本身最为直接的概念，而不要使用引申义或象征义。如“尽管工作异常艰苦，但他时刻都在想着如何回报祖国”，这里就不要用“妈妈”替代“祖国”。

6. 平实

平实就是平易、实在。平实也是公文语言的一大特色，是由公文的政治性和实用性所决定的。

◆**感情朴实：**公文语言的平实，首先是感情的朴实。公文所使用的语言一般不带有强烈的感情色彩，语调较为平直，多为理性的语言。

◆**用词朴素：**用词朴素指公文应当使用平易、浅显、通俗的词语，不追求华丽的辞藻，避免过分的修饰，防止使用形式主义的修辞手段。如用夸张的排比去形容场景就会显得做作、虚假、华而不实。

◆**少引经据典：**虽然公文在进行议论时，可以通过引经据典来证明论点，但要注意的是公文是有不同的用途的。在领导讲话、调查报告等事务性公文中可恰当地使用引经据典的手法，但在通用性公文中过分地引经据典，会有卖弄学问、故弄玄虚之嫌。特别是“请示”“命令”“通告”“批复”等庄重严肃的文种，是不能使用引经据典这种手法的。

11.1.2 办公室公文的用纸和版面

公文是一种特殊的文体，它的各种特点决定了它的特殊性。因此在公文写作上，公文的用纸与版面也有非常明确和标准的要求。

1. 公文用纸技术指标

公文用纸对纸张定量、类型、白度、横向耐折度、不透明度、pH值等6个参数做了明确规定，具体如下。

◆**纸张定量：**$60g/m^2$~$80g/m^2$。即每一平方米纸或板纸的重量，俗称“克重”。

◆**纸张类型：**胶版印刷纸或复印纸。

◆**纸张白度：**80%~90%。即纸张显示出来的白色的纯度。

◆**横向耐折度：**≥15次。即纸张抵抗横向重复折叠的能力。

◆**不透明度：**≥85%。即纸张的不透光度。

◆**pH值：**7.5~9.5。即纸张的酸碱值。

2. 公文版面

公文版面主要涉及幅面尺寸、版心与页边尺寸、文字内容等参数，这些参数都有严格的规定，如图11-1所示。

（1）幅面尺寸

幅面尺寸即纸张大小，公文用纸采用A4纸，其成品幅面尺寸为210mm×297mm（前者表示宽度，后者表示高度）。

（2）版心与页边尺寸

公文用纸的版心尺寸与页边距规定如下。

◆**版心：**即图11-1中内侧矩形虚线框的范围。公文版心的尺寸为156mm×225mm（前者表示宽度，后者表示高度）。

◆**天头：**即版心上边框与纸张上边框之间的距离。公文纸张的天头距离规定为37±1mm，即36~38mm。

◆**订口：**即版心左边框与纸张左边框之间的距离。公文纸张的订口距离规定为28±1mm，即27~29mm。

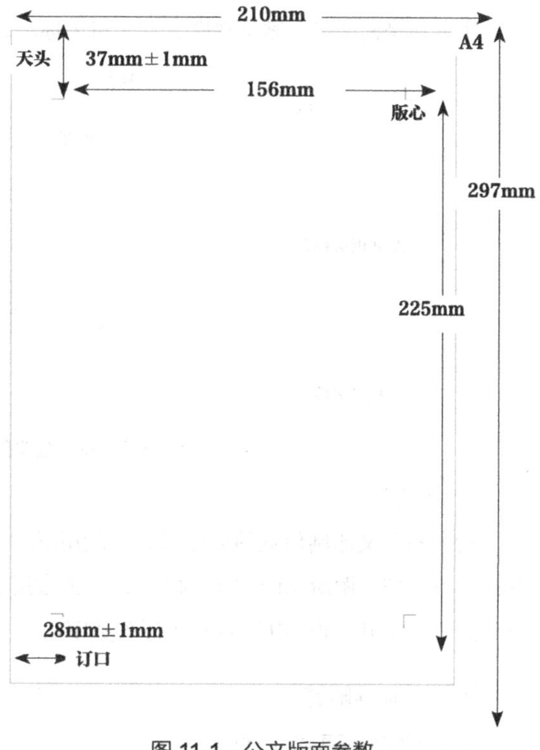

图 11-1　公文版面参数

（3）文字内容

公文写作时，文字内容的格式也有严格的规定，这其中主要涉及字体、字号、行数、字数、文字颜色等参数。

◆**字体和字号：**公文正文所用文字的格式一般规定用3号大小的仿宋字体。特定情况下可以做适当调整。

◆**行数和字数：**公文的每一页面一般排22行，每行28个字，并撑满版心。特定情况下可以做适当调整。其中，行表示公文中纵向距离的长度，一行指一个汉字的高度加3号汉字高度的7/8的距离。字表示公文中横向距离的长度，一字指一个汉字宽度的距离。

◆**文字的颜色：**公文写作时，如无特殊说明，所用的文字颜色均为黑色。

11.1.3　公文的写作格式

公文由许多要素构成，这些要素都有相应的写作格式。按《党政机关公文格式》的划分标准，可将版心内的公文格式各要素划分为版头、主体和版记3部分。

1. 版头

公文首页红色分隔线以上的部分称为版头，版头最多可能包含六大要素，分别是份号、密级和保密期限、紧急程度、发文机关标志、发文字号、签发人，如图11-2所示。

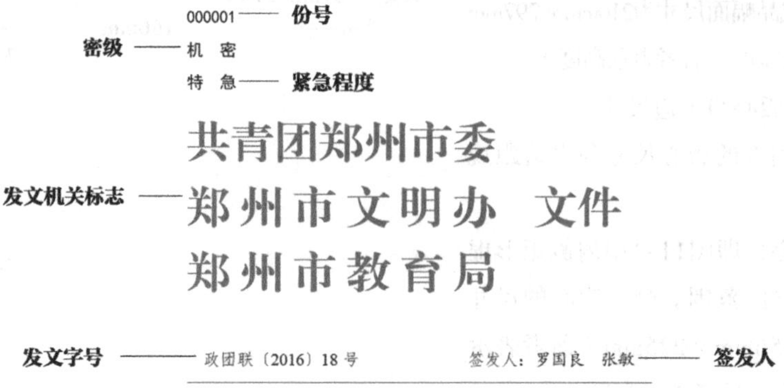

000001—— 份号
密级 ——机 密
特 急—— 紧急程度

共青团郑州市委
发文机关标志 —郑州市文明办 文件
郑州市教育局

发文字号 ——— 政团联〔2016〕18 号　　签发人：罗国良 张敏——— 签发人

图 11-2 党政公文的版头要素

（1）份号

份号指公文印制份数的顺序号，一般用6位3号阿拉伯数字表示，标注在首页版心左上角第一行，如上图所示的“000001”，字体常用黑体。如印制了10份，则每份公文的份号分别为“000001～000010”这10个序列数字。

疑难解答

问：哪些情况需要标注份号？

一般公文不要求标注份号，但如果是涉密公文，即绝密、机密、秘密3类公文，需要标注份号。另外，“办法”类公文一般只要求为绝密、机密级别标注份号。

（2）密级和保密期限

涉密公文必须标注秘密等级，即绝密、机密、秘密3类，一般用3号黑体字，顶格编排在版心左上角第2行。保密期限中的数字用阿拉伯数字标注。秘密等级和保密期限两者之间用“★”隔开，如“绝密★10年”“机密★1年”“秘密★5年”，如图11-3所示。

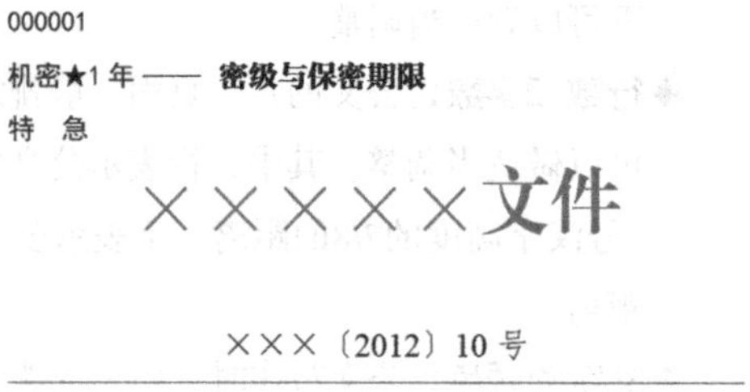

000001
机密★1 年—— 密级与保密期限
特 急

××××××文件

×××〔2012〕10 号

图 11-3 密级与保密期限

（3）紧急程度

紧急公文需要标注紧急程度，分别为“特急”和“加急”，一般用3号黑体字，顶格编排在版心左上角，紧急程度中每2个汉字之间空出1个汉字的距离。

当公文上需要同时标注份号、密级和保密期限，以及紧急程度这三大要素时，应该按照从上到下的顺序，依次编排份号、密级和保密期限、紧急程度。

（4）发文机关标志

发文机关标志由发文机关的全称或者规范化简称加“文件”二字组成，也可以直接使用发文机关全称或者规范化简称，而省略“文件”二字。如“中国共产党××市委员会文件”，或“中国共产党××市委员会”。

就格式而言，发文机关标志应该居中排列，文字的上边缘与版心上边缘的距离大致为35mm，一般使用小标宋体字，颜色为红色，这会使发文机关标志更加醒目、美观和庄重，如图11–4所示。

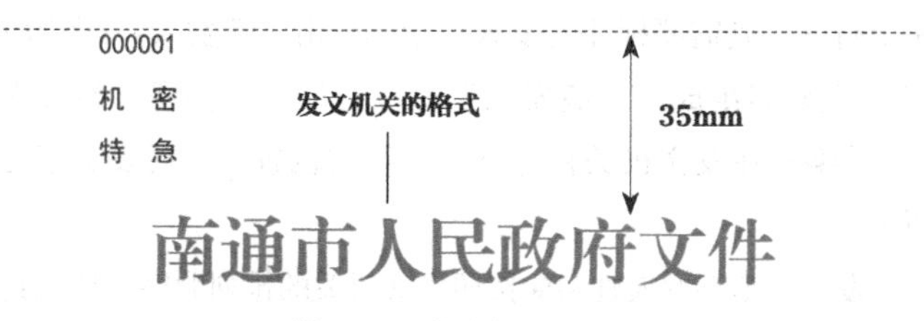

图 11-4 发文机关标志

如果是联合行文（即有多个发文机关），则发文机关名称有以下规定。

① 需要同时标注联署发文机关名称时，一般应将主办机关名称排列在最前面，如图11–5所示。

② 需要标注“文件”二字时，应将该“文件”二字放置在发文机关名称右侧，以联署发文机关名称为准，上下居中排布，如图11–6所示。

主 办 机 关 名称
联署发文机关名称
联署发文机关名称

图 11-5 联合行文无“文件”的发文机关

主 办 机 关 名称
联署发文机关名称 文件
联署发文机关名称

图 11-6 联合行文有“文件”的发文机关

（5）发文字号

发文字号编排在发文机关标志下空2行的位置，同样居中排列。它主要由发文机关代字、年份和发文顺序号3个部分组成，如图11–7所示。

◆**发文机关代字：**发文机关的代字由发文机关自行拟定，固定使用，不能经常更改，其构成方式一般为“地名代字+机关代字+分类代字”。如国务院办公厅发出的函件，其发文代字为“国办函”。又如济南市人力资源和社会保障局发出的文件，其发文代字为“济人社发”。

◆**年份：**发文字号中的年份应标注为全称，用六角括号“〔〕”括起来，不用加

“年”字，如“〔2016〕”。

◆**发文顺序号：**发文顺序号不加“第”字，不编虚位，如“1”就是“1”，而不能标注为“01”，并需要在阿拉伯数字后加“号”字。

济南市人力资源和社会
保障局文件

发文机关代字　年份　发文顺序号

济人社发〔2016〕1号

图 11-7　发文字号

（6）签发人

签发人就是签发文件的人，是机关的领导人，一般为单位的正职或主要领导授权人。党政公文如果是上行文，则需要标注签发人。该部分由“签发人”3字加全角冒号（占1个汉字宽度）和签发人姓名组成，“签发人”3字用3号仿宋体字，签发人姓名用3号楷体字，居右空1字，并编排在发文机关标志下空二行的位置。此时发文字号则居左空1字标注，如图11–8所示。

如果有多个签发人，则签发人姓名应按照发文机关的排列顺序，从左到右、自上而下依次均匀编排，一般每行排两个姓名，换行时与上一行第一个签发人姓名对齐。此时发文字号同样应该居左空1字标注，但需要与最后一个签发人姓名处在同一行，如图11–9所示。

南通市人民政府文件

通政请〔2016〕18号　　签发人：罗国良

图 11-8　上行文的签发人

共青团郑州市委
郑州市文明办　文件
郑州市教育局

发文字号与签发
人最后一行同排

签发人：罗国良　张敏
王建辉

政团联〔2016〕18号

图 11-9　上行文的多个签发人

2．主体

公文首页红色分隔线（不含）以下、末页首条分隔线（不含）以上的部分称为主体。主体是公文需要传达和表达的具体内容，它主要包括标题、主送机关、正文、附件说明、附件、发文机关署名、成文日期与印章、附注等元素。

（1）标题

公文的标题编排在分隔线下空2行的位置，一般用2号小标宋体字居中排列。如果标题内容过长，可分多行居中排列。换行时，要做到词意完整、排列对称、长短适宜、间距恰当。总体来看，多行标题排列的外形类似于梯形或菱形，如图11–10所示。

凉国教〔2015〕3号

梯形

关于认真组织观看大型国防教育
历史抗日战争片《喋血黑谷》的通知

平安监〔2011〕25号

菱形

平泉县安全生产监督管理局关于
转发市安监局《转发省安监局<关于转发
<河北省发恐怖防范督导检查实施办法
（试行）>的通知>的通知》的通知

图 11-10 多行标题

公文标题的内容，则一般由“发文机关+事由+文种”组成，其中事由一般用“关于……的……”结构。具体形式有以下几种。

◆**发文机关+事由+文种：**这是最常见的公文标题形式，如中共蒙城县委关于印发《关于改进工作作风、加强党风廉政建设的规定》的通知。

◆**事由+文种：**这种形式省略了发文机关，如关于做好教育实践活动查摆问题的通知。

◆**发文机关+文种：**这种形式省略了事由，即主要内容，如中共中央通知。

◆**文种：**这种形式只保留了公文种类，常用于公开发布的公告、通告等公文。

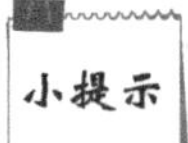

党政公文的标题除法规、规章名称加书名号外，一般不加标点符号。标题中包含多个发文机关名称时，各名称之间用空格分开，不加顿号。

（2）主送机关

主送机关即负责处理、执行党政公文的机关。主送机关应编排于标题下空1行的位置，居左顶格，用3号仿宋字，应使用全称、规范化简称或同类型机关的统称，最后一个机关名称后面加上全角冒号，如图11-11所示。

珠文体旅字〔2013〕42号

关于印发《珠海市文化产业园区
管理试行细则》的通知

主送机关 ——横琴新区管委会、各区政府（管委会）、市府直属各单位：

图 11-11 主送机关

如果主送机关名称过多导致需要回行编排时，仍然需要顶格编排。报告、请示等上行文只有一个主送机关。公告、决议、公报、通告等公开发布的公文一般不写主送机关。

（3）正文

公文首页必须显示正文。正文一般用3号仿宋体字，编排于主送机关名称下一行，每个自然段开头要空出2个汉字的距离，回行时顶格编排。但是数字、年份不能回行。

正文如果包含许多段落层次的序数，则段落层次的序数，第1层为“一、”，黑体字；第2层为“（一）”，楷体字；第3层为“1.”，仿宋体字；第4层为“（1）”，仿宋体字。

（4）附件说明

附件说明能够显示此公文包含哪些附件，其编排格式为：使用与正文相同的3号仿宋体字，在正文末尾空1行，并在左侧空2个汉字的位置编排“附件”二字，后面用全角冒号标注，并书写出附件的具体名称，名称后面不加标点符号，如图11-12所示。

如果公文包含多个附件，则需要使用阿拉伯数字标注出附件的顺序号和附件的具体名称，名称后面同样不加标点符号。如果附件的名称较长需要回行编排时，应该与上一行附件名称的首字对齐，如图11-13所示。

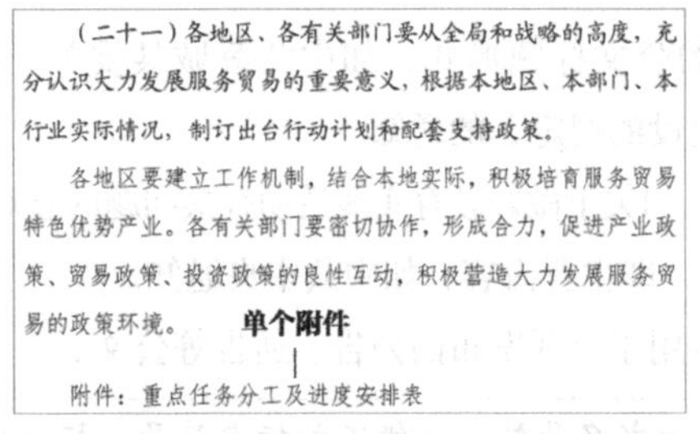

（二十一）各地区、各有关部门要从全局和战略的高度，充分认识大力发展服务贸易的重要意义，根据本地区、本部门、本行业实际情况，制订出台行动计划和配套支持政策。

各地区要建立工作机制，结合本地实际，积极培育服务贸易特色优势产业。各有关部门要密切协作，形成合力，促进产业政策、贸易政策、投资政策的良性互动，积极营造大力发展服务贸易的政策环境。

附件：重点任务分工及进度安排表

图 11-12　附件说明

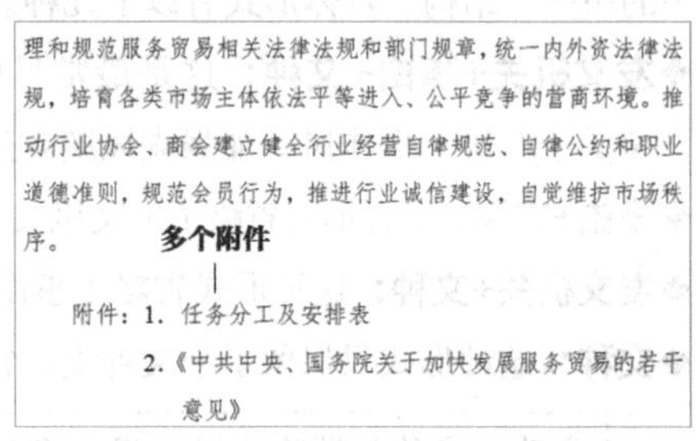

理和规范服务贸易相关法律法规和部门规章，统一内外资法律法规，培育各类市场主体依法平等进入、公平竞争的营商环境。推动行业协会、商会建立健全行业经营自律规范、自律公约和职业道德准则，规范会员行为，推进行业诚信建设，自觉维护市场秩序。

附件：1. 任务分工及进度安排表
2.《中共中央、国务院关于加快发展服务贸易的若干意见》

图 11-13　包含多个附件的附件说明

（5）附件

附件应当在下一页面编排，编排在版记之前，并与党政公文正文一起装订。“附件”二字及附件顺序号用3号黑体字顶格编排在版心左上角第1行。附件标题一般用2号小标宋体字居中编排，上下各空1行，也就是说附件标题编排在第3行，附件正文编排在第5行。另外，附件顺序号和附件标题必须与附件说明中的表述完全一致，附件内容的编排格式与正文格式相同，如图11-14所示。

附件 —— **“附件”二字**

重点任务分工及进度安排表

序号	工作任务	负责部门	时间进度
1	在有条件的地区开展国际服务贸易创新发展试点。依托现有各类开发区和自由贸易试验区规划建设一批特色服务出口基地。	商务部牵头，发展改革委、财政部、海关总署、质检总局参加	2015 年上半年启动

图 11-14　附件

如果附件与公文的正文不能一起装订，则应在附件左上角第1行顶格编排发文字号并在其后标注“附件”二字及附件顺序号，如图11-15所示。

国发〔2015〕8 号附件 1 —— **单独装订的附件**

重点任务分工及进度安排表

序号	工作任务	负责部门	时间进度
1	在有条件的地区开展国际服务贸易创新发展试点。依托现有各类开发区和自由贸易试验区规划建设一批特色服务出口基地。	商务部牵头，发展改革委、财政部、海关总署、质检总局参加	2015 年上半年启动

图 11-15　无法与正文一起装订的附件

（6）发文机关署名、成文日期与印章

发文机关署名、成文日期、印章这三大要素，是党政公文写作中变化较大的内容。其中，发文机关署名即在此公文上签上发文机关的名称；成文日期指公文发出或生效的时间；印章则是发文机关的印章，是公文最后生效的标志。由于有的公文需要加盖印章，有的公文不加盖印章，有的公文还要加盖签发人签名章，因此下面根据这几种不同的情形分别介绍发文机关署名、成文日期与印章的具体编排格式。

①加盖印章的公文

加盖印章的公文，成文日期一般在右侧空出4个汉字的位置。成文日期应使用阿拉伯数字将年、月、日标全，如“2017年7月1日”。年份应标全称，月日不编虚位，即1不编为01。在成文日期之上，以成文日期为准居中编排发文机关署名，署名应该是发文机关全称或者规范化简称。印章用红色，禁止出现空白印章，且印章需要端正，并居中下压发文机关署名和成文日期，使发文机关署名和成文日期处在印章中心偏下的位置，印章顶端则需要控制在与正文（或附件说明）末尾1行之内的距离，如图11-16所示。

如果是联合行文，则应将各发文机关署名按照发文机关的顺序整齐排列在相应位置，并将印章一一对应、端正、居中下压发文机关署名。最后一个印章端正、居中下压发文机关署名和成文日期，印章之间排列整齐、互不相交或相切，每排印章两端不得超出版心，首排印章顶端同样需要控制在与正文末尾（或附件说明）1行之内的距离，如图 11-17 所示。

五、组织领导

（二十一）各地区、各有关部门要从全局和战略的高度，充分认识大力发展服务贸易的重要意义，根据本地区、本部门、本行业实际情况，制订出台行动计划和配套支持政策。

各地区要建立工作机制，结合本地实际，积极培育服务贸易特色优势产业。各有关部门要密切协作，形成合力，促进产业政策、贸易政策、投资政策的良性互动，积极营造大力发展服务贸易的政策环境。

附件：重点任务分工及进度安排表

（此处盖章）
发文机关署名 —— 国务院
成文日期 —— 2015年1月28日

图 11-16　成文日期、发文机关署名和印章

××××××××××××××××××××××××
×××××××××××××××××××××××××
×××××××××。

（此处盖章）　（此处盖章）　（此处盖章）
××部　××部　××部

（此处盖章）　（此处盖章）
××部　××部
2012年7月1日

图 11-17　联合行文

②不加盖印章的公文

不加盖印章的公文，在正文（或附件说明）末尾空1行，且右侧空出2个汉字的距离编排发文机关署名，然后在发文机关署名下一行编排成文日期，首字比发文机关署名首字右

移2个汉字的距离。如果成文日期长于发文机关署名，则可以将成文日期在右侧空出2个汉字的距离编排，并相应增加发文机关署名右侧空出的字数，如图11-18所示。

五、组织领导

（二十一）各地区、各有关部门要从全局和战略的高度，充分认识大力发展服务贸易的重要意义，根据本地区、本部门、本行业实际情况，制订出台行动计划和配套支持政策。

各地区要建立工作机制，结合本地实际，积极培育服务贸易特色优势产业。各有关部门要密切协作，形成合力，促进产业政策、贸易政策、投资政策的良性互动，积极营造大力发展服务贸易的政策环境。

附件：重点任务分工及进度安排表

长署名 —— ××市人民政府办公厅

2015 年 1 月 28 日

五、组织领导

（二十一）各地区、各有关部门要从全局和战略的高度，充分认识大力发展服务贸易的重要意义，根据本地区、本部门、本行业实际情况，制订出台行动计划和配套支持政策。

附件：重点任务分工及进度安排表

短署名 —— ××市

2015 年 1 月 28 日

图 11-18　无印章时成文日期和发文机关署名

如果是联合行文，则应当先编排主办机关的署名，其余发文机关的署名依次向下编排，如图 11-19 所示。

大力培养服务贸易人才，加快形成政府部门、科研院所、高校、企业联合培养人才的机制。加大对核心人才、重点领域专门人才、高技能人才和国际化人才的培养、扶持和引进力度。鼓励高等学校国际经济与贸易专业增设服务贸易相关课程。鼓励各类市场主体加大人才培训力度，开展服务贸易经营管理和营销服务人员培训，建设一支高素质的专业人才队伍。

中央宣传部办公厅

多个署名长度要保持一致 —— 教育部办公厅

国家新闻出版广电总局办公厅

2015 年 1 月 28 日

图 11-19　无印章时联合行文的成文日期和发文机关署名

③加盖签发人签名章的公文

公文加盖签发人签名章时，在正文（或附件说明）末尾空2行，且右侧空出4个汉字的距离加盖。并应在距签名章左侧2个汉字的距离标注签发人职务，签发人职务应当标注全称，以签名章为准上下居中排布。在签发人签名章下空1行，且右侧空出4个汉字的距离编排成文日期，如图11-20所示。

如果是联合行文，则应当先编排主办机关签发人职务、签名章，其余机关签发人职务、签名章依次向下编排，与主办机关签发人职务、签名章上下对齐。每行只编排一个机关的签发人职务、签名章，如图 11-21 所示。

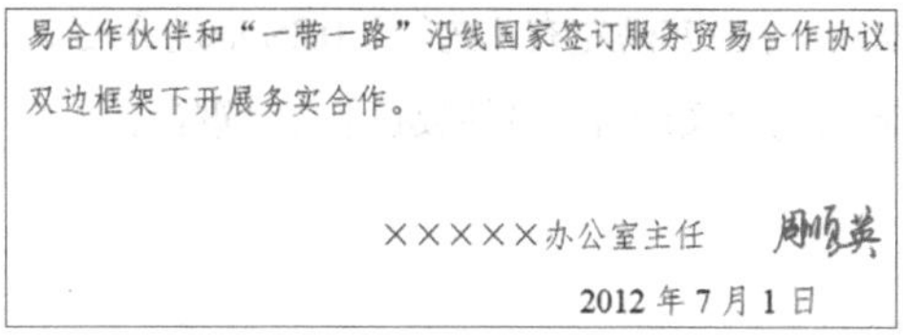

易合作伙伴和“一带一路”沿线国家签订服务贸易合作协议双边框架下开展务实合作。

××××× 办公室主任 周顺英

2012 年 7 月 1 日

图 11-20　加盖签名章

双边框架下开展务实合作。

多个签名章

××××× 办公室主任 周顺英

××××× 党委书记 冯世论

2012 年 7 月 1 日

图 11-21　联合行文的签名章

（7）附注

附注的作用主要是说明公文的发送、阅读和传达范围。请示、报告、函等类别的公文必须标注附注，其他文种视情况而定，下行文也可用附注。比如，请示类公文应当在附注处注明联系人和联系电话；政府信息公开类公文应当在附注处注明公开属性；党政机关在附注处应注明公文的传达范围等。

公文如果包含附注，则用3号仿宋体字，在成文日期下1行、左侧空出2个汉字的距离编排，并利用圆括号标注起来。

3．版记

党政公文末页首条分隔线以下、末条分隔线以上的部分称为版记，包括抄送机关、印发单位、印发日期等要素。版记应置于公文最后一页，且版记的最后一个要素应置于该页面的最后一行。

（1）抄送机关

抄送机关指除主送机关外，还需要执行或知晓公文的其他机关。抄送机关可以是上级机关、下级机关或不相隶属机关。党政公文如果包含抄送机关，一般用4号仿宋体字，在印发机关和印发日期之上1行、左右各空1个汉字的距离进行编排。“抄送”二字后需要加全角冒号和抄送机关名称，抄送机关各名称之间用逗号隔开，回行时与冒号后的首字对齐，最后一个抄送机关名称后面需要标记句号，如图11–22所示。

如果主送机关过多导致首页无法显示正文内容，则需要将主送机关移至版记处，此时只需将“抄送”二字改为“主送”二字，其余编排方法与抄送机关完全相同。如果既有主送机关又有抄送机关，则应将主送机关置于抄送机关之上 1 行，之间不加分隔线。格式与普通抄送的格式一致。

（2）印发机关和印发日期

印发机关和印发日期一般用4号仿宋体字，编排在末条分隔线之上、“抄送”之下，两个要素共用1行。印发机关左侧空出1个汉字的距离，印发日期右侧空出1个汉字的距离，用阿拉伯数字将年、月、日标全。年份应标全称，月、日不编虚位，即1不编为01，后加“印发”二字，如图11–22所示。

（3）分隔线

版记中的分隔线与版心等宽，颜色为黑色。首条分隔线和末条分隔线用粗线，在1磅左右（约等于0.35mm的高度）。中间的分隔线用细线，在0.75磅左右（约等于0.25mm的高度）。首条分隔线位于版记中第一个要素之上，末条分隔线与公文最后一页的版心下边缘重合。

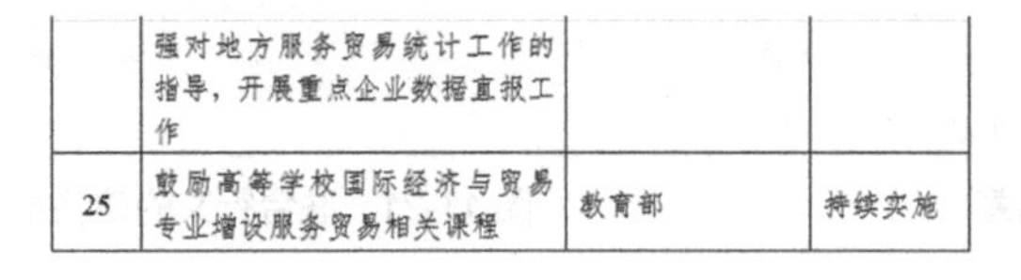

	强对地方服务贸易统计工作的指导，开展重点企业数据直报工作		
25	鼓励高等学校国际经济与贸易专业增设服务贸易相关课程	教育部	持续实施

抄送：×××××××，××××，××××，×××××，×××
×××，××××，×××××××，××××，×××××，—— 抄送机关
××××××，××××，×××××××，××××。

中华人民共和国国务院办公厅　　2015年1月28日印发 —— 印发机关和印发日期

图 11-22　版记

11.1.4　办公室公文的行文规则

行文规则指各级党政机关公文往来时需要共同遵守的制度和原则。遵守公文行文规则，有利于公文传递方向正确、路线快捷，避免公文进入不必要的流程。

1. 总体规则

公文的行文规则规定了各级机关的行文关系，即各级机关之间公文的授受关系，它是根据机关的组织系统、领导关系和职权范围来确定的。总的来说，党政公文的行文规则需要遵守以下两点。

◆行文应当确有必要，讲求实效，注重针对性和可操作性。

◆行文关系根据隶属关系和职权范围确定。一般不得越级行文，特殊情况需要越级行文的，应当同时抄送被越过的机关。不越级行文体现了一级抓一级、一级对一级负责的原则。破坏这种原则会造成混乱，也会影响机关办事效率，所以通常不越级行文。

遇有特殊情况，如发生重大的事故、防汛救灾等突发事件或上级领导在现场办公中特别交代的问题，则可越级行文，特事特办。但同时要抄送被越过的上级机关，否则，受文机关可将越级公文退回原呈报机关，或可作为阅件处理，不予办理或答复。

2. 上行文规则

上行文指下级机关向上级领导机关呈送的各类公文，如请示、报告等。需要注意的是，行文关系根据隶属关系和职权范围确定，一般不得越级请示和报告。也就是说，下级机关只向直接主管的上级领导机关行文，特殊情况下才可越级行文。

下级机关向上级机关行文应当遵循以下规则。

◆原则上主送一个上级机关，根据需要同时抄送相关上级机关和同级机关，不抄送下级机关。

◆党委、政府的部门向上级主管部门请示、报告重大事项，应当经本级党委、政府同意或者授权；属于部门职权范围内的事项应当直接报送上级主管部门。

◆下级机关的请示事项，如需以本机关名义向上级机关请示，本机关应当提出倾向性意见后上报，不得原文转报上级机关。

◆请示应当一文一事，不得在报告等非请示性公文中夹带请示事项。

◆除上级机关负责人直接交办事项外，不得以本机关名义向上级机关负责人报送公文，也不得以本机关负责人名义向上级机关报送公文。

◆受双重领导的机关向一个上级机关行文，必要时抄送另一个上级机关。

3．下行文规则

下行文指上级机关向所属下级机关发送的各类公文，如命令（令）、决定、决议、公告、通告、通知、通报、批复等。下行文可以逐级行文，即上级机关把公文下发到直属的下一级机关；也可以多级行文，即上级机关将公文同时下发到领导范围内的多层机关；还可以直接发送给基层群众，即上级机关通过登报、张贴、广播电视传送等形式，直接向广大人民群众行文。

上级机关向下级机关行文应当遵循以下规则。

◆主送受理机关，根据需要抄送相关机关。重要行文应当同时抄送发文机关的直接上级机关。

◆党委、政府的办公厅（室）由本级党委、政府授权，可以向下级党委、政府行文，其他未被授权的部门和单位不得向下级党委、政府发布指令性公文或者在公文中向下级党委、政府提出指令性要求。需经政府审批的具体事项，经政府同意后可以由政府职能部门行文，文中须注明已经政府同意。

◆党委、政府的部门在各自职权范围内可以向下级党委、政府的相关部门行文。

◆涉及多个部门职权范围内的事务，部门之间未协商一致的，不得向下行文；擅自行文的，上级机关应当责令其纠正或者撤销行文。

◆上级机关向受双重领导的下级机关行文，必要时抄送该下级机关的另一个上级机关。

4．联合行文规则

联合行文即多个机关联合向上行文，或联合向下行文。联合行文应当确有必要，单位不宜过多。具体规定如下。

◆同级党政机关、党政机关与其他同级机关必要时可以联合行文。

◆属于党委、政府各自职权范围内的工作，不得联合行文。

◆党委、政府的部门依据职权可以相互行文。

◆部门内设机构除办公厅（室）外不得对外正式行文。

同级机关或没有隶属关系的机关之间往来的各类公文属于平行文，如通知、函、议案等。同级的行政机关、企事业单位和其他社会组织之间，只要有公务需要联系，都可以通过函的形式洽谈工作、询问、答复问题和审批事项等。

11.2 决议型文书写作

决议型文书主要指决定、决议、命令这3种由上级机关发布的文书，下面对这3种文书的写作方法进行介绍。

11.2.1 决定

决定属于下行文种，上至党和国家的重大决策和战略部署，下至基层单位的奖惩事宜均可使用。

决定由四大要素构成，分别是标题、主送机关、正文和落款，如表11-1所示。

表11-1 决定的写作格式

组成要素	主要内容
标题	决定的标题有发文机关名称、事由和文种三大要素，如《×× 关于 ××× 的决定》，也可以省略发文机关名称，只包含事由和文种两个要素。有些决定也可以在标题下利用括号注明“（×× 年 × 月 × 日）”或“（×× 年 × 月 × 日 ×× 会议通过）”的字样。标题下方标记日期后，正文后的成文日期可以忽略
主送机关	如果决定的内容属于泛指的情况，可省略主送机关
正文	决定的正文可以划归为开头、主体和结尾 3 个部分，分别对应决定的依据、事项和要求。 ①开头：开头部分一般简要说明发文缘由、依据、目的、意义，通常用“特做出如下决定：”“特决定如下：”“现做出如下决定：”等来引出下文 ②主体：具体说明决定的事项，一般采用条文式的方法逐条罗列 ③结尾：一般是提出执行要求，发出希望、号召或说明有关事项
落款	发文机关署名和成文日期

范例

国务院关于加强市县政府依法行政的决定

各省、自治区、直辖市人民政府，国务院各部委、各直属机构：

党的十七大把依法治国基本方略深入落实，全社会法制观念进一步增强，法治政府建设取得新成效，作为全面建设小康社会新要求的重要内容。为全面落实依法治国基本方略，加快建设法治政府，现就加强市县两级政府依法行政做出如下决定：

一、充分认识加强市县政府依法行政的重要性和紧迫性

（一）加强市县政府依法行政是建设法治政府的重要基础。（略）

（二）提高市县政府依法行政的能力和水平是全面推进依法行政的紧迫任务。（略）

二、大力提高市县行政机关工作人员依法行政的意识和能力（略）

……

八、加强领导，明确责任，扎扎实实地推进市县政府依法行政（略）

其他行政机关也要按照本决定的有关要求，加强领导，完善制度，强化责任，保证各项制度严格执行，加快推进本地区、本部门的依法行政进程。

上级政府及其部门要带头依法行政，督促和支持市县政府依法行政，并为市县政府依法行政创造条件、排除障碍、解决困难。

国务院

二〇〇八年五月十二日

11.2.2 决议

决议适用于公布会议讨论通过的重大决策事项，是党的领导机关就重要事项，经会议讨论通过决策，并要求进行贯彻执行该决策的重要指导性公文，同时，决议也是某些企业常用的公文之一。

决议由4个要素构成，分别是标题、成文日期、正文、落款，如表11-2所示。

表11-2　决议的写作格式

组成要素	主要内容
标题	有几种写法，分别是“发文机关＋主要内容＋文种”，如《中共××市委关于做好当前民生工作的决议》；“会议名称＋主要内容＋文种”，如《××市人民代表大会常务委员会关于全面深入推进依法治市的决议》；以及“主要内容＋文种”，如《关于纪委检查委员会工作报告的决议》
成文日期	指决议正式通过的日期，可标记在标题之下，如“××年×月×日通过”“××年×月×日××会议通过”
正文	决议的正文一般可以划分为三大部分，分别是决议根据、决议事项和结语。 ①决议根据：作出决议的原因、根据、背景、目的或意义 ②决议事项：会议通过的决议事项 ③结语：提出希望、号召和执行要求
落款	发文机关署名和成文日期，也可省略

范例

××县人大常委会关于批准××年县级财政决算和××年财政预算变动的决议

××县第××届人大常委会财经工作委员会，对县财政局局长×××受县人民政府委托提交的《关于××县××年财政决算和××年财政预算变动的报告》进行了认真审查，认为××年财政工作支出保障了全县经济和社会各项事业的健康发展，圆满完成了各项收支任务，财政决算客观真实，财经工委同意××年财政决算。

（略）

结合审计工作报告和县人大常委会财经工作委员会的审查意见，经会议研究，决定批准《关于××县××年财政决算和××年财政预算变动的报告》，批准××县××年县级财政决算，批准××年的财政预算变动。

××县人大常委会办公室

××年×月×日

11.2.3 命令（令）

命令（令）是国家行政机关及其领导人发布的有强制性、领导性、指挥性的下行文。它适用于依照有关法律公布行政法规和规章，宣布施行重大强制性行政措施，任命、嘉奖有关单位及人员，撤销下级机关不适当的决定等情形。

命令涉及的格式要素较少，一般只包含标题、令号、正文，以及落款，如表11-3所示。

表11-3 命令的写作格式

组成要素	主要内容
标题	有“发文机关＋文种”“发文机关＋事由＋文种”“事由＋文种”以及“文种”4种结构形式
令号	命令的编号，作用相当于发文字号，其格式一般为“第××号”，或由机关代字、年份、序号构成，如“国发〔2018〕9号”
正文	正文写法不一，总的来讲，包括发布命令的根据、事项、执行要求等内容
落款	由发文机关署名，或签署发令者职务和姓名；成文日期一般写在署名下方，也可以标注在标题之下

范例

××市××区人民政府关于×××等职务的任免令

××人〔××〕××号

各乡镇人民政府，街道办事处，区级各部门：

经区人民政府××届第××次常务会议研究决定，任命：

×××为××市××区司法局副局长；

×××为××市××区××街道办事处副主任。

免去：

×××的××市××区农牧业局副局长职务。

此令。

××市××区人民政府

××年×月×日

11.3 告知型文书写作

告知型文书是受众范围较广泛的文书，主要包括通报、通知、通告、公告、公示、声明等文种。

11.3.1 通报

通报的使用范围较广泛，主要用于表扬好人好事、批评错误和歪风邪气、通报引以为戒的恶性事故、传达重要情况及需要各单位知道的事项，各级党政机关和单位都可以使用。

通报由标题、主送机关、正文、落款等组成，如表11-4所示。

表11-4 通报的写作格式

组成要素	主要内容
标题	通报的标题通常由“发文机关＋事由＋文种”构成，有时也可省略发文机关，直接由“事由＋文种”构成
主送机关	通报的主送机关一般为直属下级机关，或需要了解该内容的不相隶属的单位，需要明确主送机关，所以主送机关这个要素不能省略
正文	对于表彰通报和批评通报而言，正文分为3部分，分别是“主要事实、教育意义和决定要求”，即通过典型案例反映出教育意义，进而对大家提出相应的要求。情况通报则可以只对有关事实做客观叙述，也可以对有关情况加以分析说明，甚至针对具体问题提出相应的指导性意见
落款	发文机关署名和成文日期

范例

国务院办公厅关于对国务院第三次大督查
发现的典型经验做法给予表扬的通报

国办发〔2016〕90号

各省、自治区、直辖市人民政府，国务院各部委、各直属机构：

为推动党中央、国务院重大决策部署贯彻落实，2016年8月下旬至9月底，国务院部署开展了对重大政策措施落实情况的第三次大督查。从督查情况看……取得了积极成效，形成了一些好的经验和做法。

为进一步调动和激发各方面的主动性、积极性和创造性，推动形成干事创业、竞相发展的良好局面，经国务院同意，对北京市海淀区以建设“双创”示范基地为契机促进经济发展提质增效等32项地方典型经验做法和国家发展改革委、工业和信息化部积极推进钢铁煤炭行业化解过剩产能工作等17项部门典型经验做法予以通报表扬。希望受到表扬的地区、部门珍惜荣誉，再接再厉，取得新的更大成绩。

各地区、各部门要按照党中央、国务院的总体部署，牢固树立创新、协调、绿色、开放、共享的发展理念，坚持稳中求进工作总基调，积极适应和引领经济发展新常态，振奋精神，铆足干劲，迎难而上，锐意进取，学习借鉴典型经验做法，主动破解经济运行和改革发展中的难题，全力推动党中央、国务院重大决策部署落地生效，实现经济社会持续健康发展。

附件：1．国务院第三次大督查发现的地方典型经验做法（共32项）

2．国务院第三次大督查发现的部门典型经验做法（共17项）

国务院办公厅

2016年12月4日

11.3.2 通知

通知通常是下行文，是运用最为广泛的一种公文，适用于批转下级机关的公文、发布党内法规、任免人员、传达上级机关的指示、转发上级机关和不相隶属机关的公文、传达和发布要求下级机关办理和需要有关单位周知或者执行的事项等。

通知包括标题、主送机关、正文、落款四大结构，如表11-5所示。

表11-5 通知的写作格式

组成要素	主要内容
标题	通知的标题通常由“发文机关＋事由＋文种”或“事由＋文种”组成
主送机关	即受文机关，如果主送机关较多，应按机关单位的级别从高到低排列
正文	通知的正文主要包括通知缘由、通知事项和执行要求 3 部分 ① 通知缘由：发出通知的原因、依据、背景和目的 ② 通知事项：具体需要通过通知让大家知晓的事情 ③ 执行要求：要求大家遵守或执行的情况
落款	发文机关署名和成文日期

范例

国务院批转发展改革委关于2015年深化经济体制改革重点工作意见的通知

国发〔2015〕26号

各省、自治区、直辖市人民政府，国务院各部委、各直属机构：

国务院同意发展改革委《关于2015年深化经济体制改革重点工作的意见》，现转发给你们，请认真贯彻执行。

国务院

2015年5月8日

（此件公开发布）

关于2015年深化经济体制改革重点工作的意见

发展改革委

2015年是全面深化改革的关键之年，是全面推进依法治国的开局之年，是全面完成“十二五”规划的收官之年，也是稳增长、调结构的紧要之年，经济体制改革任务更加艰巨。根据《中央全面深化改革领导小组2015年工作要点》和《政府工作报告》的部署，现就2015年深化经济体制改革重点工作提出以下意见。

一、总体要求

全面贯彻落实党的十八大和十八届二中、三中、四中全会精神，按照党中央、国务院决策部署，主动适应和引领经济发展新常态，进一步解放思想，大胆探索，加快推出既具有年度特点、又有利于长远制度安排的改革，进一步解放和发展社会生产力……

（略）

11.3.3 通告

通告是普发性公文，适用于在一定范围内公布应当遵守或者周知的事项。通告的使用范围比较广泛，一般机关、企事业单位甚至临时性机构都可使用。但强制性的通告必须依法发布，但其限定范围不能超过发文机关的权限。

通告有标题、正文、落款三大结构，如表11-6所示。

表11-6 通告的写作格式

组成要素	主要内容
标题	通告的标题有“发文机关 + 事由 + 文种”“发文机关 + 文种”“事由 + 文种”以及“通告”二字 4 种形式
正文	通告的正文主要包括通知通告的缘由、事项和结语 3 部分 ①通告缘由：交代发布通告的背景、目的、原因等内容 ②通告事项：说明通告的具体内容 ③结语：常以“特此通告”“敬请谅解”等习惯用语收尾，也常会说明有关通告事项的执行日期
落款	发文机关署名和成文日期。若标题中已有发文机关，则可省署名

范例

关于禁止违法建设行为和拆除违法建筑的通告

为加强城镇建设和管理，改善城镇环境，提升城镇品质，提高居民生活质量，根据《中华人民共和国土地管理法》《中华人民共和国城乡规划法》规定，现就禁止违法建设行为、拆除违法建筑有关事项通告如下：

一、全区所有单位和个人，凡是违反土地、规划、建设等有关法律法规，未经国土、规划、住建等相关部门批准，无建设用地批准文件、建设用地规划许可证、建设工程规划许可证或不按照许可规定建造的建（构）筑物均属违法建筑。

（略）

六、本通告自发布之日起实施。

××市××管理区管理委员会

××年×月×日

11.3.4 公告

公告是一种向国内外宣布重要事项或者法定事项的公文，上至国家高级权力机关、行政机关，下至各机关部门、人民团体、企事业单位等都可以使用，目的在于让有关单位或人民群众及时知晓相关事项。

公告同通告一样是普发性公文，主要包括标题、发文字号、正文、落款四大结构，如表11-7所示。

表11-7 公告的写作格式

组成要素	主要内容
标题	常见的结构有“发文机关＋事由＋文种”“发文机关＋文种”“文种”3种形式
发文字号	可以以“第×××号”和“发文机关署名+成文日期+发文字号”的格式编排在标题下方，在有的公文中也可省略
正文	公告的正文一般包含事由、事项和结语3部分 ①事由：发布公告的缘由、目的、意义等 ②事项：向大众公布的事项 ③结语：一般以“特此公告”“予以公告”习惯用语结尾，也可省略
落款	发文机关署名和成文日期，若标题中已有可省

范例

国家税务总局关于发布《企业政策性搬迁所得税管理办法》的公告

国家税务总局公告2012年第40号

现将《企业政策性搬迁所得税管理办法》予以发布，自2012年10月1日起施行。

特此公告。

国家税务总局

二〇一二年八月十日

企业政策性搬迁所得税管理办法

第一章 总则

第一条 为规范企业政策性搬迁的所得税征收管理，根据《中华人民共和国企业所得税法》（以下简称《企业所得税法》）及其实施条例的有关规定，制定本办法。

第二条 本办法执行范围仅限于企业政策性搬迁过程中涉及的所得税征收管理事项，不包括企业自行搬迁或商业性搬迁等非政策性搬迁的税务处理事项。

（略）

第二十八条 本办法施行后，《国家税务总局关于企业政策性搬迁或处置收入有关企业所得税处理问题的通知》（国税函〔2009〕118号）同时废止。

附件：中华人民共和国企业政策性搬迁清算损益表.doc

分送：各省、自治区、直辖市和计划单列市国家税务局、地方税务局

11.3.5 公示

公示是党政机关、企事业单位、社会团体等望群众周知，用以征询意见、改善工作的一种应用性公文，并不是公告和告示的“合二为一”。

公示由标题、正文和落款3部分组成，如表11-8所示。

表11-8 公示的写作格式

组成要素	主要内容
标题	常见的结构有“事由＋文种”“文种”两种形式
正文	应当包含进行公示的原因、事情的基本情况、公示的起始及截止日期、意见反馈、单位地址及联系方式等内容
落款	包括署名和成文日期

范例

关于推荐××年享受政府特殊津贴人选的公示

根据省人社厅《关于开展××年享受政府特殊津贴人员选拔工作的通知》（××人社函〔××〕××号）精神，经单位推荐、专家评议和厅党组研究，我厅拟推荐省规划院副院长、教授级高工、百千万工程省级人选×××同志为××年享受政府特殊津贴人选，现予公示。公示时间为××年×月×日至×月××日。

欢迎大家来电、来函反映情况，发表意见和看法。

联系电话：×××××××××（厅人事处）

×××××××××（驻厅纪检组）

附件：×××同志主要业绩

厅人事处

××年×月×日

11.3.6 声明

声明是就有关事项或问题向社会表明自己立场、态度的文种。政党和国家的领导机关及其领导人、机关单位、社会团体、企事业单位、其他组织或公民个人均可发表声明。

声明主要有标题、正文和落款3部分，如表11-9所示。

表11-9 声明的写作格式

组成要素	主要内容
标题	常见的结构有“事由＋文种”“文种”“发文机关名称＋事由＋文种”3种形式
正文	应简明扼要地写明发表声明的原因，表明对有关事件的立场、态度，结尾一般以“特此声明”结束
落款	包括署名和成文日期

范例

声　明

普通话水平测试是根据《中华人民共和国国家通用语言文字法》和教育部、国家语委有关文件组织的国家级考试。普通话水平测试由经省级以上语委认定的具备相关资质的测试机构组织实施。

最近发现社会上有些培训机构在网站上打出“官方合作培训测试”及“参加培训测试包过”的虚假广告招揽考生；同时还接到群众及相关部门反映，有个别培训机构通过不正当手段办理外省的普通话水平测试等级证书，严重毁坏了普通话水平测试的社会声誉，误导和欺骗了广大考生。为此郑重声明：

一、我省的普通话培训测试站从未与社会上任何培训机构有合作关系。（略）

二、在省外取得普通话水平测试等级证书的考生，申请教师资格认定时需一并提供发证单位所在省份学习或工作经历证明（学生证、毕业证或工作证）的原件及复印件，不能提供者需在户口（或工作、学习）所在地重新报名参加测试。

三、广东省各普通话培训测试站严格执行省物价局批准的普通话培训测试收费标准：在校学生85元/（人·次），其他人员110元/（人·次），广州市和深圳市的收费标准见当地物价局批文，欢迎社会各界及广大考生监督。

特此声明。

广东省语言文字培训测试工作办公室

2013年10月8日

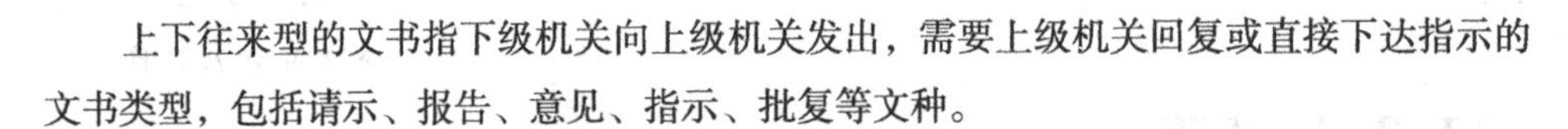

11.4 上下往来型文书写作

上下往来型的文书指下级机关向上级机关发出，需要上级机关回复或直接下达指示的文书类型，包括请示、报告、意见、指示、批复等文种。

11.4.1 请示

请示适用于下级机关向上级机关请求指示、批准，属于上行文，也是请求上级机关给予解决办法和支持的呈请性、期复性与陈述性双向性公文。

请示的主体格式包括标题、主送机关、正文和落款等要素，如表11-10所示。

表11-10　请示的写作格式

组成要素	主要内容
标题	常见的结构有“发文机关＋事由＋文种”“事由＋文种”两种
主送机关	主送机关为直属上级机关，一般只报送主管的领导机关中的一个

续表

组成要素	主要内容
正文	请示的正文一般包含请示缘由、请示事项和请示结语3部分构成。 ①请示缘由：遇到的情况、问题或困难 ②请示事项：请求上级机关予以指示、审核、批准的具体问题和事项 ③请示结语：常以“当否，请批示”“妥否，请批复”等惯用语结尾
落款	发文机关署名和成文日期

范例

关于××的请示

裕安区社区建设领导小组：

近年来，随着城镇化步伐加快，我镇陆续新建了近40个居民小区，大量外来人口相继入住。（略）根据我镇实际，拟成立如下3个社区（或筹备组）。

查看更多请示范例

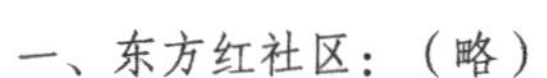

一、东方红社区：（略）

二、淠滨社区：（略）

三、安康社区：（略）

（略）鉴于以上原因，恳请区社区建设领导小组同意我镇成立东方红社区，组建淠滨、安康2个社区筹备组，尽快挂牌办公，并协调解决办公场所及相关经费的问题。

妥否，请批示。

城南镇人民政府

2015年2月5日

11.4.2 报告

报告是下级机关向上级机关汇报工作、反映情况、提出意见或者建议、答复上级机关的询问时使用的公文。按照上级机关部署或工作计划，下级机关每完成一项任务，都要向上级机关写报告，反映工作中的基本情况、工作中取得的经验教训、存在的问题以及对于今后工作的设想等，以取得上级机关的指导。

报告包括标题、主送机关、正文和落款等结构，如表11-11所示。

表11-11 报告的写作格式

组成要素	主要内容
标题	报告的标题可根据需要省略发文机关，但事由和文种不能省略
主送机关	即发文单位的直属上级机关，一般情况只有一个主送机关

续表

组成要素	主要内容
正文	报告的正文一般由缘由、事项和结尾 3 部分组成 ①缘由：说明报告的原因、目的等 ②事项：说明报告的具体内容 ③结语：以“请审阅”“专此报告”等习惯用语结尾，也可省略
落款	发文机关署名和成文日期

范例

××县水务局关于××年上半年工作情况的报告

县府办：

今年上半年，我局紧扣县委“加快三个示范县、三大奋斗目标新进程”工作目标，主动适应经济发展新常态……现将有关情况报告如下。

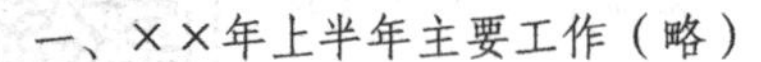

一、××年上半年主要工作（略）

二、主要工作亮点（略）

三、存在问题（略）

四、下半年工作打算（略）

××县水务局

××年×月×日

11.4.3　意见

意见是上级机关、同级机关之间或主管部门，针对当前或者将来要进行的主要工作和亟待解决的重大问题提出原则性的要求和具体的处理办法，直接发至下级机关或转发到有关机关要求其遵照执行的，具有指示作用的公文。意见适用于对重要问题提出见解和处理办法。

意见包括标题、主送机关、正文和落款等要素，如表11-12所示。

表11-12　意见的写作格式

组成要素	主要内容
标题	常见的结构有“发文机关 + 事由 + 文种”“事由 + 文种”两种
主送机关	一般上行意见只有一个主送机关，下行意见有多个主送机关
正文	意见的正文一般由发文缘由、具体意见和结语 3 部分组成 ① 发文缘由：简明概括提出意见的依据、背景和目的 ② 具体意见：常分条列项地写明对重要问题的见解和处理办法，即目标、任务、实施要求、措施办法或者建议事项、意见等 ③ 结语：常以“以上意见供领导决策参考”“以上意见如无不妥，请批转 ××× 执行”等习惯用语结尾，也可省略
落款	发文机关署名和成文日期

范例

国务院关于进一步推进户籍制度改革的意见

国发〔2014〕25号

各省、自治区、直辖市人民政府，国务院各部委、各直属机构：

为深入贯彻落实党的十八大、十八届三中全会和中央城镇化工作会议关于进一步推进户籍制度改革的要求，促进有能力在城镇稳定就业和生活的常住人口有序实现市民化，稳步推进城镇基本公共服务常住人口全覆盖，现提出以下意见。

一、总体要求

（一）指导思想。以×××××为指导，适应推进新型城镇化需要，进一步推进户籍制度改革，落实放宽户口迁移政策。（略）

（二）基本原则。（略）

（三）发展目标。（略）

二、进一步调整户口迁移政策（略）

三、创新人口管理（略）

四、切实保障农业转移人口及其他常住人口合法权益（略）

五、切实加强组织领导（略）

国务院

××年×月×日

11.4.4 批复

批复是上级机关答复下级机关请示事项的一种下行公文，也就是说，批复是与请示配合使用的下行文。先有下级机关的请示，才会有上级机关的批复，有请必复，一事一批，这就是批复的用法。批复只有在上级机关答复下级机关的请示时才能使用，如果是上级机关答复同级或不隶属机关的询问，则只能用函，不能用批复。

批复虽短，但仍包括标题、主送机关、正文、落款等格式要素，如表11-13所示。

表11-13　批复的写作格式

组成要素	主要内容
标题	常见的结构有“发文机关＋事由＋文种”“发文机关＋表态用语＋发文事由＋文种”“表态用于＋事由＋文种”3种
主送机关	批复的主送机关只能有一个，而且要与请示的发文机关名称一致
正文	批复的正文主要由引叙语、答复、结尾语3部分组成 ①引叙语：引叙下级机关来文时间、来文标题和发文字号 ②答复：针对请示内容给予明确答复 ③结尾语：常以“此复”“特此批复”等惯用语结尾，也可省略
落款	发文机关署名和成文日期

范例

关于同意×××同志辞职的批复

区中医院：

你院《关于给×××同志辞职的请示》（×××发〔××〕××号）收悉。

×××，男，××年×月出生，籍贯××，2001年9月参加工作，本科学历，主治医师，系区中医院职工。

该同志由于家庭、籍贯等原因，从2006年1月至今未到单位上班，期间院方曾多次与其联系，其均拒绝回院。2011年3月1日该同志向医院递交辞职报告，鉴于本人实际情况，根据《××省专业技术人员和管理人员辞职暂行办法》（×××〔××〕××号）文件精神，经研究，同意×××同志辞职。

××市××区卫生局办公室

××年×月×日

提高与练习

根据以下材料撰写一篇通告。

①背景：常德市西湖管理区管理委员会为加强城镇建设和管理，改善城镇环境，提高居民生活质量，将使全区单位和个人周知禁止违法建设，以及拆除违法建筑的有关事项。

②通告事项：a.全区所有单位和个人，凡是违反土地、规划、建设等有关法律法规，未经相关部门批准，无建设用地批准文件、建设用地规划许可证、建设工程规划许可证或不按照许可规定建造的建（构）筑物均属违法建筑。b.自本通告发布之日起，严禁新建任何违法建筑。一经发现，责令自行拆除，否则依法强制拆除。本通告发布之前已经形成的违法建筑，另外制定拆除办法。c.依法强制拆除的违法建筑一律不予补偿。d.对阻碍行政执法部门履行职责，违反《中华人民共和国治安管理处罚法》的，由公安机关按照有关规定予以处罚。构成犯罪的，依法追究刑事责任。e.党员干部、公职人员和财政供养人员参与建设违法建筑的，由纪检监察机关追究纪律责任。

③实施日期：自通告发布之日起实施。

④发文机关：常德市西湖管理区管理委员会。

⑤成文日期：2016年9月6日。

答案解析

第12章

规章事务类文书写作：做好制度管理，事务轻松处理

办公室人员掌握办法、条例、规定、细则等规章型文书以及公函、安排、计划、总结等事务型文书的写作可以帮助其做好企业制度管理，这些文书也是在企业日常工作中使用较多的文种。下面对这些文书的格式和写法进行讲解。

12.1 规章型文书写作

规章型文书指办法、条例、规定和细则等制度规定型文书，是国家机关、企事业单位和社会团体出于某些目的制定的相关规范和行动准则，具有较强的约束力。

12.1.1 办法

办法是有关机关或部门根据党和国家的方针、政策及有关法规、规定，就某一方面的工作或问题提出具体做法和要求的文件。办法的制发机关一般是行政机关及其主管部门，企事业单位也可制发。

办法的写作格式与条例相似，包含标题、签署和正文等要素，其中正文由总则、分则和附则构成，如表12-1所示。

表12-1 办法的写作格式

组成要素	主要内容
标题	标题有两种写法，可以由“发文机关＋事由＋文种”构成，如《××省科学技术进步奖励实施办法》；也可以由“规范对象＋文种”构成，如《婚姻登记办法》
签署	签署在标题下用括号标注，一般需要编排办法通过的日期、会议和制发机关，其格式如“（2015年11月27日北京市第十四届人民代表大会常务委员会第23次会议通过）”
正文	办法的正文可以分为总则、分则、附则3部分，可分章、分条叙述 ①总则：写明制定办法的缘由、依据、指导思想、适用原则和范围等 ②分则：写明办法的实质性内容、方法等 ③附则：写明办法有关执行要求等，包括实施的日期和对实施的说明

范例

中华人民共和国护士管理办法

卫生部部长令第31号

第一章　总　则

第一条　为加强护士管理，提高护理质量，保障医疗和护理安全，保护护士的合法权益，制定本办法。

第二条~第五条（略）

第二章　考　试（略）

第三章　注　册（略）

第四章　执　业（略）

第五章　罚　则（略）

第六章　附　则

第三十三条~第三十五条（略）

第三十六条　本办法的解释权在卫生部。

第三十七条　本办法的实施细则由省、自治区、直辖市制定。

第三十八条　本办法自1994年1月1日起施行。

12.1.2 条例

条例是国家权力机关或行政机关依照政策和法令而制定并发布的，是针对政治、经济、文化等各个领域内的某些具体事项而制发的比较全面、系统、具有长期执行效力的法规性公文。它规定国家政治、经济、文化、科学、教育等领域的某些有关重要事项、问题，规定法律性条文、办法、方法或细则，或者规定某些机关单位的组织职权，或者确定有关专业、职业工作人员的职责规范、奖惩等准则，又或者确定某些特殊地区、特殊部门或特殊物品专门性的管理规则或地方性法规。案例是从属于法律的规范性文件，任何单位和个人违反条例就要承担法律责任。

条例主要由标题、签署、正文三大部分组成，其中正文的结构比较固定，通常都包含总则、分则和附则等内容。表12-2所示为条例的写作格式。

表12-2　条例的写作格式

组成要素	主要内容
标题	标题有两种写法。一种由“规范范围＋规范对象＋文种”构成，如《××省计划生育条例》等；另一种由“规范对象＋文种”构成，如《借款合同条例》《行政法规制定程序暂行条例》，这是更为普遍的一种标题写法
签署	条例的签署是在标题下用括号括注相关的信息，有以下几种形式 ①条例公布的日期和制发机关，其格式如“（××年×月×日国务院发布）” ②条例通过的时间、会议和公布的日期，如“（××年×月×日××市××届人大常委会第××次会议通过，××年×月×日发布）” ③条例通过的时间、会议以及公布和施行的日期，其格式如“（××年×月×日第××届全国人民代表大会常务委员会第××次会议通过，××年×月×日中华人民共和国主席令第××号公布，××年×月×日起施行）”
正文	条例的正文可以分为总则、分则、附则3部分。 ①总则：写明制定目的、依据 ②分则：采用章条式或条款式提出原则、责任、内容、要求或方法等 ③附则：对施行该条例或有关事项的附带说明

范例

特殊标志管理条例

（1996年7月13日国务院令第202号发布）

第一章　总　则

第一条　为了加强对特殊标志的管理，推动文化、体育、科学研究及其他社会公益活动的发展，保护特殊标志所有人、使用人和消费者的合法权益，制定本条例。

第二条　本条例所称特殊标志，是指经国务院批准举办的全国性和国际性的文化、体育、科学研究及其他社会公益活动所使用的，由文字、图形组成的名称及缩写、会徽、吉祥物等标志。

……

第二章　特殊标志的登记

第六条　举办社会公益活动的组织者或者筹备者对其使用的名称、会徽、吉祥物等特殊标志，需要保护的，应当向国务院工商行政管理部门提出登记申请。

登记申请可以直接办理，也可以委托他人代理。

……

第三章　特殊标志的使用与保护

第十三条　特殊标志所有人可以在与其公益活动相关的广告、纪念品及其他物品上使用该标志，并许可他人在国务院工商行政管理部门核准使用该标志的商品或者服务项目上使用。

……

第四章　附　则

第十九条　特殊标志申请费、公告费、登记费的收费标准，由国务院财政部门、物价部门会同国务院工商行政管理部门制定。

……

第二十二条　本条例自发布之日起施行。

查看更多条例范例

12.1.3 规定

规定也是规范性公文的一种，它的使用范围较广、使用频率较高，是国家机关及其部门或企事业单位对有关事项做出政策性限定的法规性公文。具体来看，规定的含义有3层意思。一是规定的制作、使用者，主要是行政机关及其部门，但企业、事业单位制定单位有关管理工作方面的规章时，也可以使用规定。二是在内容构成上，规定一般用于对某项工作做出部分限定，往往会涉及一些政策性、界限性的内容。三是在文种类属上，规定是一种常见的行政法规性公文，是一种重要的法规形式，是对法律的重要补充。

规定由标题和正文两部分组成，如表12-3所示。

表12-3　规定的写作格式

组成要素	主要内容
标题	标题通常有两种写法。一种由“发文机关＋事由＋文种”构成，如《国务院关于行政区划管理的规定》；另一种由“事由＋文种”构成，如《××省城镇园林绿化管理规定》等
正文	规定的正文表述形式一般采用条款式或章条式，通常可划分为总则、分则和附则3部分 ① 总则：交代制定规定的缘由、依据，以及规定的指导思想、适用原则和范围等 ② 分则：即规范项目，包括规定的实质性内容和规定具体执行的依据 ③ 附则：是对有关执行要求的说明

范例

关于实行党风廉政建设责任制的规定

第一章　总　则

第一条　为了加强党风廉政建设，明确领导班子、领导干部在党风廉政建设中的责任，推动科学发展，促进社会和谐，提高党的执政能力，保持和发展党的先进性，根据《中华人民共和国宪法》和《中国共产党章程》，制定本规定。

第二条　本规定适用于各级党的机关、人大机关、行政机关、政协机关、审判机关、检察机关的领导班子、领导干部。

人民团体、国有和国有控股企业（含国有和国有控股金融企业）、事业单位的领导班子、领导干部参照执行本规定。

第三条~第五条（略）。

第二章　责任内容

第六条~第七条（略）。

第三章　检查考核与监督

第八条~第十八条（略）。

第四章　责任追究

第十九条~第二十八条（略）。

第五章　附　则

第二十九条　各省、自治区、直辖市，中央和国家机关各部委可以根据本规定制定实施办法。

查看更多规定范例

第三十条　中央军委可以根据本规定，结合中国人民解放军和中国人民武装警察部队的实际情况，制定具体规定。

第三十一条　本规定由中央纪委、监察部负责解释。

第三十二条　本规定自发布之日起施行。1998年11月发布的《关于实行党风廉政建设责任制的规定》同时废止。

12.1.4　细则

细则常用来使有关法规、规章具体化，使用细则的目的是对原条文进行必要的解释、补充，最终弥补原条文的不足，使原条文发挥更好的工作效力。党政机关及其部门、企事业单位均可使用细则。细则的依附性强，不能离开原条文单独发挥作用。

细则一般也只包含标题和正文，正文也由总则、分则和附则构成，如表12-4所示。

表12-4　细则的写作格式

组成要素	主要内容
标题	标题一般由“地区范围＋实施内容＋文种”或“法规＋文种”的形式构成，前者如《中华人民共和国义务教育法实施细则》，后者如《文物保护法实施细则》等
正文	细则也是按章条式写作的，由总则、分则和附则3部分组成 ①总则：说明制作本细则的目的、根据，以及本细则的适用范围和执行原则 ②分则：根据法律、法规、规章的有关条款制订出具体的执行标准、实施措施、执行程序和奖惩措施 ③附则：对解释权和施行时间等补充说明 篇幅较少的细则可按条款式逐条罗列细则条款

范例

××市人民政府关于印发《××市居住证申办实施细则》的通知

各区、县人民政府，市政府各委、办、局：

现将《××市居住证申办实施细则》印发给你们，请认真按照执行。

××市人民政府

〈加盖公章〉

××年×月×日

××市居住证申办实施细则

第一条（目的和依据）

为了进一步规范境内来×人员《××市居住证》（以下简称《居住证》）的办理，根据《××市居住证管理办法》，制定本实施细则。

第二条（适用范围）

境内来×人员在本市居住的，应当按照国家和本市有关规定，办理居住登记。

在本市就业、投资开业、就读、进修以及投靠具有本市户籍亲属的境内人员，符合《××市居住证管理办法》规定条件的，可以申办《居住证》。

第三条（职责分工）

各区（县）人民政府负责做好本行政区域内居住证申办的具体组织实施工作。

公安、人力资源社会保障部门负责《居住证》核定及相关证件管理。

各街道办事处、镇（乡）人民政府设置的社区事务受理服务中心负责《居住证》的受理和发放工作。

第四条（申办材料）

（一）申请办理《居住证》的来×人员，应当提供以下基本材料：

1.《××市居住证》申请表。

2. 居民身份证等有效身份证明。

3. 拟在本市居住6个月以上的住所证明。

（1）居住在自购住房的，提供相应的房地产权证复印件（验原件）。

（2）居住在租赁住房的，提供由房屋管理部门出具的房屋租赁合同登记备案证明复印件（验原件）。

（3）居住在单位集体宿舍的，提供单位出具的集体宿舍证明。

（4）居住在亲戚朋友家的，提供居（村）委出具的寄宿证明。

（略）

第十七条（工本费）（略）

第十八条（施行日期）（略）

12.2 事务类文书写作

常见的事务类文书包括公函、安排、计划、总结等，事务类文书能帮助办公室人员进行工作事务的处理。本节将对常见的事务类文书进行介绍。

12.2.1 公函

公函是一种平行文，不能用于上下级机关，它适用于不相隶属机关商洽工作、询问和答复问题、请求批准和答复审批事项。

公函的类别较多，从制作格式到内容表述均有一定的灵活性。但是总的来说，公函主要由标题、主送机关、正文、落款等组成，如表12-5所示。

表12-5 公函的写作格式

组成要素	主要内容
标题	公函的标题一般有两种写法，一种由“发文机关＋事由＋文种”构成；另一种省略发文机关，直接由“事由＋文种”构成
主送机关	即受文并办理来函事项的机关单位，其写法为顶格写明受文机关的全称或者规范化简称
正文	公函的正文一般是由开头、主体、结语 3 部分组成 ① 开头：主要说明发函缘由、目的、根据等内容，然后用“现将有关问题说明如下：”“现将有关事项函复如下：”等过渡语转入下文 ② 主体：公函的核心内容部分，主要说明致函事项，应当用简洁得体的语言叙述内容 ③ 结语：根据公函的类型不同有不同选择，如“特此函询（商）”“请即复函”“特此函告”“特此函复”等。有的公函也可以不用结束语，可以像普通信件一样，使用“此致”“敬礼”收尾
落款	署上发文机关单位名称，并在署名下方写明成文日期

范例

关于开展浦口区校地合作的商洽函

南京工业大学：

近年来，为深入贯彻落实党的十七届六中全会、党的十八大精神和《中共中央关于深化文化体制改革 推动社会主义文化大发展大繁荣若干重大问题的决定》，省、市相继出台了一系列文化产业扶持政策措施。我区也出台了《关于加快铺开文化建设的实施意见》，设立了1000万元文化建设专项资金，并扶持了一批文化产业项目、文化人才和公共文化服务平台。为了切实让各级扶持政策真正落实到高校，做好高校项目、人才的包装、推荐、申报、宣传等服务工作，现请贵校配合做好以下工作：

1. 建立联络机制。现请贵校明确相关部门及具体工作人员负责对接，并将联络人员名单及联系方式于5月15日前通过邮件或传真发至我部，以便我们进一步做好服务工作。

2. 梳理资源情况。为全面掌握高校文化产业资源状况，加快高校文化、科技资源的产业化步伐，现请贵校梳理文化产业及相关专业设置、人才、科研平台、相关培训基地、园区及可合作的项目等。

3. 征求合作事宜。（略）

上述事宜，敬请函告。

联系人：王××

联系方式：5888×××× 135××××××××

传真：5888××××

邮箱：×××××××@126.com

浦口区委宣传部

2013年5月6日

12.2.2 安排

安排是短期内要做的、范围不大、内容单一，且布置具体的一类公文。也就是说，单位对某一时期的工作或活动有条理地做出规划、布置，或就工作的主要内容和形式方法等提出切实可行的方案时，往往用安排这一文种。

安排包含标题、正文、落款等要素，如表12-6所示。

表12-6 安排的写作格式

组成要素	主要内容
标题	安排的标题一般由安排的事项和“安排”二字组成，如《中共××市委关于深入学习××文件的安排》。下方可利用括号注明安排的成文日期、通过会议和发文机关。如有需要，还可另起一行编排发文字号

续表

组成要素	主要内容
正文	正文首先用极其简要的语言介绍制定安排的目的和依据，常以“为了”“根据”等介词起领，然后依次说明安排的事项和具体的措施要求
落款	发文机关署名和成文日期，如果标题下方已经编排，则此处可以省略

范例

最高人民法院关于内地与××行政区相互执行仲裁裁决的安排

（××年×月×日最高人民法院审判委员会第××次会议通过）

根据《中华人民共和国××行政区基本法》第××条的规定，经最高人民法院与××行政区政府协商，××行政区法院同意执行内地仲裁机构（名单由国务院法制办公室经国务院××事务办公室提供）依据《中华人民共和国仲裁法》所作出的裁决，内地人民法院同意执行在××行政区按××行政区《仲裁条例》所作出的裁决。现就内地与××行政区相互执行仲裁裁决的有关事宜做出如下安排：

一、在内地或者××行政区作出的仲裁裁决，一方当事人不履行仲裁裁决的，另一方当事人可以向被申请人住所地或者财产所在地的有关法院申请执行。

……

三、申请人向有关法院申请执行在内地或××行政区作出的仲裁裁决的，应当提交以下文书：

（一）执行申请书；

（二）仲裁裁决书；

……

四、执行申请书的内容应当载明下列事项：（略）

……

十一、本安排在执行过程中遇有问题和修改，应当通过最高人民法院和××行政区政府协商解决。

内地仲裁委员会名单

截至××年×月×日，内地依照《中华人民共和国仲裁法》成立的仲裁委员会名单如下：

一、中国国际商会设立的仲裁委员会

中国国际经济贸易仲裁委员会、中国海事仲裁委员会

二、各省、自治区、直辖市成立的仲裁委员会

北京市　北京仲裁委员会

天津市　天津仲裁委员会

（略）

查看更多安排范例

12.2.3 计划

计划是用于单位、部门或个人对未来一定时期内要完成的工作、生产、经营和学习等任务，拟定目标、内容、步骤、措施和完成期限的一种应用性文书。制订计划是一种科学的工作方法，它用以指导人们按既定的方向和目标努力，可以增强人们工作的自觉性，减少盲目性。

计划没有固定的格式，但通常包括标题、正文和落款等最基础的要素，其写作格式如表12-7所示。

表12-7 计划的写作格式

组成要素	主要内容
标题	计划的标题一般由制订计划的单位名称、计划时限、计划性质和“计划”二字组成，如《××省成人自考办××年招生工作计划》。有时可以省略制订计划的单位，如《关于进行公务员考核的计划》
正文	计划的正文包括前言和主体两个部分 ①前言：阐明制订计划的指导思想、依据和目的，有时还需简要分析基本情况，说明编制计划的缘由。如无必要，也可以不写这部分，直接写计划事项 ②主体：这部分应明确具体的任务、指标及要求，列出具体的工作步骤、方法、措施及必要的注意事项等
落款	发文机关署名和成文日期，如果标题中已经体现，则此处可以省略

如果计划还不成熟，需要试行一个阶段以后再进行修改，或者还未经过法定的会议讨论通过，则要在标题后面注上“征求意见稿”“草案”“供讨论用”等字样，如《××市工商局××年工作计划（讨论稿）》。

范例

××政府工作计划

××年是全面深化改革的关键之年，是全面推进依法治县的开局之年，也是全面完成××规划的收官之年，做好今年工作意义重大。今年政府工作的总体要求是：全面贯彻落实党的十八大、十八届三中、四中全会，中央经济工作会议和习近平总书记系列重要讲话精神，按照省委、市委、县委全会的工作部署，坚持稳中求进、好中求快、改革创新、率先跨越，主动适应经济发展新常态，深入实施《××县发展建设规划》，以更大力度调结构、稳增长，以更大决心抓改革、增活力，以更大气魄推创新、促转型，以更高标准强法治、促和谐，以更实举措保底线、惠民生，努力推动经济持续平稳健康发展，确保圆满完成××规划目标任务，开创尽快进入××第二梯队的新局面。

（略）

为实现上述目标，今年重点要抓好以下九项工作：

一、全力以赴稳增长，加快进入××第二梯队

（略）

二、全力以赴抓创新驱动发展，推动产业转型升级

（略）

三、全力以赴抓改革攻坚，进一步增强经济发展活力和动力

（略）

查看更多计划范文

……

九、全力以赴抓“依法治县”各项任务落实，推动政府自身建设迈上新的更高水平

（略）

加快建设服务型、高效型政府。自觉践行群众路线，不断巩固提升群众路线教育实践活动成果。深入开展网络问政、“行风热线”等活动，定期开展大调研、大接访、大下访，建立健全密切联系群众的常态化机制。加强县社会服务中心、各镇便民服务中心、各村便民服务站建设，构建更加完善的“为民服务网”。牢固树立“效率就是生命”的意识，进一步压减政府会议，把时间和精力集中到抓落实上，形成求实务实抓落实的工作作风。进一步简化政府职能部门办事环节、办事流程，提高行政效率。

××县政府办

××年×月×日

12.2.4 总结

总结是事后对某一阶段的工作或某项工作的完成情况，包括取得的成绩、存在的问题及得到的经验和教训加以回顾和分析，为今后的工作提供帮助的一种书面材料。单位及个人可以通过对一定时期内工作的总结、分析和研究，得出经验教训，摸索出事物的发展规律，并最终用于下一阶段的指导工作。

总结包括标题、正文和落款等要素，各要素解读如表12-8所示。

表12-8 总结的写作格式

<table>
<tr><th>组成要素</th><th>主要内容</th></tr>
<tr><td>标题</td><td rowspan="2">总结的标题形式较多，可以是双标题形式，正标题点明文章的主旨或重心，副标题具体说明文章的内容和文种，如《构建农民进入市场的新机制——××区发展农村经济的实践与总结》；可以是“单位名称＋时间＋内容＋文种”的组合，如《××村××年秋收竞赛总结》；也可以是“时间＋内容＋文种”或“内容＋文种”的组合，如《××年教学工作总结》；甚至可以只是内容的概括，如《抗洪抢险工作顺利推进说明了什么》</td></tr>
<tr><td>标题</td></tr>
<tr><td>正文</td><td>总结的正文主要包括开头、主体、结尾3部分
①开头：总结的开头主要用来概述基本情况，有需要时可以列出前言部分。开头包括单位名称、工作性质、主要任务、时代背景、指导思想，以及总结目的、主要内容提示等。总结的开头要注意简明扼要，文字不宜过多
②主体：主要内容包括成绩和做法、经验和教训、今后打算等。这部分篇幅大、内容多，要特别注意内容层次分明、条理清楚
③结尾：一般应在总结经验教训的基础上，提出今后的方向、任务和措施，表明决心、展望前景，篇幅不应过长。有的总结也可以省略结尾，不用专门书写</td></tr>
<tr><td>落款</td><td>发文机关署名和成文日期，如果标题下方已经编排，则此处可以省略</td></tr>
</table>

范例

××年单位工作总结

××年区××局在区委、区政府的领导下，贯彻党的××大精神，以“××××”重要思想为指导，开展学习实践科学发展观活动，围绕科学发展、促进社会和谐这个主题，以保增长、保民生、保稳定为目标，积极开展机关效能建设活动，认真做好××工作，完成上级部门布置的工作和区下达的目标任务。

一、圆满完成机关事业单位××年度（绩效）考核工作。在区考核领导小组的领导下，完成××年度年终（绩效）考核和评奖工作。根据市委组织部、市人事局《关于印发〈××市公务员年度（绩效）考核实施细则（试行）〉的通知》要求和××年度考核工作安排，结合我区实际，制定《××区公务员年度（绩效）考核实施方案》，组织全区实施年度考核工作。全区年度考核分类分级进行，实行立体考核。机关公务员与事业单位工作人员分类考核，乡街、部门正职与副科以下工作人员分级考核。考核期间派人参加乡、街负责人述职测评，掌握基层单位考核情况。（略）

二、规范公务员管理，加强公务员队伍建设。（略）

三、实施事业单位岗位设置和义务教育学校绩效工资工作。（略）

四、以服务为宗旨，做好工资管理日常服务工作。（略）

五、以人为本，做好人事人才及年报统计工作。（略）

六、下一步工作安排。开展事业单位岗位设置和聘用工作以及义务教育学校教师奖励性绩效工资的实施。实施乡镇机构改革，起草区政府机构改革实施方案。（略）

××单位

××年×月×日

提高与练习

根据以下材料撰写一篇规定。

国家广播电视总局发布的《广播电视广告播出管理办法》实施后出现了一定的问题，因此需要国家广播电视总局及时发布补充规定，调整其中的部分内容。请根据以下材料撰写一篇补充规定。

【背景材料】

（1）目的：贯彻落实《中共中央关于深化文化体制改革 推动社会主义文化大发展大繁荣若干重大问题的决定》，坚持把社会效益放在首位，充分发挥广播电视构建公共文化服务体系、提高公共文化服务水平、保障人民基本文化权益的作用。

（2）规定内容：第十七条修改为：“播出电视剧时，不得在每集（以四十五分钟

计）中间以任何形式插播广告。播出电影时，插播广告参照前款规定执行。”删除第十八条。

（3）实施日期：补充规定自2012年1月1日起施行。

（4）其他说明：根据本规定对《广播电视广告播出管理办法》（国家广播电视总局令第61号）部分条文的文字做相应调整和修改。

第13章

商务社交类文书写作：主客俱欢，尽显周到细心

在进行商务活动和职场必要的社交活动时，也经常会涉及一些商务社交类文书的写作，例如请柬、欢迎词、答谢词、开幕词、表扬信、慰问信、感谢信、演讲稿、贺信等，本章将对商务社交类文书的写作格式和写法进行介绍。

13.1 商务活动文书写作

这里的商务活动文书主要侧重于对外商贸活动中可能用到的外交公文，其种类主要包括请柬、欢迎词、答谢词、开幕词和演讲稿等。

13.1.1 请柬

请柬又叫邀请书或请帖，是为了增进友谊、开展业务而邀请客人参加各种活动的信函。请柬一般由活动主办方发出，邀请对方出席正式的商务庆典、商务联谊、商务事务等重要活动。请柬（邀请书）的适用范围很广，如招投标请柬（邀请书）、投资请柬（邀请书）、会议请柬（邀请书）、仪式请柬（邀请书）、参展请柬（邀请书）、宴会请柬（邀请书）等。有些访问、比赛、交流、会面、协商等活动也会使用请柬（邀请书）。

请柬一般由标题、称谓、正文、结尾和落款5部分组成，如表13–1所示。

表13–1　请柬的写作格式

组成要素	主要内容
标题	一般为“邀请书”或“请柬”
称谓	换行顶格写被邀请者的姓名或单位名称，姓名后需加上尊称
正文	需写清楚邀请的事由、时间、地点，以及有关要求或注意事项（如被邀对象、人数等）
结尾	一般用“敬请光临”“恭请莅临”表示希望接受邀请的诚意
落款	署名邀请单位或个人的名称，以及成文日期

范例

邀请书

××大学校长：

今年是我校建校××周年。兹定于××月××日上午××时，在我校大礼堂举行校庆庆典。

敬请光临！

××学校××周年校庆筹备组

××年×月×日

13.1.2 欢迎词

欢迎词是在迎接宾客的仪式上或在会议开始时对宾客的到来表示欢迎的讲话文稿。热情洋溢的欢迎词可以让宾客感到温暖，能在宾主之间制造一种和谐融洽的气氛，营造相互尊重、亲切友好的氛围，还可使宾主间在短时间内缩短距离、增进了解，便于日后的接触与合作。

欢迎词一般由标题、称谓、正文和落款4部分组成，如表13-2所示。

表13-2 欢迎词的写作格式

组成要素	主要内容
标题	一般包括 3 种形式，第一种是由致辞场合和文种构成的，如“在 ×× 会议开幕式上的欢迎词”；第二种是由致词人、致辞场合和文种构成的，如“×× 在 ×× 会议开幕式上的欢迎词”；最后一种只由文种构成，如“欢迎词”
称谓	称对方姓名要用全名，不得用简称、代称，前加尊称，后加头衔或职务
正文	欢迎词的正文主要包括开头、主体和结尾 3 部分 ①开头：概括说明宾客来访的背景，说明致词人身份并表示欢迎 ②主体：写明对方来访的意义、作用，表达主人对客人的欢迎 ③结尾：祝愿宾客来访取得圆满成功，或再一次表示欢迎
落款	署名致辞单位、致辞者的身份、姓名，以及成文日期

范例

欢迎词

市目标考核组的各位领导、各位同志：

吉羊送岁，金猴迎春，在新的一年刚刚到来、新的征程即将开启之际，你们不辞辛劳，莅临××指导、检查工作，令我们倍感振奋，倍受鼓舞。在此，我代表××和全县人民，对你们的到来表示热烈的欢迎和衷心的感谢，并向你们致以春天的问候与新年的祝福！

（略）

各位领导，各位同志，我们深知，××的每一点进步，都离不开你们的关心与帮助；××的每一份成就，都离不开你们的理解与支持。你们今天的到来，更是对我们莫大的鞭策与鼓励。我们深信，在今后的工作中，有各位领导一如既往地扶持我们，一如既往地关怀我们，××经济发展一定能实现新的跨越。

祝考核工作取得圆满成功！

祝各位领导新春吉祥、万事如意！

××县人民政府

××年××月××日

13.1.3 答谢词

答谢词指在特定的公共礼仪场合，客人所发表的对主人的热情接待和关照表示谢意的讲话文稿。答谢词也指客人在举行必要的答谢活动中所发表的感谢主人的盛情款待的讲话文稿，一般用于较为隆重宏大的社交场合。答谢词的写作要求用词庄重严谨、情感真挚诚恳、内容言简意明。

答谢词由标题、称谓、正文和落款4部分组成，如表13-3所示。

表13–3　答谢词的写作格式

组成要素	主要内容
标题	一般包括3种形式，第一种是由致辞场合和文种构成的，如“××会答谢词”；第二种是由致辞人、致辞场合和文种构成的，如“××在××会议上的答谢词”；最后一种是“答谢词”
称谓	称呼一般用泛称，当然也可以是具体对象，需根据到会者的身份来定
正文	答谢词的正文主要包括开头、主体和结尾3部分 ① 开头：对主人的盛情款待或帮助表示感谢，对对方的周到服务予以肯定 ② 主体：充分肯定双方共同取得的成果，夸赞对方的周到服务和对成果做出的努力，并表示进一步合作的意愿 ③ 结尾：用简短的语言强调对主人盛情接待、多方关照的感谢
落款	署名致辞单位、致辞者的身份、姓名，以及成文日期

范例

校庆宴会答谢词

尊敬的领导、来宾、亲爱的校友：

大家好！

在各级领导、各位校友、社会各界和兄弟学校的关心和支持下，××小学百年校庆庆典活动圆满落下帷幕。回顾校庆筹备以来的各项工作，回想庆典活动期间的热闹场景，我们倍感欣慰，心怀感激。在此，谨向长期关心和支持学校建设与发展的各级领导、各界人士、广大校友，致以最诚挚的谢意！感谢你们，百忙之中不辞辛劳地莅临此次庆典；感谢你们，心系教育倾心倾力地参与学校建设；感谢你们，为××小学百年华诞平添无限喜庆；感谢你们，为全校师生带来无上荣光……

（略）

弦歌声稀，宾主情长。活动期间，群贤毕至，宾朋云集，学校的组织、服务工作难免有疏漏和不周之处，尚祈谅解。我们衷心希望得到各级领导、社会各界、广大校友一如既往的关心与支持，并愿和您一道，同发展，共辉煌，走向更加美好的明天！

祝：各位领导、来宾、校友身体健康，家庭幸福，万事如意！

××小学校长　×××

××年×月×日

13.1.4　开幕词

开幕词是党政机关、企事业单位、社会团体等在隆重活动或会议开始时，由主持人或主要领导人所做的重要讲话的文稿。开幕词对活动或会议起着指示、介绍的作用，使与会者对活动有一个总体的认识。无论召开什么重要会议，或开展什么重要活动，按照惯例，一般都会由主持人或主要领导人致开幕词，这是一个必不可少的程序，标志着会议或活动的正式开始。

开幕词一般由标题、称谓、正文3个部分组成，如表13–4所示。

表13–4　开幕词的写作格式

组成要素	主要内容
标题	有4种写法，分别是“开幕词”“事由＋文种”“致辞人＋事由＋文种”以及双标题
称谓	应视活动或会议的性质和与会人员的身份选用泛称或类称，如“同志们”“各位来宾”“女士们、先生们”等
正文	开幕词的正文通常由开头、主体、结尾3部分构成 ① 开头：表示对大会开幕的祝贺，对与会代表和来宾的欢迎；或简述活动或会议的人员构成、与会领导等有关情况；或会议议题、会议的重大意义等 ② 主体：要紧扣议题，说明会议背景，指明会议召开的意义 ③ 结尾：呼应开头，概述对活动或会议成功的企盼，也可以做预示性评价，或以“预祝大会圆满成功”为结语

范例

中国国际××展览会开幕词

女士们、先生们：

早上好！

由××有限公司主办、中国××协会与××市国际贸易信息和展览公司承办的“中国国际××展览会”今天在这里开幕了。我谨代表中国国际贸易促进委员会××市分会、中国国际商会××分会对大会的成功举办表示热烈祝贺！向前来××参展的西班牙、比利时以及我国各省的中外厂商表示热烈的欢迎！

本届展览会将集中展示具有国际水准的各类××产品及生产设备，为来自全国各地的科技人员提供了一次不出国的技术考察机会；同时，也为海内外同行共同切磋技艺创造了条件。

查看更多开幕词范例

朋友们，同志们，××是中国最重要的工业基地之一，也是经济、金融、贸易、科技和信息中心。（略）

最后，预祝“中国国际××展览会”圆满成功！感谢大家！

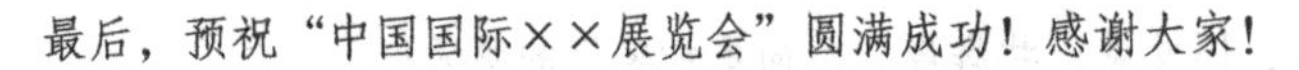

13.1.5　演讲稿

演讲稿也叫演讲词，是演讲者在某些公众场合或集会上，就某一问题发表自己的主张和见解，表达自己的情感或阐述某种事理时所依据的讲话文稿，它对宣传教育活动和交流工作经验有着重要的作用。

演讲词没有固定的格式，一般由3部分组成，即标题、称谓和正文，如表13–5所示。

表13–5　演讲稿的写作格式

组成要素	主要内容
标题	一般由活动或会议性质、演讲内容和文种组成，或者是鼓动性语言

续表

组成要素	主要内容
称谓	一般根据听众的身份而定，如“同志们、朋友们”
正文	演讲词的正文主要包括开头、主体和结尾3部分 ①开头：建立讲演者与听众的认同感，提出全文的中心论点或主要内容 ②主体：突出和强调演讲的中心话题 ③结尾：总结全文，给听众留下深刻的印象

范例

思想作风教育会议演讲稿

同志们：

今天我们召开会议的目的是强化我校教师队伍思想作风教育，进一步统一思想、端正态度、提高认识，切实解决思想作风方面的一些突出问题……刚才，×××校长就我镇学校思想教育工作做了很好的发言和安排，安排得非常具体到位，我完全赞同。下面，我就这次会议有几点意见，与大家交流共享。

一、统一思想，端正态度，充分认识思想作风教育工作的重要性和紧迫性

（一）开展思想作风教育是实现学校发展任务的需要。（略）

（二）开展思想作风教育是解决突出问题的需要。（略）

（三）开展思想作风教育是调动一切积极因素的需要。（略）

二、结合实际，狠抓落实，切实加强开展思想作风教育的针对性（略）

三、精心组织，增强开展思想作风教育的实效性（略）

同志们，人生要出彩，奋斗是关键。我们的教育事业目前正处于科学发展、加快发展的关键阶段，基础还比较薄弱，还面临很多困难和挑战。全体教师和教育工作者要自觉肩负起使命，敢于担当、善于学习、勇于创新、甘于奉献，奋力开创我镇教育工作新局面，为推动××和谐稳定做出新的更大贡献！

谢谢大家！

××学校主任　×××

××年×月×日

13.2 社交文书写作

社交文书是人们在人际交往、社交场合中沟通往来的书信的总称。这类文书可以作为党政机关、企事业单位之间处理工作及人情往来的载体，承载着一定的感情因素，是写作学习中必不可少的文书之一。

13.2.1 慰问信

慰问信是机关、团体、单位向有关方面或个人（一般是同级、或上级对下级单位、个人）表示安慰、问候、鼓励和致意的一种事务书信。它能体现组织的关怀、温暖，社会的爱心与支持，朋友、亲人间的深厚情谊，能给人以奋进的勇气、信心和力量。

慰问信主要由标题、称谓、正文和落款4个部分组成，如表13-6所示。

表13-6 慰问信的写作格式

组成要素	主要内容
标题	一般由文种构成，即“慰问信”，有时也可以按“致 ××× 的慰问信”或“××× 致 ××× 的慰问信”的结构书写
称谓	称谓应当包含表示尊敬的内容。写给个人，可在姓名前面加上“敬爱的”“尊敬的”等词，同时还应在姓名之后加上“先生”等词
正文	慰问信的正文需简要说明慰问的原因、背景，然后全面具体地叙述事实、表示慰问。最后可以提出希望，表示共同的愿望和决心，以勉励的话结束全文
落款	发文机关署名或个人署名，以及成文日期

范例

慰问信

亲爱的灾区同胞们：

大家好，×月以来的强降雨，给××带来了严重洪涝灾害。我们××遭受了50年一遇的特大洪灾……灾情发生后，党中央、国务院及我省各级领导高度关注此事，迅速指挥和调动各级政府机关人员、公安干警、特警、交警、民兵预备役等多种社会力量，投入到抢险救灾、安置灾民的工作之中。

×月×日清晨，省委书记×××同志紧急约见我校党委书记×××、校长×××等领导，亲自部署安置灾民的工作。当日，我校立即部署，迅速行动。

（略）

我们衷心祝愿灾区同胞们的明天更加美好！

××市××大学党委办公室

××年×月×日

13.2.2 感谢信

感谢信是向帮助、关心和支持过自己的集体（党政机关、企事业单位、社会团体等）或个人表示感谢的专业书信，它有着感谢和表扬的双重含义，在公私事务及日常生活中使用较为广泛。

感谢信一般由标题、称谓、正文、结语、落款等5种要素构成，如表13-7所示。

表13–7　感谢信的写作格式

组成要素	主要内容
标题	常见的有 3 种格式，分别为“感谢信”“致 ××× 的感谢信”“××× 致 ××× 的感谢信”
称谓	感谢对象的单位名称或个人姓名，个人后加“先生（女士）”或职称
正文	写明感谢的原因以及表达感谢之情。感谢理由要交代出人物、时间、地点、事迹、过程、结果等基本情况
结语	一般用“此致……敬礼”或“再次表示诚挚的感谢”之类的敬语，也可自然结束正文，不写结语
落款	分别书写感谢者的单位名称或个人姓名，以及成文日期

范例

致全市人民的感谢信

尊敬的市民朋友们：

为应对××年××月××日至××日的空气重污染，本市依据新修订的空气重污染应急预案，及时启动了红色预警……对此，全市人民克服了许多困难，并以实际行动积极参与治污减排行动，展现了顾全大局、无私奉献的良好精神风貌。有关企业和施工单位自觉落实主体责任，严格执行停产、限产和停工措施，为遏制空气重污染进一步加剧做出了积极贡献。

……

我们深深感叹，治理大气污染离不开全市人民的支持和参与。（略）

再一次感谢全市人民！

中共××市委

××市人民政府

××年×月×日

13.2.3　表扬信

表扬信是在日常工作和生活中都较常使用的一种专用书信，一般是发文者受益或感动于被表扬者的高尚品行，特向被表扬者所在单位或其上级领导致信，以期使被感动者受到表彰、奖励，发扬其先进精神。表扬信既可以个人的名义行文，也可以组织或单位的名义行文。

表扬信一般由标题、称谓、正文、结语和落款等组成，如表13–8所示。

表13–8　表扬信的写作格式

组成要素	主要内容
标题	直接由文种构成，即“表扬信”

续表

组成要素	主要内容
称谓	其称谓写法同感谢信一致，直接在单位张贴的表扬信可无称谓
正文	包括事情发生的经过，被表扬者行为的意义及建议表扬等
结语	一般用“此致……敬礼”或“再次表示诚挚的感谢”之类的用语，也可自然结束正文，不写结语
落款	发文单位署名或个人姓名，以及成文日期

范例

表扬信

××校领导：

在开展“全民文明礼貌月”活动中，你校的师生不仅从自己做起、从本校做起，搞好了清洁卫生，而且多次利用休息日走上街头清理垃圾，维持交通秩序，开展法律咨询与宣传，义务为群众做好事，为建设精神文明做出了贡献。在此，市政府特授予你校“精神文明先进集体”的光荣称号。希望你校师生，发扬优良作风，再接再厉，为取得更大的成绩而努力！

××市人民政府

××年×月×日

13.2.4 贺信（电）

贺信（电）是机关、团体、企事业单位或个人向取得重大成绩、做出卓越贡献的有关单位或人员表示祝贺的礼仪书信。贺信（电）是日常应用写作的重要文体之一，已成为表彰、庆贺对方在某个方面所做贡献的一种常用形式，同时还兼有表示慰问和赞扬的作用。

贺信（电）一般由标题、称谓、正文、结语和落款5部分构成，如表13–9所示。

表13–9 贺信（电）的写作格式

组成要素	主要内容
标题	通常直接由文种名构成，或在“贺信（电）”字前加上谁写给谁的内容，或者写明祝贺事由等。个人之间的贺信（电）可以不写标题
称谓	写明被祝贺单位或个人的名称或姓名，个人后可加“先生”等尊称
正文	应当包含3方面内容，一是说明对方取得成绩的背景或者历史条件；二是说明对方取得了哪些成绩，并可进一步分析其成功的原因等；三是表示祝贺，提出希望等
结语	以“祝争取更大的胜利”“祝您健康长寿”等表达祝愿的话结尾
落款	写明发文的单位名称或个人的姓名，并署上成文日期

范例

贺 信

××职业学校：

欣闻贵校成立××周年，××区职业高级中学谨向你们表示热烈的祝贺和最诚挚的问候！

春华秋实××载，与时俱进育英才。贵校从初建校时的××名学生发展到现在的××名学生，名师荟萃，人才济济，成为××省的重点高中。（略）

（略）

最后，祝贵校在教育方面更上一层楼，为国家、社会培育更多技能型人才；祝贵校老师身体健康，事业蒸蒸日上；祝贵校学生学业有成！

××区职业高级中学

××年×月×日

提高与练习

某集团公司将要举行一年一度的年会，会议由公司副总经理主持。现需要根据以下材料为其撰写一篇开幕词。

【背景材料】

（1）致谢并开场：代表集团公司领导向参加年会的人员拜年。

（2）主要任务：总结2016年集团公司发展情况和部署2017年公司主要工作、表彰奖励2016年度的先进个人并进行迎新春抽奖活动、××员工自编自演的文艺节目演出活动。

（3）回顾过去：公司董事长兼总经理×××获得“全国商业优秀企业家”“全国农村产业融合发展典型人物”等荣誉称号。公司的各项业务发展也在2016年度取得了明显的成绩：保安公司取得一级资质；物业、保安公司双双通过了环境体系/职业健康安全体系认证；××实业公司荣获“第十一届上海市和谐商业企业”荣誉称号、市商务委颁发的“2016年度社区智慧微菜场品牌企业”荣誉称号，并被全国乡镇企业协会授予“全国农村产业融合发展典型企业”荣誉称号；××生态农庄入选“我喜爱的长三角休闲农业（农家乐）乡村旅游景点”；××庄园入选国家科技部首批“星创天地”备案名单，并入选上海公益基地。

（4）总结不足：公司内部管理和持续发展的基础还不够扎实，后劲不足，管理的规范化、制度化、信息化还有待提升。

（5）其他：主持人为××集团公司副总经理×××；成文日期为2016年12月30日。

贺 信

××职业学校：

欣闻贵校成立××周年，××区职业高级中学谨向你们表示热烈的祝贺和崇高的敬意！

贵校自××年[illegible]，始终坚持[illegible]办学方向，培养[illegible]××名学生[illegible]，[illegible]人才，成为××省的重点[illegible]（略）

[illegible]

[illegible]中国特色[illegible]更上一层楼，为国家[illegible]培养更多技能型人才；祝贵校全体[illegible]身体健康、工作顺利！

××区职业高级中学

××年×月×日

提高与练习

某集团公司将召开一年一度的年会，会议由公司党委书记主持，[illegible]，请根据以下材料为其撰写一份开幕词。

【参考材料】

（1）[illegible]，××集团公司[illegible]召开。

（2）[illegible]

2016年度[illegible]××公司[illegible]。

（3）回顾过去：公司董事[illegible]××[illegible]“全国[illegible]企业”“全国[illegible]”[illegible]等称号；公司[illegible]；[illegible]××实业公司[illegible]“第十一届[illegible]”[illegible]“××[illegible]”[illegible]。

（4）展望未来：公司将[illegible]发展[illegible]。

（5）[illegible]主持人为××集团公司党委书记×××。[illegible]

2016年12月30日